商管 全華圖書
叢書 BUSINESS MANAGEMENT

創業管理

第3版

Entrepreneurial Management

－微型創業 與 營運實務

魯明德、陳秀美 編著

全華

國家圖書館出版品預行編目資料

創業管理：微型創業與營運實務 / 魯明德, 陳秀美編著.
-- 三版. -- 新北市 : 全華圖書股份有限公司, 2021.04
面 ; 公分
ISBN 978-986-503-590-7(平裝)
1. 創業 2. 企業管理
494.1 110002708

創業管理－微型創業與營運實務(第三版)

作者 / 魯明德 陳秀美

發行人 / 陳本源

執行編輯 / 郜愛婷

封面設計 / 盧怡瑄

出版者 / 全華圖書股份有限公司

郵政帳號 / 0100836-1 號

印刷者 / 宏懋打字印刷股份有限公司

圖書編號 / 0822502

三版三刷 / 2024 年 01 月

定價 / 新台幣 590 元

ISBN / 978-986-503-590-7(平裝)

全華圖書 / www.chwa.com.tw

全華網路書店 Open Tech / www.opentech.com.tw

若您對本書有任何問題，歡迎來信指導 book@chwa.com.tw

臺北總公司(北區營業處)
地址：23671 新北市土城區忠義路 21 號
電話：(02) 2262-5666
傳真：(02) 6637-3695、6637-3696

南區營業處
地址：80769 高雄市三民區應安街 12 號
電話：(07) 381-1377
傳真：(07) 862-5562

中區營業處
地址：40256 臺中市南區樹義一巷 26 號
電話：(04) 2261-8485
傳真：(04) 3600-9806(高中職)
　　　(04) 3601-8600(大專)

　　轉眼間本書即將邁入三版，感謝這些年來舊雨新知對本書的愛護與指導，這次的改版除了各章節中統計數字上的更新外，在網路行銷上也增加了自媒體的應用，讓讀者可以使用免費的影音工具為自己做出一個多媒體的行銷短片，並上架到 Youtube 上做產品行銷。

　　同時，也呼應老師們授課需求，在政府資源運用的每一小節結束前，都有一小段的應用情境，讓學生透過情境可以更快了解政府資源的應用。在附件一、附件二的貸款申請書，以往都是放空白的申請書格式，為讓讀者在看完本書後，能夠有個參考的標的，本次改版也放了一個虛擬的案例，讓它看起來有溫度。

　　本次改版，要感謝魏經理與全華行銷團隊的努力，編輯部愛婷、芸珊的協助，尤其是愛婷細心的校對內容，才有這本書的上市，也要感謝新楊平社區大學的王婉榆老師提供自身的例子做為本書創業案例，筆者才疏學淺，書中若有疏漏之處，尚請各位先進不吝指正。

魯明德 謹誌

2021 年 4 月 2 日

最近幾年流行著一股創業風，但是，創業真的那麼容易嗎？大家只看到成功者外表的光鮮亮麗，沒有人看到他們背後的辛苦、努力與無助，筆者擔任經濟部與勞動部的創業顧問多年，在陪伴、輔導的過程中，深深了解微型創業的限制與困難。

坊間很多創業與管理的書，大多數的目標族群是中小企業，甚至於是大型企業，所寫的內容與需求不完全適用於微型創業者，筆者在從事輔導與教學之餘，也一直在思考，微型創業者需要什麼樣的資訊，才能協助他們成功的經營。今年終於下定決心、排除萬難要寫一本協助微型創業者創業的工具書，也要感謝全華圖書的魏麗娟副理、編輯部芸珊、晏誠與攝影團隊文菱、瑩潔與玟璇的協助，才能讓本書付梓。

本書除了在創業相關理論的內容上，考量微型企業需求外，也以微型企業的實際運作的實務做為主軸，從創業前的準備到創業中面臨的問題，一一提出可行的作法，讓創業者能夠按圖索驥，解決營運上的問題。

書中所選用的案例都是創業的實際案例，來自我在微創鳳凰的學生、曾經輔導過的創業者、創業大學的同學……，配合每章節的主題，搭配 1 個案例，讓讀者可以了解創業實際面臨的問題，以及創業者解決的方式。

為使學生也可以透過案例與問題討論，學習創業的過程，本書將每一個案例都拍成影片，藉由創業者的口述及實景的拍攝，讓學生可以對創業故事有更深層的體認。

筆者才疏學淺，僅想為國內微型創業者盡點棉帛之力，書中疏漏之處尚乞各方先進指正，本書的完成除了感謝全華圖書的團隊外，也感謝所有參與個案的夥伴！

魯明德 謹誌

2016 年 3 月

目次

目次

CH05 工商登記與稅務

CH06 人力資源管理

CH07 創業的資金需求

Contents

目次

A 附錄

目次

創業整體評估

本章架構

1. 創業的環境分析
2. 創業前的自我評估
3. 創業趨勢介紹

本章個案

• 加盟的風險評估

1-1
總體經濟的變化

根據HIS Markit在2020年8月出版之Comparative World Overview顯示，2019年全球經濟成長率為2.57%，為2009年來的新低，主要是因為美中貿易紛爭干擾，造成已開發國家的消費信心趨緩。

新興經濟體雖然也遭遇美中貿易紛爭，外貿導向的成長策略因出口受挫，以致於成長動能也略有趨緩的現象，但年平均成長率仍然有4.06%，是全球成長最快的地方。而開發中國家的經濟成長，則因債務風險增高造成匯率的波動、外資撤離，成長率僅2.07%

2020年的全球經濟因為COVID-19蔓延，成長更是出現大幅衰退與縮減，根據HIS Markit的預測，全球經濟成長率預估為-5.06%，不但較2009年金融海嘯時的-1.72%更低，還創造了第二次世界大戰後的新低。

↘ 表1-1　全球重要總體經濟指標走勢

單位：%

年度 項目 地區（國）別	2015年	2016年	2017年	2018年	2019年	2020年	2021年	2022年
全球經濟成長率	3.03	2.79	3.47	3.18	2.57	-5.06	4.19	3.94
OECD國家	2.49	1.76	2.59	2.29	1.64	-6.47	3.43	3.47
已開發國家	2.35	1.73	2.51	2.25	1.65	-6.33	3.38	3.50
美國	3.08	1.71	2.33	3.00	2.16	-4.82	3.06	4.08
歐元區	1.98	1.85	2.76	1.84	1.27	-8.68	4.30	3.41
歐盟（不含英國）	2.24	1.99	2.93	2.09	1.51	-8.24	4.17	3.39
日本	1.26	0.50	2.19	0.29	0.69	-5.74	2.20	1.34
新興市場國家	4.27	4.38	5.09	4.81	4.06	-2.92	5.33	4.63
中國大陸	7.02	6.85	6.92	6.74	6.14	1.53	7.07	5.67

項目\地區（國）別	年度 2015年	2016年	2017年	2018年	2019年	2020年	2021年	2022年
印度	7.96	8.20	7.01	6.13	4.20	-6.90	6.48	5.06
開發中國家	1.79	4.26	3.55	1.51	2.07	-7.27	5.90	3.87
CPI年增率	1.71	2.11	2.33	2.65	2.25	1.77	2.27	2.45
商品出口成長率	-12.81	-3.08	10.81	9.58	-2.56	-13.22	7.82	9.14
失業率	6.35	6.52	6.49	6.44	6.48	8.46	8.19	7.54

　　2019年臺灣總企業家數約152.7萬家，中小企業超過149萬家，占全體企業家數的97.65%，較2018年增加約1.72%，而大企業3.6萬餘家，僅占不到3%，顯見國內企業仍以中小企業為主體。

↘ 表1-2　國內企業家數統計

單位：家；新臺幣百萬元；千人；新臺幣百萬元/人；%

規模別\年別\指標	全部企業		中小企業		大企業	
	2018年	2019年	2018年	2019年	2018年	2019年
家數	1,501,642	1,527,272	1,466,209	1,491,420	35,433	35,852
比率	100.00	100.00	97.64	97.65	2.63	2.35
年增率	2.05	1.71	1.99	1.72	4.78	1.18

　　國內的中小企業仍以經營服務業為主，近年來大約都在80%左右，不過，以銷售額來看，服務業的家數約為工業的4倍，但他們的銷售額卻差不多。

↘ 表1-3　中小企業產業部門統計表

單位：家；新臺幣百萬元；%

年別 項目別	2015年	2016年	2017年	2018年	2019年
家數	1,383,981	1,408,313	1,437,616	1,466,209	1,491,420
農業	0.84	0.81	0.83	0.77	0.76
工業	19.45	19.40	19.32	19.25	19.23
服務業	79.72	79.79	79.85	79.98	80.01
銷售額	11,803,115	11,764,677	12,139,513	12,624,472	12,712,963
農業	0.20	0.21	0.23	0.23	0.24
工業	48.23	47.41	47.69	48.22	47.35
服務業	51.56	52.38	52.09	51.55	52.42

　　根據財政部財政資訊中心的統計發現，2019年中小企業以經營批發及零售業家數最多，占全部中小企業46.71%，超過69萬家，相較於2018年略增0.53%。其次為住宿及餐飲業占11.27%，約16萬餘家，由於觀光旅遊產業持續蓬勃發展，因而相較於2018年增加0.21%，顯示穩健成長趨勢。

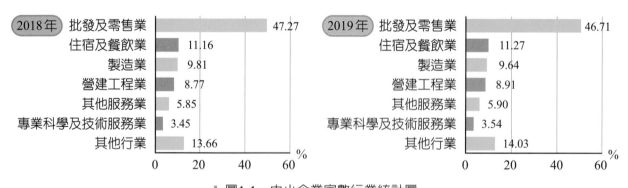

✤ 圖1-1　中小企業家數行業統計圖

1-2
微型企業的發展與困境

▶1-2-1　微型企業的定義

　　微型企業的概念始於1970年代，主要是當時開發中國家爲減低貧困，及改善弱勢族群生活所輔導之創業類型，也是那一段時期中，開發中國家創造就業機會的重要管道。

　　1980年至1990年初期，開發中國家推動微型企業的目的，也是在減少貧窮，但由於當時產業環境不發達，因此，微型企業所經營的產業還是以農業爲主。1990年以後，微型企業漸漸成熟，營運範圍含蓋製造、零售、服務業。

　　顧名思義微型企業是比中小企業更小的一種企業組織，分界的標準可以是資金、員工數、創業動機…等，各國的定義都有些許差異。根據國際金融中心（International Finance Centre, IFC）與麥肯錫（McKinsey）針對132國家所做的調查報告指出，有69個國家將微型企業定義爲低於10人的事業體，有27個國家將5人以下事業體定義爲微型企業。

　　美國AEO組織（The Association for Enterprise Opportunity, AEO）對微型企業的定義爲5人以下或資本額35,000美元以下的企業。亞太經合會（Asia-Pacific Economic Cooperation, APEC）定義員工人數在5人以下者爲微型企業。日本則定義製造業20人以下、商業服務業5人以下爲微型企業。

　　聯合國國際勞工組織認爲自僱型工作者及低於10人的事業體才是微型企業，經濟合作發展組織（Organization for Economic Cooperation and Development, OECD）則是定義員工人數在20人以下的事業組織才是微型企業，英國及歐盟都是以10人以下的事業體爲微型企業。

　　國內只有定義中小企業，對微型企業並沒有官方的定義，經濟部的中小企業發展條例第四條提到小規模企業，但該條例並未再定義什麼是小規模企業，中小企業處頒佈的中小企業認定標準第三條則說明中小企業經常僱用員工數未滿5人的事業稱小規模企業。

唯一可以看到跟微創企業有關的定義，則是在勞動部的微創鳳凰貸款的規定中，規範申請資格時提到：微型企業係指經營事業員工數（不含負責人）未滿5人的事業。而本書則將內容著重於微型企業的創業活動。

▶1-2-2 微型企業的特性

微型企業因為員工人數少，負責人往往需要身兼數職，因此，受限於各種資源配置，在經營上無法打組織戰，大多以能自己掌握的獨特資源或技術，在利基市場或供應鏈中，提供具競爭優勢的產品或服務。

受限於規模及產能，微型企業大多有地域性，以內需市場為主，因此，其行銷方式也只能透過個人的人脈關係，以口碑行銷的方式，來販售其產品或服務。至於雇用的人員，除了自己之外，大多為週遭的親朋好友為主，也沒有正規的人員升遷、管理制度。

在創新方面，企業主大多對於所提供的產品或服務，具有獨特的研發創新想法與專業能力。企業經營模式以現金交易為主，營運所需的資金不易以企業方式向銀行貸款及融資，僅能以個人名義向銀行貸款，或向親友借貸，缺乏正常的融資管道。

▶1-2-3 微型企業面臨的困境

在紀怡安的研究中也發現，微型企業的困境在於規模小、進入障礙低，加上經營者資金、經驗不足，面對競爭及快速變動的市場，常會面臨人力資源不足、資金不足、協力網路建立困難、環境限制、關鍵能力不足的問題。

一、人力資源不足

絕大部分的創業者並不是各方面能力都精通，在沒有團隊組織的情況下，無法將創業過程的資源、能力有效的運用，以因應變動快速的市場環境。加上資金匱乏、企業條件薄弱，通常難以聘請適當、需要的專業人力，使企業管理與經營規模運行困難，而難以掌握市場、技術、法規、財務等各方面的資訊。

二、資金不足

資金不足通常是微型企業於發展上最困難的地方，對於業務成長、經營、實體設備、技術研發與人才聘僱都有相當大的影響，且微型企業的創業者多數需要身兼數職，以致於營業收支的管理也時常難以兼顧，使得資金經營運用與流向準確掌握上較為困難。加上擔保品不足、保證人尋找不易，因此從資本市場中取得企業長期經營所需的財務資本有相當大的難度。

三、協力網路建立困難

分工協力的企業網路是企業發展的關鍵，然而微型企業在市場上人脈建立尚未健全，因此市場、原料供應、技術、財務體系等相關的資訊取得不易，也直接影響著行銷管道的取得。

四、環境限制

目前國內企業發展的法規及輔導政策措施，並未針對微型企業的生存發展有較周詳的規劃，難以享受租稅上的優惠，再者微型企業本身條件大多不佳，又欠缺可向外部諮詢的服務資源，因此經營不善而退出市場的比例很高。

五、關鍵能力不足

微型創業者由於普遍缺乏使企業長遠發展的關鍵能力，包括經營管理、資訊科技及創新能力，因此企業失敗率很高。

在聯合國國際勞工組織的報告中，亦可以看出微型企業是經濟發展中數量最多，也是社會中最基礎的企業體，但因為管理程序相對較單純，大部分的微型企業非正式部門管理的情況也是相對較多，也因為這樣，微型企業的創業者，往往都要身兼數職。

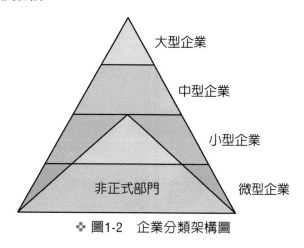

❖ 圖1-2　企業分類架構圖

因爲微型企業的特殊組織型態，經營上所面臨的問題與管理模式也與一般的中小企業不同，而市面上有關於企業經營管理的書，都是以中小型以上的公司爲基準撰寫，微型企業的組織架構、行銷策略…都不易套入，故，本書將從微型企業的角度，提供一些經營管理的思維。

1-3
創業前的自我評估

▶1-3-1　創業前的自我盤點

創業（entrepreneurship）這個名詞最早是源自於法文的 entreprendre，它的原文意思是承擔（undertake）之意，是個人不考慮當前所掌握的資源，而追求機會的過程，所以，創業的本質在於能辨認機會，並適時將有用的構想付諸實現。

創業原本是一個社會、一群人活力的展現，除了能爲創業者帶來自我實現或贏得財富的成就感外，也釋放了豐沛的就業機會，也就是說，創業行爲的本質在於識別機會並將有用的構想付諸實踐，創業行爲所要求的任務既可由個人也可由小組來完成，且需要創造性、驅動力和承擔風險的意願。

目前在臺灣，創業年齡傾向兩級化，其中一群創業者年齡約在25至45歲，另外還有一些則是中年失業者透過創業開創第二春，不論是什麼原因創業，創業都不能任性爲之，應該要事先評估自己是否適合創業，再按照創業流程與步驟，一步一腳印去實現創業構想，進而將產品或服務予以商品化、市場規模化。

當您決定要創業前，應該要先想想爲何想創業？創業除了單純的理想抱負外，更需要創業的熱情和特質，才能應付在創業路上所遇到的各種問題，因此，在創業前，創業者都應該先問問自己以下幾個問題：

1. 很有責任感，說到做到

2. 可以承受失敗的風險

3. 很喜歡與人為善、幫助別人

4. 有毅力、堅持到底

5. 善於控制重點與進度

6. 能夠接受別人的意見

7. 是一個樂觀的人

8. 熱愛工作

9. 喜歡工作有彈性與創意

10. 有目標導向並努力以赴

11. 有創業資金

12. 親朋好友予以支持

13. 創業的行業是流行產業，還是趨勢產業，至少要有兩年好光景才可投入

　　以上這13個問題，如果肯定的答案愈多，那表示您的創業之路可能相對會走得比較順。不過，就算您目前的條件或特質和上述不同，仍然可以透過專業顧問諮詢或是學習等方式，來一圓您的創業夢想。

　　創業是一種生活態度，也是一個理想、一種心態，它和單純的成立公司或轉換跑道是完全不同的，創業的過程中充滿了不確定性，創業者需要有正向的人格特質，才能面對這些不確定性，不致因挫折而喪志。

　　在張思齊的研究中歸納出創業者應具備的人格特質共有10項，分別是：理想（dream）、果斷（decisiveness）、實幹（doers）、決心（determination）、奉獻（dedication）、熱愛（devotion）、周詳（details）、使命（destiny）、金錢觀（dollar）及分享（distribute）。當您確定自己適合創業後，還要再仔細思考是不是具備這些人格特質。

　　創業家（entrepreneur）這個名詞來源於法語辭彙entre與prendre，最初是用來描述買賣雙方承擔風險的人或承擔建立創新企業風險的人，劉常勇認為創業家是一位有願景、會利用機會、有強烈企圖心的人，願擔負起一項新事業，組織經營團隊、籌措所需資金、並承受全部或大部分風險的人。

許士軍也對創業家做了定義，認為創業家是建立及創立一家企業的人、基於利潤與成長而建立與管理一家公司的人、從事經濟風險事業從而負擔經營風險的組織者、有能力並願意承擔個人風險及責任，將生產及信用相結合，以實現利潤或是其他權力聲望等目的的人。

　　至於有哪些因素促使創業者會投入創業？在張思齊的研究中發現：創業者會投入創業的原因可以分為4大因素：負面壓力（negative displacement）、轉換軌道（being between things）、正面拉力（positive pull）及正面推力（positive push）。

1. 負面壓力

事業平順的人通常不會選擇創業，會有創業念頭的人，往往都是在身心受到傷害之下，所做的決定，如在現有的工作中無法獲得期望的報酬，或在工作中受到挫折，讓他不想再受人管理，進而選擇創業。

2. 轉換軌道

當人生正在轉換跑道或者受到重大打擊時，會比一般人容易產生創業的動機，如中年面臨失業的壓力時，往往會讓人興起自行創業的念頭。

3. 正面拉力

創業者在創業前都會尋找資源或機會，如果此時碰到好的導師或夥伴，可以提供經驗或互補的資源，這種適時的協助與指導，都是給創業者的正面拉力，加速他走向創業之路。

4. 正面推力

拉力與推力的不同在於拉力不是來自於創業者本身的力量，而是影響創業者的外在力量，也就是說，它是由外在的人、事、物所提供的。而推力則是來自創業者本身的能力，它可能是創業者以往的工作經驗、專業知識、能力、社交網路…等。

　　為了讓創業者能評估自己是否具備創業家的行為與特質，有很多的方法與工具可以協助創業者自我檢測，中國青年創業協會會與學術機構合作進行質化與量化之研究，發展出以學術理論為基礎、又具實務利用價值的華人創業家創業適性量表，受測者填完後，系統即自動完成受測結果顯示，並給受測者參考建議。打算創業的朋友可以上創業圓夢網受測，以了解自己目前是否具備創業的特質。

除了華人創業家創業適性量表外，經濟部中小企業處也提供一個創業適性量表，讓想創業的人可以自己做評估，了解自己的性格是否適合創業，總共有20題，都是生活中的態度與行為描述，有意創業的朋友可以根據自身實際狀況作答，分數愈高，則代表愈擁有創業家的特質。

↘ **表1-4　創業適性量表**

題號	問題	Y/N
1	大部分的人只要肯努力就能勝任工作	
2	一旦作出決定，我從不後悔	
3	一般說來，認真工作的人都能獲得應得的報償	
4	工作的時候，我總是拼命去做，直到我自己滿意為止	
5	不管事情有多困難，只要自己認為值得去做，我就會盡力而為	
6	在決策過程中，我總是扮演主導角色	
7	我的組織不能達到專案預設目標，我認為自己有責任改善這種狀況	
8	我所追求的生活目標與價值，是由我自己來決定	
9	我喜歡在充滿挑戰與變化的環境中工作	
10	我會為自己的行為負責	
11	我會觀察市場及預測及預測市場的趨勢	
12	我對生活週遭的事務充滿好奇心	
13	我對自己的判斷力很有信心	
14	我樂於投入自己理想的工作	
15	我盡可能找尋更好的方法來完成事情	
16	我總是能夠影響團體會議的氣氛	
17	我願意奉獻生命去實現人類應有的理想生活方式	
18	我願意善盡社會責任，回饋社會	
19	看到自己的理想付諸實現，我會感到興奮	
20	遭遇失敗時，我會檢討、反省，希望失敗的有價值	

　　受測者針對這20個題目，同意者得1分，不同意者得0分，做完統計出總分，再進行以下分析：

➡ **1-5分**：你稍欠缺創業家的性格，建議先認識自己、強化自我管理，對就業或創業來說，都是好事。

➡ **6-10分**：雖然不一定是天生的老闆，但透過探索外在機會，從尋找好點子開始也能成功。

➡ **11-15分**：你應該具有創業的潛力，付諸行動前可以先參加相關課程，聽取顧問或其他創業者的建言。

➡ **15-20分**：你顯然有創業者的特質，提醒你善用資源、穩紮穩打，你就是未來的創業之星。

▶ 1-3-2　創業前的環境評估

一、硬體的規劃

創業初期除了企業運作所必需的硬體之外，能不花的錢就不要花，將省下來的錢做為企業運作的週轉金，對於企業的幫助更大，所以如何能以最少的成本取得最有效的工具將是成功經營企業的第一步。

1. 門店或辦公室裝潢

微型企業在草創初期，需要的資金相當的多，創業者動輒捉襟見肘，但是，很多必要的費用卻又是無法避免的，因此，裝潢費用要控制在一定範圍內，門店的裝潢費用要控制在自有資金30%內，服務業的裝潢費用則要控制在自有資金的10%內。

若想再節省成本，採購同業的二手設備也許也是可以節省成本的方式，除非該生財器具對於企業營運非常重要，且使用頻率高，否則生財器具如果選用堪用品或租賃，對於企業營運初期的負擔最少。而自我裝潢者，也應先將營業場所仔細丈量，比對所要擺設的營業器具，先紙上模擬，找出最佳的擺設方式。

2. 企業資訊化

資訊化有助於企業的營運，微型創業的創業者雖受限於資源，但是，在可能的範圍下，也要去思考有關企業的會計、進銷存、行銷等，如果可以導入電腦，對未來的營運可能會事半功倍。因此，電腦、印表機、掃瞄器、寬頻網路對一個企業是必備的。

3. 營運成本與費用

創業者在創業之初，一定會面臨營運費用過高的問題，營運的直接成本要降低可能很難，但間接成本則可以透過各種方法來降低，如同一公司的人員最好使用同一業者門號的手機號碼，網內互打費用省一半，也可以使用網路通訊工具，如line、skype⋯等，來節省電話費，企業的文件傳輸也可以儘量利用e-Mail，至於公司的官網，可以利用網路業者提供免費空間，免費建立自己的網站。

二、營運制度規劃

創業初期除了硬體規劃之外，許多創業者往往會忽略了事業軟體的規劃，其實，企業的軟體可說是企業最重要的作戰策略，企業要如何運作，將來面臨問題如何處理，這些事情都必須在創業時就規劃好。

1. 企業形象

你的企業跟同業有什麼不一樣的地方？有哪些比同業好？如何讓顧客在眾多的競爭同業中，一眼就看到您、認出您？創業初期就要先思考企業識別系統（Corporate Identity System, CIS），如何透過設計服務標章、商品標章，建立自己企業的形象，透過名片、型錄、DM、文件、制服、網站等來傳達，讓客戶建立起深刻的第一印象。

2. 企業管理制度

微型企業在初創時都很小，但往往很可能在一夕之間變大，如東京著衣在短短幾年之間，每年營業額都翻倍成長，如果在創業之初沒有建立管理制度，屆時可能會緩不濟急。

雖說企業創立初期不用建立一大套的管理制度，增加溝通作業的繁瑣，但基本上對於員工管理、薪資問題、客戶的處理、財務收支都要訂出一個基本原則，待企業運作逐漸成熟，再補齊公司其他的制度。

3. 企業營運制度

營運制度就是企業運作的流程，從如何開發客戶、提供服務到收款及運用售後服務留住客人，要建立一個適合自己企業的營運制度並不困難，可以採用標竿學習（benchmark）的方式，首先找出與自己所創事業營業規模相符且賺錢的同業，並仔細觀察記錄同業的運作方式，然後立基於自己企業的優點去改良這一套運作模式，逐漸建立起屬於自己的營運制度。

1-4
創業的方向

▶1-4-1　行業別

　　在確定自己已經擁有創業者的特質後，就要開始思考自己適合從事哪一種行業，在選擇創業的行業前，先了解各個行業在做什麼？有什麼差別？再來做最後的決定。

　　行業係指經濟活動部門之種類，而非個人所擔任之工作，包括從事生產各種有形商品與提供各種服務之經濟活動在內，每一類行業均有其主要經濟活動，傳統的行業別大概可以分為：零售業（retail industry）、批發業（wholesale business）、製造業（manufacturing industry）、服務業（service industry）。

1. 零售業

　　零售業是國家最古老的行業，指的是向最終消費者（包括個人和社會集團）提供所需商品及其附帶服務為主的行業，如果創業者擁有門店、流動貨車、固定攤位…等，可以直接面對顧客銷售產品或服務，都屬於零售業。

2. 批發業

　　批發業是面向大批量購買者開展經營活動的一種商業形態，也就是將有形產品賣給零售業者的行業，批發業者通常會向製造商購買商品，存放在倉庫後，再銷售給零售業者，經營所需的成本較零售業者高。

3. 製造業

　　製造業是指將原料經物理變化或化學變化後成為了新的產品，不論是用動力機械製造，還是手工製做，都屬於製造業。製造業直接展現了一個國家的生產力，包括：產品製造、設計、原料採購、倉儲運輸、訂單處理、批發經營、零售。

4. 服務業

服務業是指利用設備、工具、場所、資訊或技能等，爲社會提供勞務、服務的業務，它包括飲食、住宿、旅遊、倉儲、寄存、租賃、廣告、各種代理服務、提供勞務、理髮、照相以及各類技術服務、諮詢服務等。

在選擇創業的行業別時，除了要選擇具有前景的行業別外，還要考量自身的資源，這些傳統產業別，創業者所需投入的資源都要非常龐大，不是所有的創業者都足以應付，對於微型創業者而言，更是不易。

▶1-4-2 新的創業趨勢

根據經濟部中小企業處的研究顯示，新生代選擇創業的關鍵因素在於創業成本，創業成本指的不僅是開辦初期的投資成本，還包括正式創業後隨之而來的營運成本，例如店租、進貨費用、人事費用…等，這些在過去創業過程中占成本最高比重的障礙，因爲加盟體系的興起，以及創業資訊的普及，讓創業門檻降低許多。

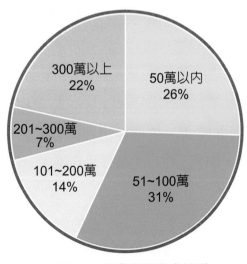

❖ 圖1-3　創業所需資金統計

在以往的資本密集市場中，創業是件很困難、門檻很高的大事，沒有相當的資金恐難成行。但是，當微型、知識型創業時代的來臨，資金不再是創業的最大障礙，小額創業吸引更多年輕族群的投入，從調查中可以發現，超過55%以上的創業者把創業資金設定在百萬元以下。

至於創業者創設行業的**趨勢**，根據經濟部中小企業處的統計如表1-6所示，未創業者心目中的創業業別以食品餐飲業最多，約占46%，遠高於第二名服飾配件業的6.6%，其次是美容養身業、創意精品業及居家百貨業。

如果從已創業者做統計，食品餐飲業仍然是首選，但比率已降到20%，顯示理想跟實務還是有很大的差距，服飾配件則仍與未創業者的理想相距不遠，已創業者約8%是從事服飾配件業。

接下來的排名就有些許異動了，創業的第三名，約5%的創業者選擇從事3C家電業，約4%的創業者選擇做創意精品及交通運輸業，這應該跟微型創業者的特性有關，因為他們的資源有限，無法大規模的投入傳統的產業別，而這些業別所需的資源相對較少。

> ↘ 表1-5　創業業別統計

未創業者		已創業者	
業別	百分比	業別	百分比
食品餐飲	46%	食品餐飲	20%
服飾配件	6.6%	服飾配件	7.9%
美容養身	3.5%	3C家電	5.2%
創意精品	3.4%	創意精品	4.3%
居家百貨	2.6%	交通運輸	3.9%

目前熱門的微型創業模式，依據經濟部的統計分析，可歸納有8種：加盟、零售、時尚、寵物、DIY、外包、創意及知識。

1. 加盟

加盟方式是最容易上手的創業模式，一般的資金需求約新臺幣10萬到1,000萬元，可加盟的產業包羅萬象，從食、衣、住、行、育、樂都有，通常加盟主都會提供教育訓練及管理模式，創業者可以掌握加盟品牌的獲利模式，未來可同時經營好幾家分店，能讓收入倍數增長，學習加盟總部的管理方式後，也可以考慮創新商品，或選擇另創品牌。

2. 零售

零售是一種本小利大的創業模式，什麼都能賣，資金需求不高，如果沒有門店、選擇二手生財器具的話，約新臺幣15萬元以下就可開業，未來可以發展成小型連鎖體系或供應商。

3. 時尚

至於年輕女孩喜歡的時尚風，開一間賣時尚、賣美麗的店也是潮流所趨，所販售的商品包括：流行服飾、飾品、配件、保養品…等，資金需求較高，約新臺幣50萬到100萬元，但風險較高，因為創業者要對時尚有足夠的敏感度，才能準確的進貨，不致產生高庫存，目前很多時尚玩家除了實體店面外，也有很多是透過網路進行交易。

4. 寵物

因應少子化的風潮，寵物反而變成家中的替代品，寵物在家中的地位甚至於取代小孩，在這股潮流下，販售讓家有寵物的家庭買單的商品或服務，就變成主流，包括：開寵物餐廳、賣寵物的衣服或精品百貨…等，不過，寵物商品不易產生進入障礙，經營模式很容易被模仿，要做出品牌或市場區隔，才有利基點。

5. DIY

DIY主要是讓顧客能自己動手做出獨一無二、與眾不同的東西，所販售的商品包括：手作雜貨、服飾、飾品…等，主要賣點在於創意，資金需求相對較小，可以先在藝術市集駐點，等到有知名度後再開自己的門店。

6. 外包

對於有特殊專業的創業者，也可以自行開店接案，提供專業的服務，如幫客戶代工寫程式、開發網頁、做設計…等，如果口碑、績效好，甚至於可以有長期的合作夥伴。

7. 創意

創意風除了可以跟商品或服務結合推出創意包裝、創意商品外，也可以跟地方特色、文化相結合，利用源源不絕的創意，創造自己的風格，引領流行的風潮，創造新的商機。

8. 知識

在知識經濟的時代中，知識也成為一種商機，運用智慧資本為自己創造利潤是一種方式，利用資訊不對稱創造財富，是另一種商機，但前提是創業前要先想好您的經營模式是什麼？有人運用大數據（big data）賺錢，有人利用開放資料（open data）營利，也有人靠建立品牌獲利，端看您選擇哪一種。

加盟的風險評估

基於對教育的熱情，Jennifer 在某研發機構退休後，並未對市場做詳細的評估，輕易的聽了原業主的敘述，即接手了位於中原國小對面的連鎖美語補習班，在與連鎖補習班簽約時，也因為缺乏經驗，沒有詳細閱讀合約，只聽信業務專員描述的美好願景，即簽訂合約，以 60 萬元的簽約金接下經營權。

實際開始營運後，Jennifer 發現所有的事都不是想像中的那麼美好，第一個要面對的現實是學生人數並沒有原業主說的那麼多，而且原業主為了容易脫手現有補習班，招了很多人頭戶充數，以利提高賣相，再經過了解後發現原來的補習班在外的風評並不是很好，因此，也影響到接手後的招生。

在生源不足的情況下，招生已成為營運首要之務，當補習班為招生忙的不可開交時，又發現合約規定了每年至少要向連鎖補習班的加盟主訂購 480 套教材及 6 萬元的器材，每年還有 50 人次的語文檢定人數，在招生經驗不足，而加盟業者又以頂讓視同有經驗分校，並未予以積極輔導，以致每年招生均無法達到目標，間接影響到教材、器材都無法出清，造成庫存壓力，而且剩下的教材又因合約規定不能轉賣給別家補習班，這對補習班的營運來說，可謂是雪上加霜。

而屋漏又逢連夜雨，加盟主又不定期要求配合活動，購買一定數量的衣服、行李箱…等贈品，在生源有限的情況下，這些多買的贈品發不完，最後都變成了庫存，間接造成了補習班營運成本的負擔，加盟主的輔導專員也不能對這個現象加以輔導、改善，結果成為營運上的一個惡性循環。

在業績無法達到加盟主的要求之下，在合約期滿前，加盟主完全無預警的教器材數量與語檢人數不足為由與 Jennifer 不再續約，在此之前，Jennifer 還接受輔導員的建議訂購一箱 2,000 張的 DM 與器材，做為招生之用，收到公文之後震驚的無所適從。

考量每年都要支付 40 萬元授權金的業績壓力下，Jennifer 同意不再續約，清點庫存後，大批存貨因為不能轉售給其他加盟補習班，只能要求加盟主回收，而加盟主只願以當初售價的 3 折回收整套全新的教材，且器材完全不回收。

經過了這段慘痛的教訓，Jennifer 事後回想，在這段經營期間，除了營運面的問題外，內部管理上也有很多問題待解決，在中師、外師協同教學的配合上，也常發生溝通不足的問題，致使在課堂上二人沒有默契，無法良好的配合，而未能達到預期的教學效果，尤其是沒有經常辦理節慶活動大量曝光，無法提升知名度。

而坊間美語補習班的老師大多是遊走各大補習班的兼任老師，大多有其生存之道，Jennifer 認為老師教學事前應有規劃，但老師大多沒有習慣在上課前訂定教學大綱，在賣方市場下，也不敢對老師多做要求。

隨著加盟合約的結束，未來 Jennifer 開始要以自己的品牌柏德美語繼續經營，她採用了英國 Oxford 出版社的教材，不再加盟任何連鎖品牌，並檢討了這段時間所遭遇的問題之後，為了讓以後會更好，Jennifer 透過各種管道了解其他補習班的經營模式，學習他人的優點、改善自己的缺點，同時在 Oxford 北區經理及敦煌書局的資深業務高先生的輔助下，重新擬訂自己的經營策略，俾能重新開始。看著窗外的綿綿細雨，Jennifer 堅定的眼神，不管外在環境有多差，相信只要做好準備，一定會雨過天晴的！

個案研討

開創職場第二春的內山姑娘

台三線自日據時期起就是臺灣最大的茶產區，而桃園也是台三線上的中繼站，早年因為其歷史、地理、及經濟的因素，「茶」成為客家重要的經濟產業，「茶」也成為臺灣早期的三大經濟作物之一。

桃園地區的茶工廠，從日據時期到民國70年代間，是臺灣綠茶出口最重要的產地，早期茶廠鄰近的茶農皆將茶菁販售給茶廠，茶廠也因而成為地方社群中心，但隨著國際經濟情勢的改變及中低海拔茶產業需求的衰退，茶葉生產與銷售的型態從中低海拔低價的外銷商業茶轉為內銷的高海拔精品茶。桃園地區以往是外銷茶的主要茶區，在這現實的環境下，造成了桃園地區茶產業發展的衰退，也嚴重影響了桃園地區茶產業之發展。

王婉榆在楊梅的茶業改良場工作了26年，從工作中除了認識茶，也對茶產生了興趣，也看到了茶農所面臨的困境，許多的老茶農甚至是第二代茶農們只知道種茶的專業，但未有整合生產與運銷面的方法，因而無法突破原有商品銷售範圍，加上大多數個別農戶規模又小，生產者們無法有效整合，因此不容易創造規模經濟。

在多數民眾往往不知該如何買好茶，茶農們在賣茶、銷售方面也不知道要如何運用有效的銷售模式下，不知道要如何將自家的好茶做推銷、好環境推廣給廣大的民眾與消費者知道。因此造成了許多的茶農只能靠天吃飯及賤價讓批發商、大盤商漫天砍價的現象。

王婉榆在茶業改良場任職期間，主要工作為協助茶農與辦理推廣教育、場區內部電腦系統規劃與開發管理、及推廣茶園大型機械化作業的工作。從茶業改良場退休後，又任職楊梅故事園區館長工作，從事地方文化保存與成人終身教育的工作，及開設了恆韻有限公司專售銷臺灣各類優質的特色茶。

在結束楊梅故事園區館長職後，她開始思考如何藉由以往之工作經歷，整合北部桃竹苗在地茶農、地方政府、技術單位、農民團體、大學等單位，共同為北部茶產業銷售創新銷售模式來努力，同時亦可透過台三線的客家文化與茶文化的結合，為茶葉產品銷售進行加值。

於是，她結合現代網路科技規劃建置一個數位平台，在茶園建置即時監控系統，讓茶農經過適當教育訓練，以區塊鏈技術建立可追溯的生產履歷系統，運用契作的方式，及茶產品統一分級包裝的模式，讓茶農的生產模式，從計畫生產變成為接單式生產。再規劃茶區小旅行、茶區內茶農茶廠的製茶體驗。

配合北部各茶區內現有的老茶廠（如長生製茶廠、福源茶廠等）的歷史沿革故事，與客家庄及茶葉歷史文化產業結合的加持，讓北部茶區的茶產業及地方文化的斷鏈點能有新的聯結，並以此新鏈結點帶動北部茶區文化及產業的升級，也讓地方產業的產值及效能提升，亦因新的地方文化產業網路數位行銷的新平台之誕生，讓北部茶區的文化事業及茶產業銷售都能再創出新的效益及新的發展高峰，以產業帶動地方經濟活化地方產業的方式，達到擾動地方產業及創建地方永續經營的目標。

她不斷的思考如何提升北部茶產業永續的經營，她想到透過建立網路平台以自有品牌來行銷臺灣北部茶農在地自產自製的茶葉。王婉榆本身即是楊梅在地的客家人，早期臺灣的茶區即是以客家庄為主要的生產區域，在傳統客家庄特別的社會氛圍環境中，也造就了茶區可愛「內山姑娘」採茶、唱山歌的美麗景象。早期傳統的製茶產業，都是「女主外、男主內」的作業模式，也就是女生負責採茶，男生就在家製茶，因此有了「採茶姑娘」、「製茶郎」的稱呼。於是，婉榆就連結北部各茶區的歷史、文化，以內山姑娘做為她的茶品牌名稱，同時也做了一個「內山姑娘茶」的代言娃娃，做為品牌的代言。

她也運用「內山姑娘茶」代言創造出的文創產業系列的IP，將臺灣北部茶區的人文地景產特色，以有溫度、有熟悉度的生命故事來吸引與聚焦人潮，以提高社會大眾對有故事性的茶葉文創產品「內山姑娘茶」系列的喜愛，並以此產品開始接觸到桃園周邊各地如龜山、楊梅、龍潭、關西、北埔、峨嵋等地區的茶、與文化、歷史產業，及用參與茶區製茶體驗、與茶區小旅行的機會，連接起茶產業及地方文化推展發揚的斷鏈點，讓臺灣茶文化、與茶鄉觀光產業的推展再創高峰。

對於公司未來的營運，王婉榆很豪氣的說：臺灣不只有外國人命名的「東方美人茶」，更有我們本土人民自己取名的「內山姑娘茶」！她想要運用寶島庶民們集體記憶中的「內山姑娘」，喚起對於土地故鄉的熱情，並希望藉由「內山姑娘茶」推銷國內優質的臺灣特色茶，打造品牌，與「立頓」齊名，讓臺灣在國際知名茶葉產品更加多元，除了「天仁」還有新時代的「內山姑娘茶」。

創業故事大省思

　　小君、小香、小文是三位年紀相仿的媽媽，當初因為婚後專職在家照顧小孩，而離開職場，當小孩都開始唸書之後，她們想再度回到就業市場，但是，因為整體經濟環境不佳，加上自己又離開職場多年，使得她們二度就業之路多了一份艱辛。

　　政府為了降低失業，近年推行了很多的創業方案，積極鼓勵民眾自行創業，並提供各種創業課程與優惠貸款的協助，她們三人也看到了相關的文宣，於是，報名參加了勞動部勞動力發展署所開的微型創業鳳凰課程，在三天的課程結束後，三人成為好朋友，因為住家距離又近，於是，興起一同創業的念頭。

　　有了創業的念頭之後，三人開始利用小孩們上課的空檔時間，積極的開會討論這個想法，經過了二、三個月的密集會議，三人的意見仍然分歧，她們想到在微型創業鳳凰課程上過司馬特老師的課，於是，就跟司馬特老師相約，共同討論創業的問題。

　　在一個風和日麗的早晨，三人各自安排好小朋友到學校之後，陸續趕到星巴克跟司馬特老師見面，小君先把她們想創業的想法跟司馬特老師說明，司馬特老師在了解了她們的創業背景後，接著提問：創業其實是條非常辛苦的不歸路，你們是不是已經下定決心走下去？

　　三人聽完老師的問題，點頭如搗蒜，司馬特老師喝口咖啡繼續說道，聽起來妳們已經有了創業的目標，撇開你們爭論多時的議題，先想想妳們具備了哪些創業的特質？了不了解產業的特性與知識？有沒有辦法解決創業所遇到的問題？這些問題都澄清之後，才能來思考要做哪一行、妳們有沒有專業可以去做，如果專業不足要怎麼去補強。

問題

1. 你認為一個創業者要具備哪些特質？
2. 哪些產業是未來微型創業可能的趨勢？

創業想一想

請自行評估您是否適合創業：

題號	問題	同意
1	大部分的人只要肯努力就能勝任工作	
2	一旦做出決定，我從不後悔	
3	一般來說，認真工作的人都能獲得應得的報償	
4	工作的時候，我總是拼命去做，直到我自己滿意為止	
5	不管事情有多困難，只要自己認為值得去做，我就會盡力而為	
6	在決策過程中，我總是扮演主導的角色	
7	我的組織不能達成專案預設的目標，我認為自己有責任改善這種狀況	
8	我所追求的生活目標與價值，是由我自己來決定	
9	我喜歡在充滿挑戰與變化的環境中工作	
10	我會為自己的行為負責	
11	我會觀察市場及預測市場的趨勢	
12	我對生活周遭的事物充滿好奇心	
13	我對自己的判斷力很有信心	
14	我樂於投入自己理想的工作	
15	我盡可能找尋更好的方式來完成事情	
16	我總是能夠影響團體會議的氣氛	
17	我願意奉獻生命去實現人類應有的理想生活方式	
18	我願意善盡社會責任，回饋社會	
19	看到自己的理想付諸實現，我會感到興奮	
20	遭遇失敗時，我會檢討、反省，希望失敗得有價值	

評估結果　　總分：＿＿＿＿＿＿＿

自我分析：

選擇商業模式

本章架構

1. 如何尋找創業機會

2. 創業機會如何評估

3. 運用工具建立自己的商業模式

本章個案

• 職業軍人的創業夢

2-1
尋找創業機會

　　不同的時空背景，創業者所能擁有的創業資源也不一樣，所以，創業者要能尋找及開發新的商業機會、發現未充分使用的資源與知識、確認有潛力的商業模式，並能評估機會帶來的預期效益，也就是說，要具有把市場機會有效商業化的能力。

▶2-1-1　外在的驅力

　　創業除了靠機會外，有時候是伴隨著科技的結構性改變而來，在周瑛琪等人的研究中，認為誘發創業機會的構面，主要有科技資訊結構的轉變及產業市場結構的改變。

一、科技資訊的轉變

　　科技和資訊的改變，創造出更具效率的流程及新的商業模式，讓很多以前我們不能做或做不到的事，現在透過科技或資訊，都可以實現，也產生了很多新的商業模式。

　　在網際網路（Internet）沒有成熟之前，我們的生產管理只能透過對市場的預測，進行計畫性生產，但是，計畫性生產往往會因為無法立即反應市場需要，或因需求失真，而造成庫存無法消化，20年前彼得聖吉（Peter Senge）在第五項修練《The Fifth Discipline》書中的啤酒遊戲（Beer Game），就在當時成為一個很有名的供應鏈管理（Supply Chain Management, SCM）個案討論的議題。

　　但是，隨著網際網路的技術與環境的成熟，再加上政府在15年前陸續推動ABC計畫，讓臺灣成為全世界的資訊產品生產重鎮，其中最值得驕傲的，就是當年的電腦生產交貨，可以從955（95%的訂單可以在5天交貨）做到1002（100%的訂單都可以在2天交貨），甚至於生產線上所生產的電腦，規格都可以依客戶需求，每一台都不一樣，為供應鏈管理開啟新頁。

除了運用資訊科技改變供應鏈，產生新的商業模式外，在開放資料的風潮下，也有人利用政府的公開資訊，創造新的商業模式，如評律網就是利用司法院的判決資料，除了提供判決書外，也對律師及法官做些分析，讓當事人可以在找律師的時候有些參考資訊。

✤ 圖2-1　評律網首頁

二、產業市場的改變

　　隨著市場的全球化及商業模式的轉變，對產業結構也有顯著影響，以交易這件事來說，剛開始只是以物易物，慢慢的在貨幣形成後，交易行為就從以物易物變成買賣的型態。

　　買賣交易活動經過數千年，隨著科技的進步，各類型的創業家紛紛在網路平台上開設虛擬商店，沒有實體店面後，開店的成本可以大幅降低，不過，這個產業的進入門檻相對也低，如果不能在商品或服務上，與競爭者有差異，或是有效運用技術優勢、行銷策略，則很難能崛起。

　　在全球化的浪潮中，各國的產業市場已經產生了明顯的改變，不同型態的產業技術結構，引發了不同的創業機會。如近年成熟的奈米技術，即可應用在不同的產業上，諸如節能科技、醫療用品、半導體製程、複合材料、石化工業、電子工程…等，創業者都可以在各種領域中，找到創業的利基點。

▶2-1-2 創業機會的來源

創業機會就是創業家獲得機會推出一種產品，這種產品能產出比其成本更多的回饋，當顧客的需求還沒被滿足，或是可以用比現在更好的方法滿足需求，這種機會永遠存在。管理大師克里斯汀生（Clayton Christensen）的研究也發現：創新者背後的驅動力來自於對現狀的不滿，而積極的尋求改變以解決問題，希望讓世界更美好。

創業機會是創業的源頭，創業者可能會有很多具有創意的點子，但是，不是所有的點子都可以變成機會，創業應該要從發掘及辨識市場機會開始。了解了創業機會之後，接下來的問題就是：如何來發掘創業機會呢？管理大師彼得杜拉克（Peter Drucker）在創新與企業家精神（innovation and entrepreneurship）一書中，提供了7種發掘創業機會的方向，分別是：意外事件、不一致狀況、程序需要、產業與市場結構、人口統計資料、認知改變及新知識。

一、意外事件

意外指的是偏離我們習慣的思考模式，既然偏離了我們習慣的思考方向，意外的創業機會在提出的時候，很可能就在我們的主觀之下遭到否決，因為人們的決策都有一種慣性，當一個非主流的想法出現，很可能會被認為不合理、不可行，而錯失機會。

意外事件就是意料之外的事，包括：意外的成功及意外的失敗，意外的成功指的是創業機會來自於意外，但最後卻歪打正著的成功了，於是，意外的走向最後就變成了公司的主流方向。

以TVBS播出的美食節目食尚玩家為例，2007年開播後第一年就在搜尋引擎Google上拿到排行第一，它主要由2個製作人負責企畫，各自擁有不同的後製團隊，再加上多組藝人擔綱輪流演出，甚至於還開創多

個副品牌節目，每週7天，觀眾只要打開電視，天天都可看到不同主持人介紹臺灣以及世界各地的美食與景點。

這樣創新的組織運作，其實當初並非刻意安排，是因為節目開播時預算有限，既然請不起一位王牌主持人固定擔綱，不如同時讓多組新人輪番上陣，希望可以找出適合的人選。沒想到這引起莎莎與浩角翔起這2組新手主持人的危機意識，在各自的節目中使出渾身解數，最後成為固定的主持班底。

另一個創新之處，在於將幕後工作人員推向幕前，以素人臨演的方式打破傳統角色思考，結果帶給觀眾出乎意料的趣味跟笑料，最具代表性的創作莫過於與莎莎搭檔的青蛙以及旁白阿松。

整個節目運用組織，採用良性競爭的方式提高節目品質，再突破窠臼將產品包裝，將幕後人員推向幕前，最後，以貼近觀眾生活的行銷語言，滿足顧客需求，成功的炒熱冷門時段。

比起意外的成功，意外的失敗更容易被忽略，當您滿滿的信心卻出乎意料的失敗，雖然結果難堪，但是，這也代表您充滿自信的思考中，有一塊沒注意或看不到的死角，如果能重新檢視這個死角，可能會找到新的創業機會。

便利貼（post-it）是每個人工作中常會用到的文具，它可以很方便的把待辦工作或文件的重點記下後貼在需要提示的地方，方便我們去注意，但是，您可知道它是怎麼被3M研發出來的嗎？

3M是一家做膠帶的公司，膠帶是要把物件黏住，當然是愈黏愈好，物件才不容易分離，所以，該公司的研發也都是朝向這個方向。首席科學家席爾巴（Spencer F. Silver）當初要研發的是一種對壓力很敏感的黏著劑，而且要具有易於清除的特性，但是，他不管怎麼研究，做出來的東西都只能達到黏著力很強，但是都達不到清除容易的性質，他只好半途放棄。

後來該公司的化學工程師富萊（Arthur Fry）因為自己在唱詩班的需要，他想要一種黏在樂譜上提醒自己的小紙條，他想起席爾巴做過這種類似的黏著劑，於是他用這種黏膠，塗在紙條的背面，用來標示樂譜，這樣子紙條既不會掉且容易撕下也不留痕跡，於是第一代的便利貼就此出現。

為了達到易於撕除的效果，富萊又花了一年半的時間改善它的缺點，但是，這種劃時代的產品並不是一上市就造成轟動，它是靠巧妙的銷售策略來推動的。3M公司在美國愛達荷州（Idaho）的波夕市（Boise）分送免費贈品給上班族，用過的人有九成在贈品用完後，會掏腰包再買來用，之後在辦公室的上班族逐漸發現這種產品非常好用，因此才慢慢推廣到全美及世界各地。

二、不一致狀況

不一致的狀況可分爲：經濟現況不一致、認知與現實的不一致、價值與期望的不一致、程序與邏輯的不一致。

1. 經濟現況不一致

人們在經濟上總是追求資源的效用極大，但是，往往會事與願違，現實與理想常常是背道而馳的。例如人們把錢投資股市，目的是希望能獲得資本利得來讓自己的財富變大，但是，近年的股市持續低迷，獲利空間有限，於是，各金融機構紛紛推出各種衍生性金融商品，來滿足希望獲得高報酬的客戶。

近年銀行由於存款利率處於谷底，相對放款利率也處於谷底，雖然放款利率低，但是，即使政府提供一些優惠措施，對很多初創業的微型企業主而言，還是很難透過正式的金融體系，取得營運所需的資金，在這樣的情況下，網路上就有人組織了一個募資平台，讓創業者可以有機會把自己的構想展示給投資者看，進而取得所需的營運資金。

2. 認知與現實的不一致

產業在尋求解決問題的方案時，往往會受限於特性，而使得解決方案可能因而狹隘、簡單，這時，如果我們能找到一個認知與現實不一致的地方，從這個地方著手，去發想一個創新的作法，就有可能找出創業的機會。

光棍節原來只是在中國大陸一個流行於年輕人的娛樂性節日，而非官方、非傳統節日，2009年淘寶網從中找到商機，在這一天舉行打折促銷活動，連帶的使其他購物網站也跟著在這一天促銷，2009年第一次推出時，一天的營業額就達到

5,000萬元人民幣,爾後的營業額每年都創新高,2013年創造單日約350億元人民幣的營業額,到2014年單日營業額更超過了570億元人民幣。這個商業模式已經讓各個電子商務的業者,紛紛效法而提出類似的訴求。

3. 價值與期望的不一致

經濟學講的是供需均衡,這個供需不只是價格的供需,也包含了品質、規格的供需,顧客會來消費,是因為商家所賣的產品能滿足他需求的規格或品質,但是,商家往往會誤判消費者的需求,而提供一個超乎其需要規格的產品,此時的消費者不一定會購買。

當生產者以為高價值的產品才是消費者要的,其實可能已經與消費者的期望有了落差,這時,我們如果能好好的靜下心來,把生產者的價值與期望跟消費者所想要的價值與期望,再重新評估,就有可能推出一個新的商業模式,滿足消費者的需求。

烏魚子是我們在節慶或宴客時的高檔料理食材,但是,市面上賣的都是大大的一片,這樣的分量常常讓人在料理時,面臨一次無法吃完的窘境,於是,在生產者與消費者之間價值與期望就產生落差。為滿足消費者的需求,就有業者推出單片小包裝的烏魚子,每片約100公克,消費者視需要打開食用即可,成功的打開了另一個市場。

4. 程序與邏輯的不一致

程序與邏輯的不一致通常是由工作人員在工作中發現,每個行業中都有或多或少的流程待改進,如果能從工作中找出這些可以改進的地方,再整合資源找出最佳的方案,就可能開創新的機會。

吉維納在2000年研發出第一部洗碗機後,先採試用的策略,成功的開創市場,第3年後市場成長開始趨緩,到第4年就面臨經營瓶頸,經過一番評估後,改採租賃策略,不但設計洗碗設備,並配合機器研發出一系列的清洗流程,成功的轉型。

三、程序需要

我們的工作是由一連串的程序所組成,從這一連串的程序進行分析、發想,透過程序的標準化,也可能創造新的商機。從程序中尋求創新的商機,必須要具備以下條件:要擁有一個獨立的程序、程序中要欠缺某個環節、對目標有清楚的定義、可清楚界定解決方案的標準、擁有應該會更好方式的質疑問題能力。

統一企業與大和運輸在1999年10月簽訂技術合作契約引進宅急便服務，黑貓宅急便於2000年10月6日正式在臺灣開始營運，近年來各項服務持續創新，為消費者創造新的消費平台，也為臺灣社會帶來各種變革和影響。

首先，將司機的工作流程改變，導入系統讓司機能及時把貨物狀態回報給公司，不需要像以前一樣回到公司才把簽收單輸入，減少司機回公司後的工作，也使公司可以藉由系統掌握司機的進度。

同時，導入貨車就是便利商店的概念，把每位司機都訓練成業務員（Sales Driver, SD），讓司機去開創商機，銷售司機送貨時，也會遞上商品傳單，創造購買、運送的機會。而且，司機採區域責任制，對於所管轄區域最能深入了解當地需求，只要一發現新機會，可以隨時在每日朝會時提報，發現的新商機愈多，得到的回報也愈多。因此，也成功的把臺南的芒果送到臺北的百貨公司，甚至於日本，創造新的商機。

四、產業與市場結構

消費者的需求不斷的在改變，創業的機會是隨著市場結構而改變的，如果市場上的先進入者，不能掌握市場變動的脈動，以不變應萬變，勢必無法滿足消費者求變的需求，因此，此時就給積極的創業者一個很好的創業機會。

第二次工業革命導入大量生產的概念，讓生產成本可以下降，但是，在研發階段所需的模具，還是要花不少成本，尤其在研發階段的不確定性，為了做出符合品質的樣件，往往要製作多次模具，才能符合需求。在這種生產模式下，要做客製化的小量產品，就會受限於成本而不太容易達成。

歐巴馬在2013年的國情咨文中提到3D列印將會是美國領先全球的製造技術革新，也掀起了所謂的第三次工業革命，在產業結構的改變中，由於3D印表機還有使用及成本門檻，於是，已經有先驅者看到商機，提供印製服務，把以前客製化的不可能任務變成可能，任何物件都可以小量生產，甚至於可以獨一無二的生產，而不需要考慮開模的成本。

五、人口統計資料

以往人口統計數字都是政府用來做重大政策時的參考指標，其實它也是觀察市場變動的一個重要數據，人口統計資料不只是包括出生、死亡等人口數的總計，其中的年齡結構、教育水準、社會階層…等指標，都是觀察產業結構變化的參考，蘊含無限商機。

從出生率與年齡結構交叉分析，就至少可以看出新生兒人數下降與老人人口上升的二個現象，於是，就可以從這裏衍生出二個商機的方向，一個是小孩的商機，一個是老人的商機，這些商機都不是單一的商機，而是同時包含食、衣、住、行、育、樂等各方面的商機。

六、認知改變

人的認知會隨時間、年齡…等因素而改變，但是，認知的改變如果時機點或創業方向掌握不好，一窩蜂的創業現象，有時候反而會失敗。例如近年來人們講究養身，有機食材成為風潮，有機農業遂成為創業的顯學，但是，有機農業所涉及的技術與規範也不少，如果沒有先做功課，就不易成功。

七、新知識

要把新知識運用到創業上，有時候不是一蹴可幾的，因為新的知識可能要經過數年，甚至於數十年才可能商品化，即使技術已成熟但是商業環境尚未成熟，這個商業模式也不會成功。

網際網路在20年前推出時，就有人在喊著要做電子商務，但是，網際網路歷經二次泡沫化後，電子商務終於在這幾年上路了。所以，創業者如果要利用新知識做為創業的基礎，應該要先對知識本身、社會、經濟及產業本身對新知識的認知，先做一個完整的分析、規劃，才不會在不適當的時機進入。

2-2
創業機會評估

創業者在尋找創業機會時，可能會有很多個方案，但是，哪一個方案才是較佳的方案呢？這時就要從根本問題開始思考，考量自己的優勢、可投入的資源及市場環境等因素，才能找出最佳的創業機會。

▶2-2-1 創業機會分析

創業就是在未知的藍海中尋找機會，創業家如果沒有事先規劃好，就一頭往前衝，創業的熱情很可能就會在挫折中被消磨殆盡，創業機會分析就是在幫助創業者來判斷創業機會該如何修正，同時進行適度的風險管理。

創業者可以天馬行空的找出很多個創意的點子，但是，要怎麼從這麼多的創意點子中，篩選出一個適合的創業機會，就不是一件簡單的事了。創業機會常常 為不具體，而不易用指標來估算，必須要參酌創業者自己對產業的了解及敏感度，才能找到適合的方案，本節將介紹二種工具來協助創業者分析創業機會。

一、產業分析

產業分析的目的在於對產業結構與產品的技術生命週期、現有競爭情勢與未來發展趨勢、產業鏈相關業者與價值鏈分析、產業成本結構與附加價值分析、產業關鍵成功因素等進行探討，讓企業能夠藉此研判自己與競爭者的實力消長關係，進而能擬訂自己的策略。

策略大師麥可波特（Michael Porter）在1980年出版的競爭策略一書中，提出五力分析（Five Forces Analysis）的架構，如圖2-2，他認為影響市場吸引力的五種力量是個體經濟學面，而非一般認為的總體經濟學面，五種力量密切影響公司服務客戶及獲利，任何力量的改變都可能吸引公司退出或進入市場。

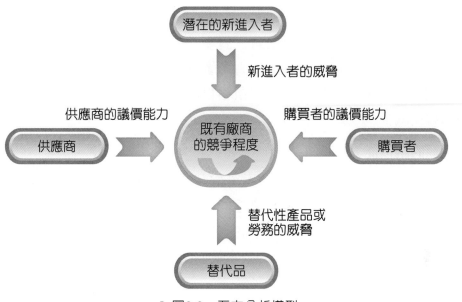

✤ 圖2-2 五力分析模型

1. 現有廠商的競爭程度

產業內的現有廠商指的就是同業，產業內的廠商家數是影響競爭強度的基本要素，而同業採用的競爭模式又會影響到自己的獲利能力，如果現有的競爭者採用價格戰，或不斷有促銷活動推出，則對自己的威脅相對就大。由於產業內競爭者的產品具有同質性，其產品的戰略價值及退出障礙的高低，都會影響產業內的競爭強度。

2. 新進入者的威脅

新進入者會讓產業的產能供給增加，繼而分享原有的市場，也會影響到整個產業原來的資源分配模式，使產業內原有的商家競爭壓力變大。新進入者也會讓產業的整體供給增加，在需求沒有增加的情況下，會使市場的價格下降，進而讓全體廠商的獲利減少。

產業界中採用市場及產品擴張策略、垂直整合策略、擁有特殊能力或資產待價而沽等策略的公司，都可視為是潛在的競爭對手。為了讓潛在的競爭對手不會成為市場的新進入者，通常產業內的業者都會設法設立進入障礙，形成產業的進入障礙可能有法令、特殊資源的取得、經濟規模等因素。

3. 購買者的議價能力

購買者的議價能力來自購買數量、對產品的熟悉程度、轉換成本及本身向後整合的能力，購買者的議價能力影響到商家的獲利，如果購買者的議價能力提高，商家為了爭取市場，價格自然就會下降，最後受到的影響就是總體獲利減少。

4. 供應商的議價能力

供應商的議價能力主要來自於不可取代的勞務或主要零件由少數廠商供應，而沒有替代方案，本身又缺乏向上游整合的能力。對供應商的議價能力影響到商家的進貨成本，如果商家與供應商的議價能力相對薄弱，就不能壓低成本，間接的會讓產品的成本較同業高，壓縮獲利。

5. 替代品的威脅

產業的競爭除了同業的競爭外，同時也是在跟替代品競爭，如果自己的產品購買者還有替代品可以選擇，則替代品也會稀釋企業的獲利，對企業造成無形的威脅。替代品無形中決定了廠商訂價上限，等於限制了一個產業可能獲得的投資報酬率，當替代品在價格或性能上所提供的替代方案愈有利時，則對產業利潤的限制就愈大。

臺灣在廣播電台開放的政策下，讓廣播電台如雨後春筍般快速擴張成立，使得原本平靜的廣播業界開始呈現了百花競爭的形勢，短短數年國內已有100多家合法的廣播電台。拜通訊科技一日千里的發展，除了傳統的類比廣播外，數位廣播、網路廣播…等媒體的興起，對傳統廣播產生不小衝擊。

魏政維就透過次級資料及專家訪談，再利用五力分析針對廣播整體營運環境因素，如對產業的市場、技術、節目內容、競爭情勢、未來的發展趨勢等進行探討。

1. 現有廠商的競爭程度

民營電台面對的客戶有二種：聽眾、廣告主，所以，產業內現有廠商競爭的對象就是聽眾及廣告主。各家電台在市場中的競爭程度，首先可由該區域電台家數與聽眾人口數比例做判斷，其次是各家電台的市場定位相互重疊的程度，若有幾個電台搶奪同一群聽眾，在此區隔的競爭也會比較激烈，電台通常會透過帶狀的節目排程讓聽眾養成收聽習慣、異質編排吸引對手的聽眾轉台及內部、外部節目促銷等策略來吸引聽眾收聽。

由於市場競爭激烈，造成電台必須以更求新求變的方式來經營，廣播電台的管理逐漸轉為注重市場調查、利用市場區隔搭配行銷策略，目前影響廣告主投放廣告的因素有收聽率及廣告價格。

廣播電台要得到廣告主訂單的先決條件就是收聽率要達到廣告主的要求，於是電台業務部門要配合電台定位，分析各個時段聽眾的結構，搭配上商業促銷活動，才能讓電台與廣告主獲得最大的廣告效益。影響到電台廣告訂價的策略很多，包括：收聽時段的聽眾多寡、競爭者的價格…等。

2. 新進入者的威脅

目前廣播電台產業是特許產業，頻率需要由政府核准才能使用，新進入者不易進入，相對的，業者想要退出也不容易，因此潛在競爭者不多，其威脅也不致於對現有業者造成太大的衝擊。但國內廣播產業的特殊現象是有很多地下電台，不受規範且政府又無力管理，它可能會是潛在的競爭者。

3. 購買者的議價能力

購買者要買的是產品，對廣播產業來說，產品是節目，購買者則是聽眾及廣告商，聽眾沒有付費，業者對聽眾沒有議價能力，廣告商手握廣告預算，業者對他也沒有議價能力。

4. 供應商的議價能力

廣播電台的供應者有：廣播硬體設施商、節目製作公司、音樂著作版權機構及數據服務商等，廣播硬體設施商是業者最能掌握議價能力的，而數據服務商則是業者最沒有議價能力的。

5. 替代品的威脅

廣播產業的替代品與電子媒體息息相關，包含無線電視台、有線電視台、衛星電視台、網路電台等，電視因有影音效果，因此長久以來都是強勢媒體。隨著各種數位化產品陸續問世，也讓廣播市場在所有媒體中的佔有率越來越低。

二、產品與市場分析

創業者在規劃創業機會時，透過優勢（Strengths）、劣勢（Weakness）、機會（Opportunities）和威脅（Threats）分析，先了解自己內部相對於競爭者的優勢與劣勢，並分析企業外部環境變化影響可能對企業帶來的機會與企業面臨的挑戰，進而制定企業最佳戰略的方法。

優勢(Strengths)	劣勢(Weakness)
技能或專業，有價值的有形或無形資產，競爭能力及是否有強大的策略聯盟。	所缺乏的技能，不具專業或智慧資本，缺乏有價值之有形與無形資產，缺乏競爭力等。
機會(Opportunities)	威脅(Threats)
能提供企業營收與利潤成長途徑，且能與企業內部之資源能力配合。	能威脅企業營收與利潤成長的事件。

❖ 圖2-3　SWOT分析

在做SWOT分析時，優劣勢分析主要是著眼於企業自身的實力及其與競爭對手的比較，而機會和威脅分析則是將注意力放在外部環境的變化及對企業的可能影響上，但是，外部環境的同一變化給具有不同資源和能力的企業帶來的機會與威脅卻可能完全不同，因此，兩者之間又有緊密的聯繫。

在做完SWOT分析後，藉由分析的結果，就要修正創業的策略，以充分掌握市場機會，運用自己的優勢減少外在的威脅及內部的劣勢，以達到創業的目標。唯有在既有的基礎上，正視自己的短處及面臨的危機，進而能改進與補強，才能強化創業的競爭力。

接著以上一小節的廣播產業為例，分析其SWOT分析如圖2-4所示，接著就要利用SWOT分析的結果訂出企業經營的策略。

優勢(Strengths)

- 分眾化及專業化策略的成功，易讓聽眾忠誠度高
- 人力精簡、運作靈活及資訊快速的特性

劣勢(Weakness)

- 電臺經營成本不易掌握
- 受經濟景氣波動影響明顯
- 電臺數量過多，競爭激烈
- 人力物力不足
- 欠缺政府重視
- 受政府法規的限製，電臺自主發展受限
- 公營電臺依賴政府編列之預算

機會(Opportunities)

- 高度行動力及親民特性
- 免費收聽的特性
- 廣播訊息具備立即性
- 以差異專業化建立品牌形象，透過異業合作建立電臺發展契機
- 轉型成為內容生產者

威脅(Threats)

- 新興媒體的視覺吸引力，讓聽眾逐漸流失現象
- 景氣變化造成廣播業者經營壓力
- 音樂及聲音公開播放權利金過高增加電臺經營成本
- 地下電臺干擾

❖ 圖2-4　廣播產業的SWOT分析

▶2-2-2　創業機會評估

選定了創業機會之後，接著要從多方面來評估成功機率，本節將介紹如何從市場及投資面評估效益。

一、市場效益評估

在評估創業機會的時候，要先確定市場定位是否明確、消費者分析是否明確、通路是否暢通…等，再來評估創業機會可能創造的市場價值、市場規模及成長速度。

從產品的生命週期分析，成熟市場的市場規模雖大，但進入障礙相對較低，競爭程度也較低，然而，其獲利空間也相對較小，這樣的創新機會就要審慎評估。成長中的市場，如果選對時間進入，則還是會有獲利空間。

市場滲透率是另一個評估的因素，如果能選在最佳時機入場，就可以搭上順風車，在市場需求成長時取得先機。最後，要評估的是產品的成本結構，成本結構包括：材料與人工成本、變動與固定成本…等的比重，從這些成本結構的比重分析，藉以判斷創業機會可能創造成附加價值幅度，進而評估未來的獲利空間。

二、投資效益評估

一個好的創業機會，至少要創造出15%以上的稅後淨利、25%以上的投資報酬率，且毛利率不能低於20%，創業者要評估風險與報酬間的平衡點，才能做出適當的決策。

其次，要考慮的是損益平衡點，合理的創業機會應該要在2年內達到損益平衡，如果3年還無法達到損益平衡，就要考慮這個創業機會了。

三、創業機會評估的步驟

1. 發展創業能力

評估創業機會的第一步要發展企業內部的創業核心能力，創業的核心能力包括創業所需的專業技能、知識與個人能力，有了專業能力才能發掘產業的需求缺口，進而找到創業機會，擁有產業知識才能分析自己的優、劣勢，做資源的有效配置。

2. 分析創業資源

接著分析內部的創業資源，針對有形資產、無形資產分類管理，透過資源盤點了解現有的資源，再發掘資源間的相對優、劣勢，利用這些資源組合評估可能的市場機會。

3. 辨識創業價值

第三階段則是透過創造產品效用、改變顧客體驗、改變價值鏈等三個構面，確認創業機會的創新價值，並創造顧客的價值。

4. 評估創業機會

創業者在整合內部的能力、資源，還要評估創業機會是否能滿足顧客需求，為投資帶來預期的報酬，評估後即利用創業機會評估矩陣（如圖2-5），把各個創業機會分類放到矩陣中適當的位置。

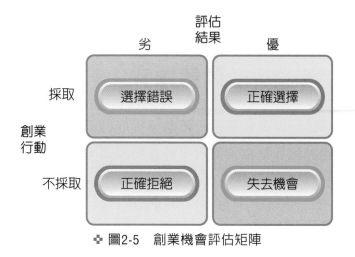

❖ 圖2-5　創業機會評估矩陣

　　創業機會評估矩陣有二個維度：

1. 創業機會評估結果。

2. 創業行動採取與否。

　　藉由這二個維度，把平面分成4個象限，落入第一象限中的創業機會是創業評估結果較優、創業行動採取程度也高的創業機會，這些創業機會都會是創業者的正確選擇。

　　在第二象限的創業機會屬於創業評估居於劣勢，這時如果還是要採取行動，就是一種錯誤的選擇。

　　第三象限的創業機會在創業評估時已居於劣勢，創業者不採取做為創業點子是正確的選擇。第四象限的創業機會在評估之後認為是好的機會，但創業者如果最後沒有採用，有可能讓創業者失去機會。

2-3
商業模式

商業模式是描述一個企業創造、傳遞與獲取價值的手段與方法，也就是為了實現客戶價值極大化，整合企業內、外各種要素，所展現出的獨特具核心競爭力的營運方式。

▶2-3-1 商業模式圖

建構一個可行的商業模式，是企業要達成目標必須要先思考的，有了可行的商業模式做為營運計畫的主軸，才能創造競爭優勢。許多學者都提出企業商業模式的構面，考量的面向包羅萬象，使微型創業的創業者在有限的資源下，規劃出自己的商業模式。

Osterwalder及Pigneur在2010年出版的獲利世代《Business Model Generation》一書所提出的商業模式如圖2-6所示，共有價值主張（value proposition）、目標客層（customer segment）、關鍵資源（key resource）、關鍵活動（key activities）、關鍵夥伴（key partners）、客戶關係（customer relationship）、通路策略（channels）、成本結構（cost structure）及營收來源（revenue streams）等9個構面。

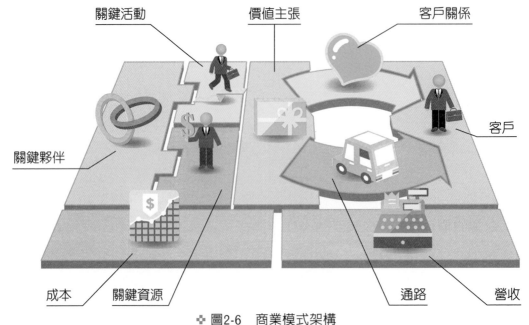

❖ 圖2-6 商業模式架構

再把9個構面整合到一張圖中，就是商業模式圖（business model canvas），如圖2-7所示，希望使用者可以在一張圖內，把商業模式表達清楚。商業模式圖雖然不能保證會提供一個完美無缺的商業模式，但是，它可以提供您一個對商業模式的整體思考方向，有助於微型創業者對自己的創業機會的評估。

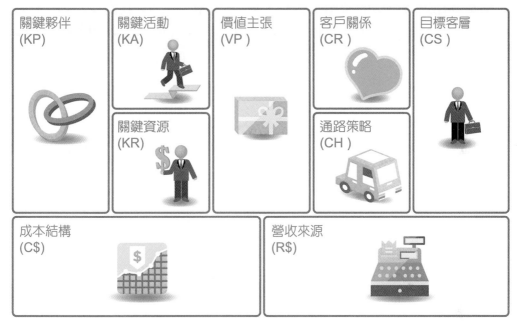

✤ 圖2-7　商業模式圖

在商業模式圖的右半部3個構面—目標客層、客戶關係及通路策略，說明企業能透過哪些通路，提供給哪些客戶什麼樣的價值主張（產品或服務）。左半部的3個構面—關鍵活動、關鍵資源及關鍵夥伴，則是說明了企業如何結合內部資源及外部夥伴，藉由什麼樣的活動達到要提供給客戶的價值主張。商業模式圖的下半部是用來分析整個商業模式中，貨幣是如何流動的，包括了所提供產品或服務的成本結構及可能的營收來源。

▶2-3-2　商業模式圖的構面

一、價值主張

企業的價值主張就是讓消費者願意選擇您這家公司，而不找其他公司的原因，它是整個商業模式思考的核心，為了達到這個目的，企業會以獨一無二的價值元素組合，來為他的目標客層創造價值，以迎合這個客層的需求。這些價值有可能與數量有關，也可能是品質、效能、新穎性、客製化…等，這些元素可能與既有市場的產品或服務類似，但是，卻能增加了公司獨有的特色與屬性，讓顧客能感受到物超所值。

　　創業者在思考企業的價值主張時，可以先問問自己：我們要給客戶什麼樣的價值主張？這個價值主張是目標客層需要的、想要的、渴望的嗎？為什麼客戶會找我而不找別人？接著再從幾個方向著手：創新、效能、客製化、解決問題、設計、品牌、定價、成本、避險、普及、便利，去尋找適合的價值主張。

1. 創新

一個滿足需求且新的產品，改變了消費者以往的使用習慣，如智慧型手機，用創新的科技為消費者帶來全新的使用經驗。

2. 效能

改善產品或服務的效能，增進產品或服務的水準，是最直接也是最快的創造價值方式。目前的消費型電子產品，如手機、電腦…等，都是採用這種商業模式。

3. 客製化

針對個別客戶的需求，提供客製化服務，尤其對於金字塔上層之客戶而言，客製化產品代表了相對重要的客戶價值。如婚禮秘書就是提供新人婚禮的客製化服務。

4. 解決問題

提供客戶一條龍的解決方案，也是個創造價值的方法，讓客戶可以無後顧之憂，專心在他們的核心業務上，而其他的就交給專業的商家來負責。目前很多婚紗攝影公司，除了專業的攝影服務外，也跟其他相關業者合作，如喜餅、喜糖…等，提供一條龍式的服務。

5. 設計

設計這個元素，在各個產業都變的愈來愈重要，當品味變成消費者購買商品時所注重的一項價值時，出眾的設計就變成企業的核心與命脈，它可以讓自己的產品提升價值。

6. 品牌

品牌本身為消費者帶來的地位或品質的象徵，就是一種價值，如LV的包包拿在手上，給人的感覺就是一種財富及地位的象徵。

7. 定價

對於價格敏感之客戶群，同樣品質的產品，如果能以相對低的價格獲得，也可以提升商品的價值，是另一種創造客戶價值的方法。近年Benz、BMW…等高級車品牌陸續推出低價車款，就是要讓消費者能以國產車的價格買到進口高級車，成功的讓他打入中低階車款的市場。

8. 成本

幫客戶降低成本，也是種創造客戶價值的方式。以企業用車為例，企業選購公務車時，發現以租賃的方式會比直接購入新車來的划算，因此，租賃公司就運用替客戶降低成本的方式來創造價值，有效的開發出車輛長租市場，目前和運、格上…等公司都推出各種長租方案。

9. 避險

協助客戶在購買產品時連帶的降低營運風險，也可替客戶創造價值。最簡單的例子就是公司生產設備之保固期延長，讓企業可以不必承擔設備故障之風險。

10. 普及

普及性就是讓原先無法接觸到的客戶，藉由新的商業模式、新的通路、或是新科技，而有機會可以使用這項產品或服務。如原來的電腦只有年輕族群才會使用，有了平板電腦之後，年紀大的人也可以很容易的利用平板電腦上網。

11. 便利

科技讓我們的生活日新月異、使用經驗更簡單、生活更方便，是目前最受消費者重視之價值，智慧型手機就大大的改變了我們生活的習慣，讓我們的生活更加便利，資訊取得更簡單，也因此創造出相當可觀的價值。

二、目標客層

客戶是一個商業模式的心臟，目標客層就是企業鎖定要接觸服務的個別消費者或群體目標，在多元市場中，企業必須把顧客區分為不同之客層，再針對不同客層，提供不同的服務。

要成為單獨一個客戶層，必須要對這個群體提供特定之服務、配銷通路、顧客關係，並且讓此族群有其獨特之獲利性，最後此群體才會願意購買產品的獨特價值。

在評估界定目標客層時，要先思考組織想要服務哪些客層？目標客層的區隔變數（年齡、偏好、習慣…）有哪些？會不會只有一個目標客層？目標客層基本上分為幾種不同的類型：大眾市場、利基市場、區隔化市場、多元化市場及多邊市場。

1. 大眾市場

大眾市場顧名思義就是不會區分目標客群，其主要價值傳遞對象為一個大群體之顧客，這是大部分創業者面臨的市場，尤其是微型創業者最常創業的行業不外乎是餐飲業，所要面對的就是一個大眾市場。

2. 利基市場

利基市場是針對某個特定的目標客群所量身打造的商業模式，就如同一般企業供應商與採購商之間的關係，如果企業能夠提供品質穩定的物料，合作模式就可以持續。

3. 區隔化市場

針對類似的客戶層，再將其中區分出些微不同的市場區隔，並提供不同的服務。例如金融銀行業，對於不同資產大小的客戶，其需求雖然類似，但實際適合的金融產品卻不盡相同，因此金融業對於提供不同客戶的價值主張也稍有區隔。

4. 多元化市場

以全新設計的價值主張，針對不同的客戶層，提供完全不同的服務，這種商業模式要考量公司的資源是否足以應付這種服務。

5. 多邊市場

多邊市場需要至少兩個以上不同的客戶群，來維持其商業模式之運作，這二個客戶群缺一不可。

三、關鍵資源

　　能讓商業模式順利運作所需的資源就是關鍵資源，企業靠這些關鍵資源創造其價值主張，進而接觸市場，並得以創造顧客價值、建立有效通路、創造及維護顧客關係，最後產生營收。

　　創業者在評估關鍵資源時，要思考的事項有：企業最需要的資源有哪些？這些資源最容易取得的方式是什麼？它們的來源是否穩定？時間對這些資源會不會有影響？如果時間對資源會產生影響，影響是什麼？

　　關鍵資源係來自企業內部，不同產業所需之資源也有所不同，但綜整後不外乎是：實體資源、智慧資源、人力資源及財務資源。

1. 實體資源

實體資源就是所謂的實體資產，包含了生產設備、不動產、車輛…等，這類資源往往需要大量的資本投入。如DHL的全球運輸系統就是其創造企業價值之關鍵資源，而7-11全台約5,000家的門市，就是他掌握的通路資源。

2. 智慧資源

相較於實體資源是實體資產，智慧資源就是企業的無形資產，智慧資源包含了品牌、專業技術、著作權、專利、夥伴關係…等。智慧資源是最難開發的資源，但往往也是最能為企業創造效益的一項資源。像IBM就是一家非常重視智慧資源的公司，每年光靠專利授權收入就有數十億美元。

3. 人力資源

人力資源是指一定時間內，組織中的人員所擁有能被企業所用，且對創造價值具有貢獻的技能、經驗、研發…等能力，每家公司或多或少都需要人力資源，但是，對於某些特殊行業，人力資源就顯的相對重要，如餐廳的廚師就是影響業務興衰的關鍵資源。

4. 財務資源

財務資源指的是企業所擁有的資本，包括現金、資產、銀行信用⋯等，以及使用資本過程中所形成的能力與制度。在商業模式中，財務是企業的命脈，當然所需運用的槓桿程度也是視產業而定。

四、關鍵活動

關鍵活動是讓企業的商業模式能夠順利運作，必須的活動、行動，每個商業模式都需要關鍵活動來帶動整個模式的運作，因此，關鍵活動也就是讓一個企業將其關鍵資源創造價值、接觸市場並吸引客戶、創造收益的一連串活動。

關鍵活動雖然是指一個企業最核心的業務，但並不是所有的企業活動都可算是關鍵活動，必須是企業營收主要來源的活動，才是這裏要關注的關鍵活動，創業者在思考自己的關鍵活動時，要先問自己：企業需要什麼關鍵活動？是否有其他更有效率的活動方式？相較對手而言，這些活動是否較具優勢？

關鍵活動對不同產業而言，不全然是一樣的，綜而言之，可以包括：產銷活動（production）、解決方案（problem solving）、網路/平台（network/platform）。

1. 產銷活動

產銷活動包括產品的生產活動、行銷推廣及流程改善，生產活動包含了設計、製造及交付實體產品，我們可以透過減少庫存、提高品質⋯等方式，來增加自己的價值。

行銷推廣是企業把自己的服務或商品推向顧客的方式，如大甲鎮南宮透過每年媽祖繞境活動，成功的建立自己的知名度。知名品牌的運動用品，藉由球星代言與一般產品做市場區隔，也成功的讓消費者購買。

以往產品的銷售大多靠實體店面，隨著網路的發展，消費者購買產品的流程也隨著改變，加上近年行動通訊技術突飛猛進，目前幾乎出門都人手一機，於是，消費者的採購流程也變的隨時都可以買，O2O（Online to Offline）變成一個潮流，也許不久的將來會變成購物的主流。

2. 解決方案

每個客戶的問題不盡相同，有時候客戶需要的不是商品，而是一個完整而可行的解決方案（Total Solution），這些問題可能不是一家公司可以解決，但是，如果企業能針對客戶的問題，提出一個一條龍的解決方案，也會是一個成功的商業模式。

3. 網路/平台

隨著網路通訊技術的進步，近年來，網路已經成為人們生活中不可或缺的部份，因此，網路資源就是其商業模式中的關鍵資源，而其關鍵活動就是建構一個符合其價值主張的網路平台，並維繫這個平台持續運作。

五、關鍵夥伴

關鍵夥伴是指企業的外部資源，它是指能讓商業模式順利運作的重要供應商及合作夥伴網路，透過良好的合作夥伴關係，可以獲得最適化與經濟規模、取得特定資源、降低經營風險。

企業的夥伴關係大致可以分為4種：非競爭者的合作關係、競爭者間的聯合策略夥伴關係、共同投資關係、供應鏈關係，創業者在建構自己的商業模式時，要先考量企業的關鍵夥伴是誰？合作關係是什麼？繼而再思考是不是還有更優質的夥伴？跟夥伴的合作關係可以持續多久？會不會有導致合作突然中止的因素？

六、客戶關係

客戶關係在商業模式中常常無法被企業清楚的定位，很多企業無法很明確的定義公司與客戶之間要建立或維繫什麼類型的關係。企業在建構商業模式時，要先了解客戶的價值與需求，跟每個目標客層都要建立不同的關係，建立良好的客戶關係，企業才能獲得客戶、維繫客戶，進而提高營業額。

創業者在考量建立客戶關係時，要先思考企業要跟客戶建立什麼樣的連結關係？這樣的連結關係是否與企業的價值主張匹配？要如何建立這樣的關係？需要的成本是多少？如何把客戶關係融入到商業模式中？

可以用來建立客戶關係的方式有：個人協助、專屬個人服務、自助式服務、自動化服務、社群關係、共同創造價值。

1. 個人協助

這種客戶關係是建立在客戶透過電話、電子郵件或是直接在銷售的現場，由客服人員直接協助客戶解決他的問題、滿足他的需求，是一種人與人直接的互動的方式。

2. 專屬個人服務

這種關係是建立在特定的客戶身上，由企業指派專人為其做一對一的服務，這種客戶關係通常有著最深的信賴，並也需要長期的互動發展才可達到，如藝人跟經紀人間的關係。

3. 自助式服務

自助式服務代表企業與客戶不會有直接互動，因此，也不會有很直接的客戶關係產生，如加油站的自助加油，由消費者自行在加油島上操作，即是一種自助式服務。

4. 自動化服務

自動化服務與自助式是不同的，自動化服務比自助式更細緻，其商業模式是可以透過科技辨識客戶需求並自動完成服務，且提供客戶所需之相關資訊。如停車場裏的自動收費機、金融機構的自動提款機…等都是提供自動化服務的設備。

5. 社群關係

社群網站目前已經變成現代人生活中不可或缺的部份，很多企業看準這一點，開始積極利用社群功能，與客戶或潛在客戶發展出互動，同時也刺激相關資訊的流通，不但刺激消費者購買欲望，同時也幫助企業可以更加了解客戶的需求。如Facebook的粉絲團、LINE@官方帳號。

6. 共同創造價值

由企業跟客戶共同創造價值，如電子商務的平台，它所提供的只是交易用途，而交易的內容，則需要由客戶所提供，二者相輔相成、缺一不可，也就是說，平台的價值有一半是來自客戶。

七、通路策略

通路是企業和客戶溝通、接觸、銷售、售後服務的管道，透過通路可以把企業的價值主張傳達給客戶。在商業模式中，通路扮演的角色就是如何將公司的價值主張，清楚並明確的傳達到目標客戶。通路的功能還包含了如何讓客戶認識、評估、並購買一家公司的產品及服務，最後還要能透過通路提供客戶相關的售後服務。

創業者在思考通路布局時，應先考量要透過什麼通路，才能最有效率的讓產品或服務在目標客層露出？企業的價值主張在這樣的通路中傳達的效果如何？

八、成本結構

任何商業模式之推動，都需要相關成本，成本結構指的就是運作商業模式會發生的所有成本，如創造並傳遞價值、維繫客戶關係、產生收益等，全都會發生成本，創業者可以思考的是：在商業模式中最重要的成本是什麼？什麼關鍵資源、關鍵活動成本最高？企業可以針對成本最高的項目，進行改善或策略聯盟。

成本可以概分為變動成本（variable cost）與固定成本（fixed cost），變動成本是會隨著產量的變動而不同的成本，例如加班費、電費…等；固定成本則是不論產量大小、時間長短，皆維持不變之成本，例如基本薪資、廠房設備租金…等。

創業者選擇的商業模式不同，成本結構也會不同，以成本結構可以把商業模式分為：成本導向的商業模式（cost driven）及價值導向的商業模式（value driven）。

1. 成本導向的商業模式

將商業模式的重點放在成本上，藉由低成本提供低價的產品或服務，來吸引對價格敏感的客戶，如廉價航空就是運用把服務極小化的方式，來降低成本，俾提供低價的機票。

2. 價值導向的商業模式

將商業模式的重點放在將客戶的利益極大化，而不考慮成本，時時思考如何替客戶提供最好的價值。

決定了商業模式的方向後，可以取得成本優勢的方法有：規模經濟（economy of scale）、範疇經濟（economy of scope）。

1. 規模經濟

採購行為會因為數量龐大，除了可以有效分散採購成本，同時也可以享有更大的成本優勢，這也是量販店可以取得價格優勢的原因。

2. 範疇經濟

商業模式中某些資源可為不同的關鍵活動共享，進而分攤其單位成本，如統一集團中的黑貓宅急便提供集團內各公司的物流服務，使集團在貨物運送上能達到範疇經濟，進而衍生出不同的服務。

九、營收來源

企業要永續經營就必須能產生現金流，一個商業模式所產生之價值，如果沒有客戶願意付錢購買，則他所有的商業活動都是枉然。營收來源要思考的就是企業從每個客層的交易中所產生的收益，它的估算涉及產品或服務的訂價機制，產品或服務的訂價可以依不同的客層、價值主張而異。同一個產品或服務，在不同的客層可以有不同的訂價策略，在同一個客層，也可以有不同的訂價策略。

創業者在評估營收時，要先思考企業提供什麼價值主張是客戶願意付費的？客戶的付費方式又是什麼？營收對企業的貢獻程度？這些都跟企業的訂價策略有關。

營收來源不外乎是一次性的費用與持續性的費用，包括：產品或服務的銷售（asset sales）、使用服務費（usage fee）、會員費（subscription fees）、租賃費（lending/renting）、授權費（licensing fee）、仲介費（brokerage fees）、廣告費（advertising）等。

1. 產品或服務的銷售

企業直接銷售產品或服務所得的收入。

2. 使用服務費

客戶使用企業特定之服務或產品，所產生之費用，用的越多，付的越多。如行動電話的通話費用、旅店的住宿費用。

3. 會員費

客戶為了享用某方面之服務使用權，所付出之費用。如健身中心或俱樂部的會員費。

4. 租賃費

讓客戶取得產品一段時間的獨家使用權，對於企業來說可取得連續性之收入，對於客戶來說也可省去購入此一商品之全額成本及後續相關維護風險。如汽車租賃、儀器設備租賃…等。

5. 授權費

授權費主要來自於智慧財產權之使用權，這種收益常見於軟體業及技術產業，讓其客戶付費使用其智慧財產權。如微軟（Microsoft）的套裝軟體。

6. 仲介費

仲介費是來自於替兩方或兩方以上進行中間的服務。如房屋仲介。

7. 廣告費

廣告費是來自於替某項商品或服務做之宣傳的費用。

創業小故事

職業軍人的創業夢

職業軍人受限於法定的服役年限,大多數都面臨了中年失業的危機,這些 40 幾歲就被強迫退伍的人,家中小孩要唸書、房子要繳貸款、父母年紀大要照顧,正值要用錢的時候,但是軍中所學的專長往往與社會是脫節的,讓這些中年大叔們大多只能從事保全之類的工作。

林文祺自中正理工學院機械工程科畢業後,即在陸軍兵工部隊擔任排、連長,又在兵工學校及陸軍總部擔任過教官及幕僚工作,其間也獲得二次國軍保修補給楷模及總部少校級軍官考績評鑑特優的榮譽,在擔任部隊主官其間亦多次評鑑績優,並奉派至金門任支援營營長。

雖然在部隊各方面的表現優異,長期的部隊生活,無法照顧家庭,讓林文祺開始思考自己的未來,評估役期有限又有中年失業的危機,林文祺發現自己對木工裝潢有興趣,在總部擔任幕僚期間,即利用假日自行跟著師父學習木工裝潢的技術。回到部隊即把所學加以應用,諸如辦公室小型裝修工程都不假他人,甚至連自己的營部會議室都自行施工。

在這段時間中，林文祺發現木工裝潢的進度往往受限於水電配線，因此在退伍職訓時即以水電工程為優先選擇，並以第一名的成績結訓，並取得丙級技術士證照。

結訓後先到水電工程公司工作，取得實務經驗，並考取甲種電匠，林文祺很有自信的說現在所有的弱電都難不倒他。此時，水電配線的進度已不再能牽制他的木工裝潢進度了，隨即選擇自行創業，成立了「匠門室內設計」。

創業初期，林文祺開始思考他的營運模式，衡量自己已具備木工裝潢及水電工程的能量，但是在實務執行上，客戶還是有規劃設計的需求，與其再找別人來設計，不如自己投入設計，更能控制成本，於是林文祺又投入了室內設計的領域，希望以一條龍的方式經營他的事業，同時也考上中原大學室內設計研究所，藉由專業的訓練，開拓了不同的視野，也與一般同業有了區隔。

研究所畢業後，林文祺在設計上除了以前的實務經驗外，又增加了理論的基礎，一般沒有施工經驗的設計師，所設計的工程可能耗工時長或施工不易，都會侵蝕微薄的利潤，林文祺則以其實務經驗加以設計，在施工上大多可以一次到位，相對的重工成本就少，無形中增加了利潤。

在經營策略上，林文祺建立了一個從設計到木工裝潢、水電工程一條龍的營運模式，在設計端就考慮了施工上的工序及成本，再把設計費用攤提到施工成本中，讓業主看不到設計費用，卻又有設計的服務，但整體成本又不會比同行高，在不做任何廣告下，成功的打開了公司的知名度。

▶2-3-3 商業模式圖應用與實例

創業者在畫自己的商業模式圖時，要先思考的是自己的價值主張跟客戶的需求，自己可以提供給客戶的價值主張是什麼？跟同業相比您的競爭力在哪裏？其次，再從客戶的角度思考，客戶要解決的問題到底是什麼？我的解決方案是不是可以幫他解決問題？

如果我的解決方案，可以協助客戶解決他的問題，我要利用什麼管道讓他知道我的存在？將來我要用什麼方式，跟客戶繼續維持關係？才能讓客戶持續的來購買我們的產品或服務，經由這樣的思考、規劃，企業才可能會有營收進來。

接著就要去分析企業內部應該要有哪些關鍵資源，才能提供客戶所需的價值主張？運用這些關鍵資源透過什麼活動才能達成價值主張？需要哪些關鍵夥伴一起投入？從事這些活動時，企業需要的成本有多少？

透過這些構面的思考、評估，創業者才能對自己的商業模式有個大致的了解，這9個構面可能一時無法寫的齊，也可能會修改很多次，但是，畫完一張商業模式圖後，創業者對自己的企業會有一個全面的規劃與了解，有助於往後的營運計畫的擬訂。

接下來我們透過幾個案例說明，讓讀者知道商業模式圖要怎麼操作。

一、餐點外送服務

2020年受COVID-19的影響，大家都減少外出聚會，也造就了餐點外送服務的興起，它的商業模式是什麼呢？我們可以用圖2-8表示。它的價值主張當然就是外送服務，客戶使用它們的APP，線上跟特約商店點餐後，就可以等待餐食外送到家，它的目標客群即是那些需要餐食外送服務的客戶。在客戶關係上，外送平台透過會員制，可定時或不定時推出優惠方案來刺激消費者，並利用自有的APP做為通路與客戶互動。

在關鍵資源上，外送平台採用自己的系統及經營團隊，透過自己的系統接單、派單，並計算派送人力，而相關的廣告行銷、帳務處理、數據分析、資訊系統維運…等人力則是它的經營團隊。

關鍵合作夥伴主要為合作商家與外送員，外送員採論件計酬、彈性工時。跟平台的關係與其說是僱傭關係，不如說是會作夥伴關係更為貼切。平台的關鍵活動則為：招募外送員、與商家簽約、系統運行維護及廣告行銷。

成本主要有公司運營的人事成本、外送員的薪資、獎金、廣告行銷推廣費用及週轉金，收入則來自外送費與商家服務費，外送費有的採按單收，也有採月費收取，商家除了每月的上架費外，實際交易還有15%至50%不等的服務費。

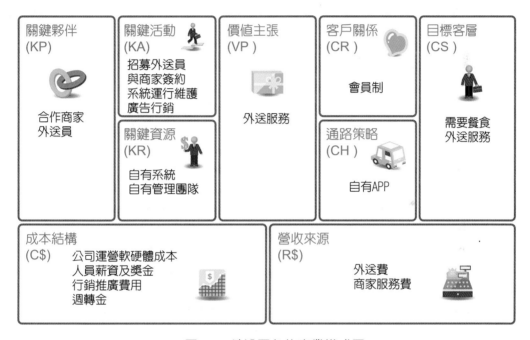

❖ 圖2-8　外送平台的商業模式圖

二、訂房網站

共享經濟的時代，除了車輛等動產可以共享外，房屋之類的不動產也可以共享，以下僅以訂房網站為例，說明共享經濟的商業模式。在訂房網站的營運裡，它的目標客層有二個：一個是想要有便宜房子可以住的旅客、一個是有空間想出租的房東。對應目標客層，它的價值主張也不一樣，對旅客而言，訂房網站提供了一個安全、便宜的住宿環境；對房東來說，訂房網站提供了閒置空間再利用的機會。

訂房網的關鍵活動涵蓋了旅客與房東，包括：網路行銷、社群經營、新房開發及評價處理，它的關鍵資源則是建立在旅客與房東對它的信任機制、品牌商譽及社群關係。

它的關鍵夥伴包括金流的第三方支付、信用卡公司及網路的社群媒體、訂房網站。訂房網的通路除了自身的APP平台之外，還有在各大訂房網站提供。其客戶關係則建立在旅客的自助式服務及安全體驗，以及旅客與房東雙方對訂房網的品牌認同上。

訂房網的成本來自各項行銷活動、平台維運費用及金流、合作平台間的分潤，收入則來自旅客的手續費與房東的服務費，通常旅客的訂房手續費約收6%至12%，房東的服務費約收3%。

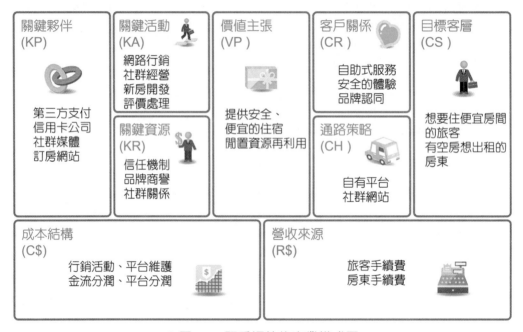

✤ 圖2-9　訂房網站的商業模式圖

三、搜尋引擎

網路愈來愈普及，人們對它的依賴就愈來愈重。談到要上網找資料，就一定得用搜尋引擎，那它的商業模式又是什麼呢？搜尋引擎不管是Google還是Yahoo!，它的目標客層不外乎是網路的用戶及廣告主，網路用戶需要的價值主張是免費的搜尋引擎、搜尋出的內容的品質，廣告主在意的則是廣告的投放效果。

在客戶關係上，搜尋引擎靠著優質的搜尋結果維持網路用戶，透過精準的廣告投放率讓廣告主放心繼續投放廣告。而所有人都是經由電腦上的瀏覽器、行動裝置上的APP或者直接輸入網址，來打開習慣的搜尋引擎。

搜尋引擎的關鍵活動就是不斷的優化它的平台及廣告形式，讓網路用戶及廣告主持續黏著在上面。關鍵資源則是平台的技術開發人員、廣告投放平台及客服、行銷人員。

搜尋引擎還有個很重要的關鍵夥伴：部落格版主及一般企業，Google的AdSense提供了分潤機制，只要部落客或一般企業在自己的網站上，依Google給的格式置入程式碼於設定的位置上，Google會自動提供廣告內容在所設的位置，一旦廣告被點閱，部落客或網頁的主人就可以獲得分潤。

一個搜尋引擎營運的成本包括了：系統開發及優化的費用、合作平台的分潤費用，收入則有廣告費及部分收費的內容，如Youtube沒有廣告的APP。

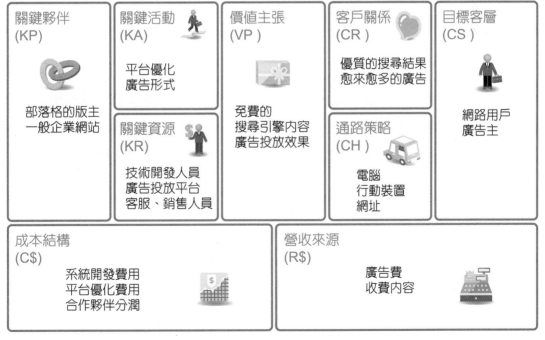

❖ 圖2-10　搜尋引擎的商業模式圖

創業故事大省思

　　小君、小香、小文在跟司馬特老師談完創業的想法之後，根據老師的建議，重新的思考自己的優勢跟弱勢，並考量外在環境，確定了自己的創業方向。基於民以食為天的想法，加上餐飲對微型創業者的進入門檻較低的思維，三人決定以水餃做為創業的標的。

　　在決定好了創業的標的之後，三人又約了司馬特老師討論可行性。老師一見面就開門見山的直問：為什麼妳們會選擇水餃做為創業標的？小香也很直覺的就回答：因為水餃簡單，我們都會包啊，而且小孩都喜歡吃。

　　司馬特老師邊聽邊喝口咖啡，並且點頭肯定她們的想法，同時也提出他的問題：你們的水餃打算怎麼賣？賣給誰？小君很有自信的說：就先做張訂購單，再從生活週邊著手，先賣給親朋好友、左鄰右舍，透過他們的好評及推薦，延伸到他們的週邊。

　　老師聽完又繼續問下去，妳們有沒有算過一顆水餃的成本要多少錢？打算賣多少錢？跟目前的競爭者的差異在哪裏？小文也很自信的說：我們的水餃比別人大顆，光是每顆水餃的材料就要 5 元，所以一顆要賣 6 元。

　　在問完幾個問題之後，司馬特老師喝口咖啡，針對三人剛剛所回答的問題一一說明，水餃是國人一種很普遍的食物，很容易做，但要做的好吃且吸引人持續回購就不容易了，妳們的小孩喜歡吃妳們做的水餃，不代表外人就喜歡吃，因為市場上的產品太多，妳們的特色在哪裏？

　　創業的初期，從生活的週邊開始行銷倒是無可厚非，但是，妳們的長期經營策略在哪裏？要透過什麼通路去行銷，應該也是要去思考的，不能長期都是靠親朋好友的引薦。

　　其次，成本的管控也是很重要的，畢竟妳們現在是在營業不是包給自己吃，妳的水餃比別人大，只是一個抽象的說法，到底大多少，每個人的認知都不一樣，6 元的售價是不是有競爭力？還要去思考。而且，一顆水餃的材料成本就要 5 元，只賣 6 元，我懷疑妳們會虧本。

司馬特老師說完之後，就拿出了一張商業模式圖，裏面有 9 個格子，老師一一的解說每個格子要填什麼，請三人回去好好的想一下，每一個格子的內容她們想怎麼做。

問題

1. 請試著替她們畫出商業模式圖。
2. 一顆水餃的材料成本 5 元、售價 6 元，為什麼司馬特老師認為會虧本？

創業想一想

請畫出您想創業的商業模式：

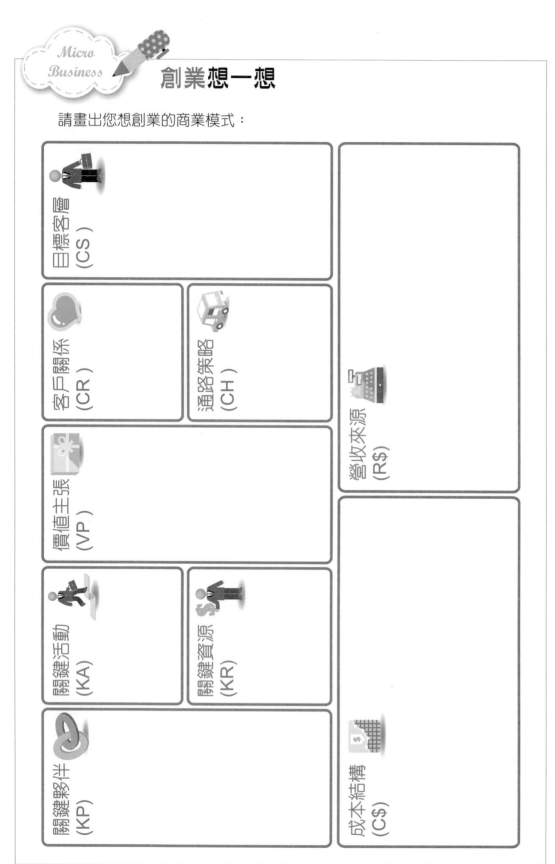

目標客層
(CS)

客戶關係
(CR)

通路策略
(CH)

價值主張
(VP)

關鍵活動
(KA)

關鍵資源
(KR)

關鍵夥伴
(KP)

營收來源
(R$)

成本結構
(C$)

撰寫營運計畫書

本章架構

1. 什麼是營運計畫書
2. 營運計畫要寫什麼
3. 如何寫好營運計畫書

本章個案

- 好的開始是成功的一半
- 科技新貴的咖啡創業夢－伯元自家
  烘培咖啡館

3-1
營運計畫書

▶3-1-1 營運計畫書的用途

營運計畫書（Business Plan, BP）就是創業者經營企業的藍圖，它的重要性就如同我們去自助旅行前，事先做行程規劃一樣，要安排景點、時間、車程、住宿…等，事前安排一切就緒，我們才能有個順利的旅程。營運計畫書也是一樣，我們在創業之初，透過營運計畫書對未來做一個規劃，才能降低營運風險。

營運計畫書中除了要有企業對未來發展的規劃外，還需要有詳細的獲利模式及投資報酬率，讓企業經營者及利害關係人清楚的知道資金消耗的速度、損益二平（break even）的時間，並且要有資金回收計畫。

創業者決定了自己的商業模式後，即可依其商業模式撰寫營運計畫書，營運計畫書就像是一本故事書，描述您的企業如何運作、如何賺錢？在撰寫營運計畫書前，要先釐清這份營運計畫書的讀者是誰？隨著讀者的不同，他們關注的重點也不一樣，所以，我們的營運計畫書應該要針對不同的讀者，提供其所需的資訊，而不能對所有的人都用同一本營運計畫書。

營運計畫書的讀者可以分為：企業經理人、融資者、投資人，寫給企業經理人看的營運計畫書，攸關企業的藍圖、願景、策略…等，是經營上最重要的方向，對創業者而言，這也是在協助自己釐清創業方向的好時機，應該要靜下心來仔細的思考未來在經營上的每一個環節。

如果創業者的營運計畫書是要用來融資，它的讀者是金融業者，內容除了要敘述營運模式外，最重要的要讓融資者看到可行的還款計畫，融資者才會放心的把資金借給您。

如果創業者的營運計畫書是要招募投資人，則營運計畫書的內容要著重在未來的營收，並且要說明營運計畫書未來要如何被執行，如何才能回收投資的資金，每年能有多少股利給股東，希望藉由股利吸引投資人成為股東。

▶3-1-2 營運計畫書的撰寫原則

　　一份好的營運計畫書除了要有客觀的佐證資料證明其具體可行外，還要能展現出自己的競爭優勢、投資者的利基，為達到這個目的，營運計畫書的內容必須要能完整的表達所有重要的經營活動，並且透過對環境變化的假設與預測，以顯示創業者對企業所處產業環境的熟悉程度，進而讓利害關人相信創業者能具體實現計畫。

　　因此，創業者在撰寫營運計畫書時，應該注意以下幾點：競爭優勢與投資利基、經營能力、與市場結合、前後一致、客觀明確、完整。

1. 競爭優勢與投資利基

　　營運計畫書中除了要完整的敘述經營方向及獲利模式外，最重要的是要能夠具體呈現出自己的競爭優勢，並且能明確的展現出投資者的利基。

2. 經營能力

　　營運計畫書中應能展現經營團隊的專業經營能力與豐富的產業經驗及背景，並顯示對該產業、市場、產品、技術⋯等的熟悉程度，以讓投資人感受其對未來營運已有完全的準備。

3. 與市場結合

　　營運計畫書應從市場導向的觀點來撰寫，才能顯現創業者對於市場現況的掌握，因為企業的利潤是來自於市場需求，沒有依據市場分析所寫的營運計畫書，很難達到預期目標。

4. 前後一致

　　營運計畫書的前後內容要能呼應、邏輯要合理，不能夠互相矛盾。

5. 客觀明確

　　創業者容易高估市場、低估成本，在營運計畫書中，創業者應該用客觀的數字來估計各項營收與成本，儘量少用主觀的估計。評估市場機會與競爭威脅時，也要以具體的資料佐證。

6. 完整

　　營運計畫書應完整的包括經營的各項功能，才能提供投資者要評估的資訊及創業者經營的依據。

好的開始是成功的一半

近年來，資訊科技不斷的進步，消費性電子產品價格下滑的速度愈來愈快，廠家的利潤也愈來愈微薄，從幾年前的毛三到四，演變到保一保二，現在甚至於更低，在這樣的紅海中，要如何找到企業的藍海策略，就變得是件非常重要的事。

楊世豐服務的公司也面臨到競爭者眾多，而利潤愈來愈低的窘境，他也不斷的在思考，應該如何讓公司走出困境，但是老闆安於現狀，認為維持現況就可以了，不贊成做太大的改變。楊世豐在這樣的情況下，開始思考著是不是該自出來創業，以實現自己的想法。

在有了自行創業的想法之後，楊世豐開始規劃自己公司的營運模式，為了要跳脫市場的紅海，他決定要跟傳統的紅海做市場區隔，因此他不打算跟別人一樣去搶市場低端的量產產品的市場，於是把自己定位在客製化服務的市場，透過客製化及服務來提升自己的價值。

公司營運之前,光有市場定位是不夠的,最重要的還是要有資金的投入,楊世豐在自有資金有限之下,開始評估如何才能找到足夠的資金開始公司的營運,原來他想去申貸勞動部的微型創業鳳凰貸款,在與勞動部的顧問面談後,發現貸款的金額不能滿足需求,於是開始思考對外募資。

募資對創業者最大的難題是如何才能讓投資者願意把錢掏出來,為了要說服投資者願意投資自己,他打算著手寫一本營運計畫書,這本營運計畫書不只是要給投資者看,也可以給自己訂定一個營運目標,做為未來努力的方向。

為了撰寫營運計畫書,楊世豐花了不少時間分析自己的優、劣勢,結合自己在這個產業所看到及蒐集的資訊,加以綜合分析,擬訂了公司的營運方向,在資源有限的情況下,希望能把資源做最有效的運用,對於要跟同業競爭價格的低毛利產品,排除在自己的營業項目外,而把營運重點放在毛利較高的客製化服務上。

完成了營運計畫書之後,他開始進行募資計畫,原來在創業前承諾要投資的投資人,因為某些原因,在開始募資時無法投資,但因為楊世豐已對公司營運有完整規劃,所以依然可以找到了有意願的投資人,順利完成創業初期的募資,開始正式的營運。

由於在創業初期為了募資而完整的規劃公司的營運計畫,公司在正式營運後,也有了目標與願景,營運 1 年之後,楊世豐開始檢討營運目標與成果,也對公司有下一步的規劃,也準備著手修正下一階段的營運規劃。

3-2
營運計畫書的架構

為了讓營運計畫書達到應
有的功能，創業者在撰寫時應包
含以下的內容：摘要、願景與使
命、創業團隊、產品與產業、市
場分析、行銷計畫、營運計
畫、財務分析、風險評估。而其
具體內容則可藉由前一章的商業
模式圖，做適當的轉換而來。

▶3-2-1　摘要

營運計畫書的摘要應包括：企業提供的產品或服務、價值主張、企業所具
備獨特的競爭優勢，並且要提綱挈領的把計畫書的重點、結論寫出來，讓讀的
人很快就可以了解到計畫的全貌，內容應控制在1頁以內。

▶3-2-2　願景與使命

願景是創業團隊的理想，使命則是對企業的長期期望，它是完成企業願景
的經營指導方向。為了達到理想的願景，需要設定階段性目標、擬訂策略、決
定行動方案，並將行動方案再分成可量化的工作細項，逐步把工作細項完
成，累積成一個個工作，繼而能達成企業的使命。

創業者在寫營運計畫書這一段時，應該要靜下心來，仔細的思考自己的企
業未來的願景是什麼？要達成願景的階段性工作有哪些？

▶3-2-3 創業團隊

一、創業團隊（entrepreneurial team）

創業團隊指的是在創業初期，由一群能力互補、責任共擔、願為共同創業目標奮鬥的人所組成的群體，是企業經營非常關鍵的要素，一般而言，創業團隊是由目標、人員、角色分配所組成。

目標是凝聚團隊的重要因素，創業團隊的本質目標就是在創造一個新的企業價值。人員則是知識的載體，任何計畫最後要確實執行，最終還是要落實在人身上，團隊成員的知識對企業的貢獻度，將會決定企業在市場上的價值。而團隊成員的角色分配，即是創業團隊每個人未來在新創企業中，所擔任的職務及承擔的責任。

創業團隊除了要具備以上的特質外，在Ardichvili等人的研究中認為還需要具備學習能力及知識整合的能力，才能克服風險、實現創業計畫。企業在執行特定任務、解決特定問題時，可能都不是以前所碰到過，也可能必須要蒐集資訊、判讀資訊、消化、吸收、擴散…等，才能夠把該特定任務的執行過程予以標準化，所以，創業團隊的成員必須要具備學習能力，才能提供企業組織改善及提升績效所需的能力。

企業內部的知識整合除了對既有知識的複製（replication）外，更重要的是要把既有知識與新知識的重新配置與運用的能力，才能透過企業內部分享、擴散、知識管理等機制，把知識變成企業的資產，形成企業的競爭優勢。

二、創業團隊的特徵

創業是件複雜的事，不是純粹追求個人表現的行為，所以，晚近創業成功者大部分都會運用團隊會作的方式，進行他的創業活動，根據統計資料顯示：團隊創業成功的機率遠高於個人獨自創業。

組成創業團隊的基石（anchoring）在於創業的願景及共同信念，創業者最重要的是要提出一個能夠凝聚人心的願景及經營理念，才能形成共同目標、語言、文化，做為建構團隊的基礎。

一個成功的創業團隊必須具備以下的特徵，才能有效運作：

1. 專業能力

創業者在組成創業團隊時，首先要考量的是成員的專業能力，專業不要太集中，要能彌補資源的不足，也就是說，要先評估創業目標與現在所擁有資源的落差，再來尋找能縮短差距的成員加入，一個好的創業團隊，其成員間的專業及能力要能互補，減少同質性成員。

2. 凝聚力

團隊應該是一體的，所以，成敗也不是一個人的，創業團隊的成員要有同甘共苦的凝聚力，才能形成一個強大的團隊。

3. 團隊優先

創業團隊的成員要能把團隊利益置於個人利益之上，而且要有個人利益是建立在團隊利益之上的認知，才不會有個人英雄主義，大家一起為團隊的成功而努力。

4. 誠信經營

堅守誠信原則，以客戶為先、品質第一、童叟無欺的態度，做為企業經營的理念。

5. 長期承諾

在創業之初都會面臨一段不知多久的篳路藍縷的艱辛挑戰，創業團隊對此要能有共同的認知，同時要承諾不會因為一時的困難而退出，大家齊心一起努力。

6. 犧牲奉獻

創業團隊成員要能不計較短期薪資、福利…等，而將創業目標放在創業成功後的分享。

7. 創造價值

創造新事業的價值才是創業的主要目標，唯有不斷創造企業的價值，團隊成員才會有收益。

三、組成創業團隊的原則

在前一小節的討論中，我們已經了解到創業團隊的特徵，接著我們再來思考在組成創業團隊時，有哪些可供參考的原則。

1. 目標明確合理原則

創業的目標必需要明確，這樣才能使團隊成員清楚的認知到共同的奮鬥方向是什麼，其次，創業的目標也必須是合理的、切實可行的，這樣才能真正達到激勵的目的。

2. 互補原則

創業者在建構創業團隊時，他的目的就在於彌補創業目標與自身能力間差距，所以，只有當團隊成員間在知識、技能、經驗等方面產生互補作用時，才有可能通過相互合作發揮出"1+1>2"的效用。

3. 精簡高效原則

為了減少創業初期的營運成本，創業團隊人員組成，應在保證企業能高效能營運的前提下儘量精簡。

4. 動態開放原則

創業是一個充滿了不確定性的過程，團隊中可能因為能力、觀念等多種原因不斷有人在離開，同時也有人在要求加入。因此，在建構創業團隊時，應保持團隊的動態性和開放性，使真正合適的人能被吸納到創業團隊中來。

創業者根據本小節所述的原則，在組織創業團隊之後，可用表格式的方式，將團隊成員的背景及工作分配寫在營計畫書中，並適度的揭露其以往的成就，以供投資人做為投資的參考資料。

對於微型創業者而言，由於創業人數不多，也許現在無法寫出創業團隊，但很多企業的成長都是突然的，讓創業者措手不急，所以，創業者可以藉由這個機會去思考如果以後企業成長之後，需要哪些人力投入，先做個初步規劃，屆時再視實際狀況修正。

▶3-2-4 產品與產業

以商業模式圖而言，營運計畫書的這一段所要描述的就是創業者所提供的價值主張，企業提供的價值主張可能是實體的產品，也可能是無形的服務。不管是產品還是服務，都要在這裏說明：企業會提供客戶何種價值？能幫助客戶解決什麼問題？要滿足客戶什麼需要？將提供客戶何種產品或服務？

在描述價值主張時，要能清楚的說明未來的發展潛力、可帶來的利益，所謂的附加利益指的就是增加產品或服務在市場上的競爭力，附加利益必須要能超出客戶的期望，並且增加競爭者所沒有的功能或特色，以創造差異化。

產業分析的目的在對產業結構、供應鏈、產品生命週期、成本結構及附加價值、未來發展趨勢等要素進行分析，以了解新創企業本身的實力，進而擬訂未來的策略，通常會採用Porter的五力分析來做。

如果營運計畫書是要來融資、募資用的，通常投資者需要了解創業者是在什麼樣的產業內競爭，所以，從總體面，創業者要把整個產業分析清楚，包括了以往的歷史、未來的趨勢，並研判出對該產業的未來展望。

繼而再從個體面，找出這個產業內的主要競爭者，對他們提供的產品或服務的優、劣點進行分析，以找出自己的產品或服務面對競爭的優、劣勢，特別是要分析競爭者對我們的影響。

▶3-2-5 市場分析

透過市場分析可以協助創業團隊找出較佳的市場策略，並定義出目標市場，進而找出潛在客戶與商機。創業者在進行市場分析時，不但要蒐集客戶的需求，更應該要對競爭者的市場占有率、銷售量、優劣勢、經營績效…等資訊，加以蒐集、評估，才能知己知彼，擬訂自己的定價、品質…等策略。

一、資料來源

做市場分析時所需的資料，依其來源不同，可分為初級資料（primary data）及次級資料（secondary data）。

1. 初級資料

初級資料是目前不存在的資料，也就是市面上沒有現成的資料，需要我們自己去做市場調查，才能獲得的資料，初級資料在取得上需要的成本較高，但是，在資料的質跟量上會比較符合我們的需求。

常用的初級資料蒐集方法有：問卷調查、田野調查、觀察法、訪談法…等，其中問卷調查是最常用的方法，進行問卷調查時，可透過電話、郵寄、網路等途徑發放問卷，但是，要注意的是要找到對的人，對的人才能提供對的資料，否則問卷調查的結果是不可信的。

2. 次級資料

次級資料是已經由別人調查過的資料，包括報章雜誌的資料、學術研究的結果，甚至國內外有很多市場調查機構，都會定時或不定時提供相關的市場報告，它取得的成本較初級資料低，但是，它的質跟量不一定符合需求。

國內提供產業次級資料的機構很多，視其資源多寡，所能提供的產業別也不同，如資策會產業情報顧問服務網、工研院產業情報網…等，也有研究機構專門提供總體經濟資訊，如台經院產經資料庫、中經院臺灣重要經濟變動指標…等，官方機關也有相關資訊可提供，如財政部關稅署就提供國內進出口資料。

二、蒐集的資訊

創業者做市場分析前，知道了資料來源後，接下來要決定的是要蒐集哪些資料？選擇資料來源時，我們會傾向先用次級資料，因為它的成本較低，資料不足時，才會運用適當的資訊蒐集方法，做初級資料蒐集。

為了要做市場分析，所需蒐集的資訊包括：客戶的資訊及競爭對手的資訊。

1. 客戶資訊

客戶的資訊不論來自初級資料或是次級資料，都要從5W1H的方向去思考，5W1H指的是：Who：誰是你的顧客、誰會購買你的產品，What：他們需要什麼、他們購買哪些產品，When：他們何時會購買，Where：他們會在哪裡購買，Why：他們為什麼會購買這些產品、購買這些產品為何能滿足他們的需要，How much：顧客願意支付多少錢來購買。

2. 競爭對手資訊

創業者除了要了解客戶的需求外，還要掌握競爭者的資訊，因為客戶有了產品或服務的需求時，市場上除您可以提供外，您的競爭對手也可以提供相同或類似的產品或服務，所以，在做市場分析時，也要蒐集、分析競爭對手的資訊：

(1) 競爭對手提供什麼樣的產品或服務？他們的品質如何？

(2) 競爭對手提供什麼樣的額外服務？

(3) 競爭對手提供的產品或服務的價格為何？

(4) 競爭對手用什麼方式推銷產品或服務？是用廣告？是用人員銷售？還是使用其他的促銷活動？

(5) 競爭對手是如何配銷他們的產品或服務？是透過零售商？是透過網路？

(6) 競爭對手的資金是否充裕？管理人才的素質如何？設備是否先進？

(7) 競爭對手過去的績效如何？是成長？是持平？還是衰退？

三、企業競爭分析

做完市場分析後，創業者應該已經掌握了市場上的資訊，接著就要來做企業競爭分析，企業競爭分析所採用的工具為SWOT分析，分別對企業內部的優勢、劣勢，及外部環境的威脅、機會進行分析。

內部分析是站在客戶的角度，透過評估企業內部的優勢、劣勢，來衡量企業及其產品或服務是否具備超越競爭對手的優勢。環境分析則是分析面對環境的威脅，企業要採取什麼樣的對策，才能維持目前的競爭地位，看到的機會要用什麼方式，才能讓它成為企業所擁有的競爭優勢。

做完SWOT分析後，就要再從以下4個面向來思考企業的競爭策略：

1. 如何善用（Use）每個優勢？

2. 如何停止（Stop）每個劣勢？

3. 如何成就（Exploit）每個機會？

4. 如何抵禦（Defend）每個威脅？

▶3-2-6 行銷計畫

　　行銷計畫可從商業模式中的關鍵活動、目標客層、客戶關係及通路等4個構面導入，分別從廠商觀點及客戶觀點思考行銷計畫。

一、從廠商觀點

　　從廠商的觀點來看，行銷組合應該要包括：產品（Product）、價格（Price）、通路（Place）及促銷（Promotion）。

1. 產品

　　產品策略生產者在擬訂行銷組合的核心，產品或服務必須要配合企業的價值主張，能夠滿足客戶的需求，並且很快的把產品或服務送到客戶手上，構成整個企業的關鍵活動。

　　產品是由一些屬性集合所組成，這些屬性包括：實質屬性、服務屬性及品牌屬性。實質屬性包括材質、顏色…等，必須要能滿足客戶特定需求，如咖啡的口味、左撇子用的剪刀…等。服務屬性指產品的附加服務，讓客戶在購買產品時能放心，如免費的售後服務電話、免費的軟體更新…等。品牌屬性強調在客戶心目中所建構的產品形象，在競爭激烈的市場中，品牌將是一個差異化的工具。

　　在創業初期，企業所擬訂的產品策略，是根據目標客戶的需求，將產品屬性組合成的產品，出售給客戶。隨著產品的生命週期，企業也要不斷的推陳出新，但是，不管是新產品或是延伸性產品，都要針對目標客層的需求，才能降低企業的研發風險。

2. 價格

　　價格即是您的產品或服務的訂價策略，訂價除了考慮供給與需求、成本、市場競爭外，企業通常也會針對不同的市場區隔，進行差別訂價的策略，不管是採用哪一種訂價策略，一定要讓客戶有物超所值的感覺。

　　價格策略直接影響到企業的獲利，訂價過高超過客戶的期待，會讓企業不買單，進而轉向您的競爭對手或選擇採購替代品。訂價過低不足以支付成本，長期以往會造成虧損，讓企業無法獲利。

創業者在擬訂價格策略時，一方面要考慮價格是否能吸引客戶的購買意願，一方面也要考量到能否為企業帶來利潤，在這個前提下，制定價格時必須要知道產品的成本結構、客戶眼中產品的價值、競爭產品的價格。

3. 通路

通路是產品或服務送到客戶手上的管道，傳統通路透過經銷網路來鋪貨，企業經由經銷商與客戶接觸，好的通路策略可以讓產品順利的送到客戶手上。為了能讓產品或服務在適當的時間，運送到適當的地點，企業在規劃通路策略時，應該要思考販售地點、販售時間及一次購足。

產品販售的地點愈多，客戶方便性愈高，就愈容易會購買，販售地點的營業時間愈長，客戶在想要購買的時候就可以買到，購買意願也會提高，客戶在購買產品時，如果能夠提供一個通路，讓他一次就購足所有需要的產品，可以節省他的採購時間，他也會願意到這裏來採購。

4. 促銷

促銷策略是把企業的產品或服務的相關訊息傳送給客戶，讓客戶知道產品、對產品感到興趣，進而吸引客戶來購買產品，常用的促銷策略有：廣告宣傳、促銷推廣、公關宣傳及人員銷售。

促銷活動需要投入資源，適當的促銷可以吸引客戶的注意，為企業創造價值，相反的，不當的促銷活動，則是浪費資源的行為，創業者在進行促銷活動前，要先評估產品的生命週期、產品類型及客戶購買行為，再決定適當的促銷策略，才能收到成效。

產品在不同的生命週期，促銷方式也不同，萌芽期的產品需要透過強力的廣告宣傳及公關宣傳，來建立產品的品牌知名度，成長期的產品的促銷活動要跟通路搭配，成熟期的產品採用促銷推廣及人員銷售會有較好的效果，至於衰退期的產品，則要採用促銷推廣的方式會較有效果。

從產品的類型來看，消費性產品選擇廣告宣傳較為適當，工業型產品則採用人員推銷會有較佳的效果。最後，在客戶的購買行為上，如果客戶對產品還在認識階段，廣告宣傳會有效果，當客戶在選擇方案時，則以人員銷售會比較有成效，到了客戶已經有意願的階段，就要採用促銷推廣及人員銷售的方式，達成最後一哩。

二、從客戶觀點

接著再從客戶的觀點，行銷要考量客戶的價值（customer value）、客戶的成本（customer cost）、便利性（convenience）及溝通（communication）。

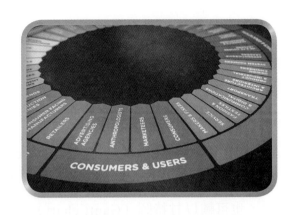

1. 客戶價值

創業者要了解客戶的需求，才能滿足客戶、創造收益，因此，滿足客戶的需求與價值，比產品本身的功能還重要。企業可以透過客戶意見調查等方式，蒐集客戶的需求，歸納出大部分客戶的問題及期望的解決方案，再去設計、生產產品或提供服務，進而創造價值。

2. 客戶成本

客戶成本不只有是產品或服務的售價，而是指的是客戶為了購買產品或服務，所需付出的相關成本，創業者要事先調查客戶為了滿足需求，所願意付出的價格是多少，要讓客戶感覺這個價格是值得的。客戶所付出的成本，除了產品或服務的售價外，其實還包含了時間成本、體力成本、購買風險…等，企業應該要思考如何為客戶降低整體的購買成本。

3. 便利性

創業者除了從自己的角度思考通路策略外，還要重視服務流程，從客戶的角度去思考購買產品、使用產品及售後服務的便利性，在銷售的過程中，不斷思考客戶的便利性，客戶才會再回購。

4. 溝通

傳統的促銷活動，不論是採取推動策略還是拉動策略，它的廣告模式都是單向的促銷活動，現在因為網路發達，容易在網路上取得資訊，企業應該要主動跟客戶溝通，從溝通中建立共識，才能提供客戶需要的產品或服務。

在營運計畫書的這一節中，創業者不只是從自己的角度去思考4P的行銷組合，還要再由客戶的角度考量4C的需求，這二者不是替代關係，而是互補關係，唯有客戶的需求被滿足，企業才有獲利可言。

▶3-2-7 營運計畫

企業是永續經營的,因此,在營運計畫書的這一節,創業者應該試著去規劃自己企業未來短、中、長程想要達到的目標,目標是指一定期間,企業營運活動可以達到的成果,它必須是具體可行的,目標達成前也要有里程碑(milestone)做為計畫的檢核點(check point)。

營運計畫除了用文字描述外,企業短、中、長程的目標及所需完成的工作,也可輔以甘特圖(Gantt chart)來表示,甘特圖的好處是可以讓讀者容易一眼看出整體規劃及完成時間,同時,經營者自己也容易定期做自我稽核用。

▶3-2-8 財務分析

估算成本是件非常不容易的事,尤其對於微型創業者來說,由於缺乏經驗、又不具財務專業,更是件困難的事。創業者在營運計畫書中應該要思考的財務問題包括:成本、預估收益、損益二平點分析。

一、預估成本

企業營運所需的成本包括:固定成本及變動成本,固定成本就是不受產能影響,都需要支付的成本。以製造業而言,就是廠房、生產線…等固定資產投資,生產線的人力、水電費…等固定費用,不會因為產量少就少付。以餐飲業而言,就是餐廳裝潢、冷氣、桌椅、冰箱、廚房用品…等一次性的投資,及門店租金、人員薪資…等固定性費用,這些成本都是每天開門營業就要支出的,不會因為來客數而不同。

變動成本就是會因為產量不同而變動的成本。以製造而言,變動成本就是生產的材料費用、生產線員工的加班費,會因為產量不同而增減。以餐飲業為例,變動成本就是食材的費用、水電費、瓦斯費、工讀生…等的費用,食材費用、水電費、瓦斯費都會因來客數的增減而變動,工讀生人數也會因營業的淡旺季而增減,對業者而言,都是變動的成本。

創業者在撰寫營運計畫書時,要仔細的計算各項成本,才能知道初期投資及週轉金等營運資金的需求,有了營運資金需求,才能規劃未來的財務槓桿運作。財務槓桿的運作包括自有資金與負債的比例，依據企業營運資金的需求，創業者就可以評估自有資金是否可以完全支應？如果不夠支應，哪些部分需要以貸款方式籌措？

二、預估收益

預估收益的方法很多，可以從同業中找出跟自己類似的競爭者，從他們過去的實績中，推估自己的銷售額，也可以透過市場調查結果再行預估。但是，從同業實績推估自己的營收，會有一定的誤差，自己去做市場調查，所需的成本高，所得的結果又會因為樣本而有誤差。

微型創業者因為經營規模小，可以用預估來客數及客單價進行簡易的估算，由於店內產品的單價都不一樣，所以，客單價可以採用平均值或加權平均值，單日營業額就可以用這個公式算出來。

$$營業額＝客單價×預估來客數$$

例如一家位於商業區的餐廳，專門提供商業午餐，共有3種套餐：A餐每客300元、B餐每客400元、C餐每客500元，如果採用平均客單價則是400元。若採用加權平均，假設來店的客人中，有40%客人會選擇A餐、40%客人選擇B餐、20%客人選用C餐，則其加權平均客單價則為380元。

預估來客數時，應考量商圈特性、時間週期…等因素，不同的商圈特性，在不同的時間點，來客數也不同，在估算時，要特別注意。例如在辦公區的早餐店，在週休二日或國定假日期間，來客量就會相對減少。

三、預估損益

在財務計畫中，還要預估各項收入及支出，以便算出營業的損益，如果有可能，甚至於還要能預估未來3至5年的損益，一來可讓經營者能確實計算利潤，二來也可讓投資者或融資者知道預期的收益。

↘ 表3-1 收支預估表範例

月份	1	2	3	4	5	6	7	8	9	10	11	12	合計
前期餘額		-1	-2	-3	-3	-3	-2	4	10	18	26	34	78
收入	15	15	15	25	25	30	35	35	40	40	40	50	365
成本	6	6	6	10	10	12	12	12	15	15	15	17	136
費用	10	10	10	15	15	17	17	17	17	17	17	20	182
本期結餘	-1	-2	-3	-3	-3	-2	4	10	18	26	34	47	125

　　本書提供一個預估收支的範例供讀者參考，本範例以1年為估算期間，如表3-1所示，創業者可以把每個月的收入、成本及費用分別估算出，填入表3-1相對欄位，就可以算出當月結餘，再把12個月的資料加總，就可預估1年的損益。由收支預估表也可以看到企業從初創到有盈餘，大約需要多久的時間。

　　再用同樣的方法，就可以估算出未來3至5年的盈收損益，在估算時，除了需要考量淡、旺季之外，還要合理的把成長加入。

四、損益二平點分析

　　損益平衡點就是收入等於支出的點，也就是企業不賺不賠的點，在損益平衡點之前，總成本較總收入高，企業營運處於虧損狀態，直到損益平衡點之後，總收入才會大於總成本，企業的才會有淨利存在。

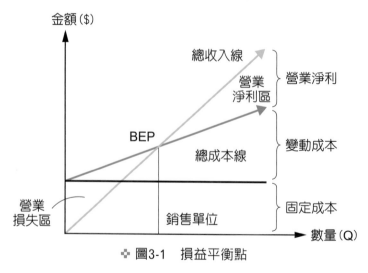

✢ 圖3-1 損益平衡點

企業的成本包括固定成本及變動成本，其中變動成本理論上已由售價涵蓋，創業者要設法彌平的應該是固定成本，至於固定成本要多久才能彌平，則跟企業的毛利率有關，因為銷售產生了的利潤，才有可能去填平固定成本，多久才能填平固定成本達到損益平衡，可由以下公式算出：

$$損益平衡點 = \frac{固定成本}{1 - \dfrac{變動成本及費用}{營業收入}} = \frac{固定成本}{毛利率}$$

小胖開了一家兒童服飾店，店租每月2萬5,000元、員工薪資每月6萬元，銷貨成本約為30%，每月工作26天，該店每天需有多少營業額，才能達到損益平衡？

$$損益平衡點 = \frac{固定成本}{毛利率} = \frac{25,000 + 60,000}{1 - 30\%} = 121,429$$

$$121,429 \div 26 = 4870$$

該店要能達到損益平衡點，每月的銷售額需達121,429元，換算每日營業額約4,870元。

▶3-2-9　風險評估

創業本來就不會一帆風順的，它是一種具風險的活動，創業者在創業初期，就要考量到創業可能面臨的風險，如景氣的變動、消費者的喜好變動、產業的競爭態勢…等，進行先期評估，並提出對策，擬訂相關因變計畫，才能降低風險發生時對企業的衝擊。

風險評估要考量的項目有：

1. 可能的營運風險
2. 競爭者的反制行為
3. 企業內部管理議題
4. 政府法律與法規問題

5. 產品或服務的變動
6. 喪失技術優勢的因應策略
7. 全球經濟的影響
8. 產業週期的影響

3-3

創業計畫書實務與範例

前一節介紹了營運計畫書應具備的內容，這一節將以微型創業者常用到的二種計畫書，來說明其撰寫的重點。

▶ 3-3-1 青年創業與啓動金貸款計畫書

經濟部中小企業處於2014年將青年創業貸款及青年築夢創業啓動金貸款整合，成為青年創業與啓動金貸款，計畫書格式如附件一，為使創業者容易了解撰寫方式，本小節將針對計畫書內容逐一說明。

一、申請資料

申請資料內容包含：申請人類別、負責人或出資人姓名、事業體名稱、申請背景、本次申請資訊、保證人相關資訊及本項貸款連絡人。

1. 申請人類別

由於青年創業與啓動金貸款的對象可以是事業體也可以是自然人，所以，申貸者要自行勾選適合自己的類別：事業體、事業體負責人或事業體之出資人，事業體的出資人如果不是該企業體的負責人，則必須要再勾選是否已取得負責人書面同意。

2. 負責人或出資人姓名

如果貸款是以事業體名義申請，本欄需填負責人姓名，如果以個人申請，則填寫貸款人姓名。

3. 事業體名稱

不論以個人名義或事業體申請貸款，本欄均要填寫事業體名稱。

4. 申請背景

由於青年創業與啓動金貸款在額度內，可以分批核貸，因此，申貸人必須在本欄中揭露以往貸款情形。

5. 本次申請資訊

在本欄中需揭露的資訊包括：貸款的用途、額度及年限，在貸款用途上，申貸者需要注意申請時效，用於準備金及開辦費用者，要在公司登記後8個月內申請，其餘在公司登記後5年內申請。

本次申請貸款額度與前一欄中的已獲貸金額，加總後不得超過各用途的貸款上限：準備金及開辦費200萬元、週轉性支出300萬元、資本性支出1,200萬元。

6. 保證人相關資訊

青年創業與啓動金貸款可以免保人，如果有保人，則將其資料塡入本欄。

7. 本項貸款連絡人

塡寫本案連絡人，以便銀行承貸連絡之用。

二、申請人基本資料

本項所塡內容多爲申貸人的個人資料，依欄位塡寫應該沒有大問題，要注意的是婚姻狀況欄，申貸者若已婚，需塡配偶資料，其餘依實際資料塡寫即可。經歷所塡最好能跟目前的行業有關，以便讓銀行對您的創業能力與熱情有信心。

三、創新或所營事業資料

1. 事業基本資料

依表格內容塡寫事業體的基本資料，如果是加盟事業，需註明加盟總部。

2. 經營型態

本欄依事業體實際情況勾選。

3. 事業地址

本欄依事業體實際情況塡寫。

4. 主要行業

本欄依事業體實際情況填寫。

5. 主要產品

本欄依事業體實際情況填寫。

6. 現有員工人數

本欄依事業體實際情況填寫。

7. 預估損益

各項收入、成本、費用的預估，可參考3-2-8節內容，需注意的是獲貸後第一年的營業收入必須要跟計算損益的營業收入一致，營業成本指的是直接成本（材料成本），管銷費用則為間接費用（房租、水電…）。

8. 創業資金情況

本欄依事業體實際情況填寫。

9. 現有生財器具或生產設備

本欄依事業體實際情況填寫，最好要有自籌款購置的生財器具，不要全部都等貸款支應。

10. 貸款主要具體用途

依行業別列出實際需要用貸款購置的生財器具，週轉金則以3個月為原則，是營業週期所需的，內容需合理，如每月的薪資支出就要與現有員工數匹配，存貨就不適合放在週轉金裏。

11. 事業或創業經營計畫

本欄內容主要是要讓銀行知道申貸者對事業體經營的規劃與了解，在經營現況與市場分析最好能用條列式表示，以便讓人很容易就可一目了然。同時，能從經營規劃中評估申貸者償債計畫的可行性。

(1) 經營現況

經營現況在說明事業體所提供的服務或產品之名稱、主要用途、功能、特點及現有或潛在客源。

(2) 市場分析

市場分析在說明事業體所提供的服務或產品之市場所在、如何擴大客源、銷售方式、競爭優勢、市場潛力及未來展望，在描述競爭優勢時可以用SWOT分析或五力分析。

(3) 償貸計畫

運用前面的損益預估，從營收數字來分析償債計畫的可行性，再預估每年的成長情形，證明償債計畫的可行性。

▶3-3-2　微型創業鳳凰貸款計畫書

2009年行政院勞工委員會（現勞動部）將微型企業創業貸款與創業鳳凰婦女小額貸款整合，推出微型創業鳳凰貸款，計畫書格式如附件二。

一、申請人資料

本項所填內容多為申貸人的個人資料，依欄位填寫應該沒有大問題，要注意的是婚姻狀況欄，申貸者若已婚，需填配偶資料，其餘依實際資料填寫即可，聯絡親友請填配偶之外的親戚或朋友。經歷所填最好能跟目前的行業有關，以便讓銀行對您的創業能力與熱情有信心。

二、創辦事業資料

1. 創辦事業名稱

本欄依事業體實際情況填寫。

2. 事業地址

本欄依事業體實際情況填寫，營業場地若為租賃，申請時要附合約影本。

3. 主要產品

本欄依事業體實際情況填寫。

4. 員工人數

本欄依事業體實際情況填寫，員工數不含負責人，不要超過5人。

5. 營業項目

本欄依事業體實際情況填寫。

6. 財務分析

預估損益的計算，各項收入、成本、費用的預估，可參考3-2-8節內容，並注意淡、旺季的營收，除非不得已，否則不要把第1個月的資料乘以6當做前6個月的收、支。此處的銷貨成本指的是跟產品生產有關的直接物料成本，而營業費用指的是間接費用，如薪資、房租、水電、瓦斯…等。

7. 創業資金情況

(1) 創業資金來源

本欄依事業體實際情況填寫，尚需貸款金額是尚未付款的生財器具與週轉金之和，自備金額則是已付款的生財器具總額，二邊金額要一致。

(2) 個人在金融機構貸款情況

本欄依事業體實際情況填寫。

(3) 現有設備

本欄依事業體實際情況填寫，最好要有自籌款購置的生財器具，不要全部都等貸款支應。已經以自籌款購置的生財器具，放在現有設備欄內。

(4) 貸款生財器具或設備資金主要用途

預劃以本次貸款購置的生財器具，置於此欄中，金額小計則是把預備購置的生財器具金額加總，要注意的是這些設備都要有報價單佐證其金額。

(5) 貸款週轉金資金主要用途

週轉金則以3個月為原則，是營業週期所需的薪資、水電費、進貨…等，內容需合理，如每月的薪資支出就要與現有員工數一致，進貨可以列為週轉金，但存貨就不適合了。

8. 擬申請貸款金額

擬申請貸款金額是尚未付款的生財器具與週轉金之和，申辦貸款的銀行請從表列7家中選1家，最好選有往來記錄的銀行。

9. 創業經營計畫書

本欄內容主要是要讓銀行知道申貸者對事業體經營的規劃，並能了解經營現況，據以評估核貸金額。

(1) 商品名稱及價格

本欄應說明事業體所販售的商品或服務及其價格。

(2) 主要用途、功能及特點

本欄請說明商品或服務的用途、功能及特點。

(3) 銷售方式

本欄請說明商品或服務的銷售方式。

(4) 營業時間

本欄請說明商品或服務的營業時段，並且把尖峰時段特別列出來。

(5) 現有客源及如何擴大客源

本欄請說明商品或服務的目前的客源有哪些？潛在客源又是哪些？未來要用什麼方式來擴大現有客源？

(6) 償貸計畫

運用前面的損益預估，從營收數字來分析償債計畫的可行性，再預估每年的成長情形，證明償債計畫的可行性。

(7) 自傳簡述

自傳是讓銀行對創業者的創業理念與動機進一步了解的機會，應該設法突顯自己的經營能力及創業特質，千萬不要隨便三二句就打發掉。

個案研討

科技新貴的咖啡創業夢

隨著國內的經濟發展，人民生活水準提升，以及飲食習慣的改變，咖啡已漸漸的融入臺灣社會的各個角落，各咖啡店紛紛希望藉由差異化與創新，吸引消費者的注意。

然而時代的演進與環境的改變，人們的生活型態與消費習慣也隨之改變，在即溶咖啡進入國內市場之後，市場開始展現出多元化的面貌。隨著現磨咖啡的出現，咖啡市場與消費者飲用習慣再次重新洗牌，也吸引各家大廠競相投入與佈局咖啡市場的商機，提供消費者越來越多樣化的選擇。

❖伯元與雅琇決定經營一家屬於自己的咖啡館，供應好品質美味的平價精品咖啡。

根據國際咖啡組織調查，臺灣人一年喝掉28.5億杯咖啡，2020年的市場規模超過800億元新臺幣，東方消費者行銷資料庫統計，全台至少有540萬以上咖啡人口。

日本著名的UCC咖啡公司臺灣總經理分析指出：近5年，臺灣咖啡市場以每年約20%的成長率擴展，目前每人每年平均喝掉約131杯咖啡，低於日本每人每年平均370杯，也低於韓國每人每年353杯，還有很大的發揮空間。

伯元與雅琇是碩士班的同學，畢業後都到高科技公司工作擔任工程師職位，雖然應徵時的工作時間為日班制卻附帶責任制的條件，下班後隨時擔心接到公司的電話，要回去處理生產線上發生的異常，或是在週休二日出外遊玩還得帶著筆記型電腦，以防要遠端連線處理工作事務，每天過著心驚膽跳的生活，讓小倆口感到疲乏。

因此趁著30歲以前的澳洲打工度假年齡限制，二人陸續來到澳洲圓自己的壯遊夢想，在澳洲打工度假的過程當中，雅琇到一家連鎖咖啡店打工由洗碗工做到Barista，從不瞭解咖啡到愛上喝咖啡，直到伯元來到澳洲再一起買車到處工作旅行，兩年時間下來，感受到許多澳洲的人文風情與咖啡文化。本來就對咖啡有濃厚興趣的伯元更是每天一大杯手沖咖啡，也到澳洲許多咖啡農場參觀與品嚐。閒暇中常常思索與勾勒自己的夢想，於是決定回臺灣要經營一家屬於自己的咖啡館供應好品質美味的平價精品咖啡。

在思考市場定位時，雅琇認為咖啡的市場，目前已由即溶咖啡走向現磨的現煮鮮咖啡，未來會步入歐美的後塵，進入第三波精品咖啡的時代，也因為伯元本身對咖啡味蕾的敏感程度，二人就決定把創業的目標市場定位為精品咖啡並供應擁有自我風格的自家烘焙咖啡豆，為了要有差異性，還有兩人在澳洲品味到許許多多美味的好咖啡，因此就決定要堅持手工篩選生豆，剔除咖啡當中的雜質豆並確保供應時的新鮮程度，讓臺灣人能夠品味到最美味的咖啡。

自澳洲打工渡假回國後，二人開始著手自己的圓夢計畫，依照伯元對品質的要求，挑選有品質保證的咖啡豆莊園進口咖啡豆，也購買1公斤的烘焙機，自行在家裡烘焙咖啡豆，白天有份穩定的工作，晚上則進行副業咖啡烘焙，透過朋友的介紹建立穩定的客戶群並架設網站，兩年後成立了實體店面Bowen Cafe（伯元自家烘焙咖啡館）。創業初期，請室內設計師來做店面空間設計，施工期間也參與部分工程施做，像是店面門口馬賽克磚設計製作、部分牆面油漆粉刷、補土等等，咖啡杯層板架、餐桌、咖啡器具展示櫃…等簡易木工，均由雅琇設計、伯元自己完成。

在經營上，伯元咖啡如終堅持品味精選、品質篩選、品嚐新鮮、三大品質目標，由於咖啡生豆是從透過國內貿易商由國外進口，無論是莊園或農場所種植，每批生豆的品質仍會有些許差異，因此，伯元從咖啡

✦伯元咖啡為了創造差異性，堅持手工篩選生豆確保咖啡的美味。

生豆來源上，就開始控管品質，透過伯元對咖啡的敏感味蕾來選擇適當的烘焙程度，才能烘焙出最適合的咖啡風味。

　　咖啡生豆也是一種農產品，即使莊園級的咖啡生豆，也可能會有參差不齊的豆子，為了要確保咖啡風味及品質，在烘焙前，伯元堅持手工篩選生豆，剔除挑出約10%~25%的發霉、蟲咬、破損等不良或有雜質的豆子。烘培生產的咖啡豆皆以半磅單向排氣閥包裝，保證消費者拿到的咖啡豆，都是一週內的新鮮烘焙咖啡豆。

　　為了經營精品咖啡店，二人還到職訓局去上烘焙的課程，在店內銷售自己烘焙的帕尼尼麵包製作成三明治、蛋糕、餅乾等小點心，讓來店的消費者有多樣性的選擇。微型企業在創業之初，一切都是百廢待舉，為了創造收益，二人也花費不少心思，咖啡豆除了在門店銷售外，也透過網路銷售。

　　門店坪效的應用上，二人也是煞費苦心，開發出早午餐的菜單，使用自製的帕尼尼麵包製作成三明治搭配手沖咖啡與手作蛋糕組合成套餐，以吸引消費者上門。

　　門店前的交通流量相當大，但路幅狹小、停車不易，設置門店的優勢不多，但是，伯元還是很樂觀的看待這個事實，他認為店面的能見度高，且伯元咖啡經營重點在於咖啡豆的販賣，能夠透過口耳相傳直接服務到更多八德地區的市民朋友，在不久的將來，旁邊的排水渠道拓寬後，他的店就成了邊間，利用美化後的河岸，將可吸引更多的人潮。現階段為了讓在龐大的車流中的人看到他的店，他也不遺餘力的運用店裏的燈光及落地窗優勢，讓駕駛在等紅綠燈的時候能看到他。

✤除了咖啡之外，並開發新菜單以吸引消費者上門。

　　小小的店面，由於在經營策略上有明確的目標定位，一段時間的經營之後，也可以看到成績，二人開始思考著，如何可以利用網路創造更大的商機，除了FB的粉絲團外，也導入LINE@官方帳號，並運用LineBot的行銷工具，以再創佳績。

創業故事大省思

　　小君、小香、小文依照司馬特老師給的九宮格，花了二週的時間討論，終於完成了她們的第一張商業模式圖，在製作商業模式圖的過程中，她們發現商業模式圖的內容跟在微型創業鳳凰課程中的計畫書很像，這二者間有什麼異同呢？

　　再次見到司馬特老師，小文迫不及待的就把這個問題提出來，司馬特老師喝口咖啡，緩緩道來，其實，妳可以把商業模式圖跟營運計畫書看成是一體二面的，只是，商業模式圖是在一張圖上利用 9 個構面，來協助妳去思考妳的運營方向及獲利來源，而營運計畫書則是用文字、圖表方式把這個 9 個構面表現出來。

　　小香聽完老師的說明，想到在上微型創業鳳凰的課程中，有 1 天半的課程都在講計畫書的撰寫，立刻又有了新的問題，營運計畫書對創業者很重要嗎？它是寫給誰看的？我們沒有要貸款也需要寫嗎？

　　司馬特老師點頭肯定小香的聯想力，喝口咖啡後回答她的問題，營運計畫書除了要貸款必須寫給銀行看之外，其實它對妳的營運也是很重要的，妳可以透過在寫計畫書的過程中，把妳想的營運模式再一次的思考，也許妳會發現競爭者不是想像的那麼少，或者妳的行銷方式不是最好的，也可能妳的損益沒有想像的好…，在營運期間，也可以把實際營運跟計畫書做比較，檢討以前想的是不是有誤差，應該怎麼改善。而商業模式圖只是一頁的彙總，它可以引導妳的思路，沒有辦法鉅細彌遺的展現所有資料，唯有透過營運計畫書才能看到細節。

　　聽完老師的說明，小君想到上課的時候，老師有提到計畫書會因為目的不一樣而給不同的人看，既然是由同一張商業模式圖而來的，內容是不是應該要一致呢？司馬特老師喝完咖啡接著說，當然，營運計畫書因為看的對象不同，他們在意的問題也不一樣，所以，營運計畫書不能放諸四海而皆準，必須要針對不同的對象，內容也要做適度的調整。

問題

1. 請試著從她們的商業模式圖，幫她們完成一份營運計畫書。
2. 營運計畫書中的每年損益要怎麼預估比較合理？

組織創業團隊

本章架構

1. 了解如何建立自己的創業團隊
2. 如何規劃創業的人力需求

本章個案

• 團體戰的差異化優勢
• 迪密特花園髮妝－大地小孩的創業夢

4-1
團隊與群體

創業是一條艱辛的路，雖然事前已經有縝密的計畫，但是，計畫往往趕不上變化，一路上隨時都會碰到意料之外的問題，一個人的資源有限，常常就會顧此失彼，因此，創業時如果能有一個團隊，分工合作來打組織戰，將會提高成功的機率。

但是，微型創業的創業者就沒有那麼幸運，微型創業的業者往往只有1、2個人，根本沒有辦法組成團隊，應該如何打組織戰提升戰力呢？本書的目的係在協助微型創業的業者進行經營管理，因此，在創業的初期，正式團隊未形成前，可以用群體戰的方式，來打虛擬的團體戰，等到企業稍具規模，再建立創業團隊，從事正規化的經營。

▶4-1-1　團隊

一、團隊的定義

團隊是一個分享承諾與目標的團體，它的定義眾多，不同的學者有不同的定義。Shonk認為團隊需包含2人（含）以上，必須協調一致，完成共同任務。在他的定義中，顯然，協調是一件重要的事，沒有協調就不易完成共同的任務。Guzzo也認為團隊是2人（含）以上可獨立完成目標的組成體。

Katzenbach與Smith認為團隊是具有互補才能，彼此認同共同目標、績效的標準和工作方法，且互相信任的一小群人的組合。在他的定義之下，團隊除了要有共同目標外，還要能夠彼此互相信任。

從以上這些學者對團隊的定義，可以歸納出團隊應該具備的共同特性為：2人以上、成員要有共同目標、彼此要互相信任。團隊跟個人最大的不同就是：團隊要有共識，一個團隊如果沒有共識，團隊的績效就會著重在個人上，所以，共識的形成將使團隊成為一個能整合團體績效的組織。

二、團隊的重要性

　　也許讀者會覺得創業沒有團隊有什麼關係，單打獨鬥也可以，或者，也有疑惑，在創業初期資金這麼缺乏，自己都可能養不活了，哪裏來的錢可以建立團隊，創業者這些實務上的考量都對，創業初期如果能建立團隊最好，如果受限於資源配置，暫時沒有辦法建立創業團隊，也要思考未來的團隊需求。

　　團隊最重要的優點是能促使創業者超越獨自一人所能達到的成果，無論創業者個人的能力有多強、投入有多深，成果都有一定的限制，因為單打獨鬥的創業者，除了資源受限外，以往的經驗、知識範疇都有限，缺少人際網路及情感支持，成功的機率較團隊小。

　　創業者的每個人想法，不論自己覺得有多週詳，總還是會有進步的空間，這時，如果只有一個人獨自奮鬥，沒有人可以適時的提供一些回饋意見，可能因為某些盲點，使產品無法貼近客戶需求，而失去商機。

　　任何一個好點子，創業者一定都是建立在自己對客戶需求的感覺而提出的，但是，這個概念可能只是創業者自己一廂情願的想法，這時，若能透過團隊對這個想法提供初步回應，將可使點子更趨周延。

　　創業是件千頭萬緒的工作，創業者也承擔著很大的成敗壓力，不論是要進入一個重要的里程碑（milestone），還是遇到無預警的挫折，創業者的情緒都會隨著外界影響而起伏不定，甚至於不知如何解決問題。透過團隊一方面可以讓不安定的情緒有個出口，為了共同目標互相打氣，一方面藉由團隊的腦力激盪找到可行的解決方案。

三、團隊的種類

　　在任何組織中，組成功能性團隊一定有它的目的，企業中的常態性團隊不外乎：解決問題的團隊、管理性團隊、跨功能團隊。

1. 解決問題的團隊

解決問題的團隊是組織為了解某種特定問題，而組成的團隊，如流程改善、品質提升…等，這種團隊只能提供建議而不具獨立執行任務的能力。

2. 管理性團隊

相較於解決問題團隊只有建議、不具執行能力，管理性團隊則是一個具有執行力的團隊，它不但能執行團隊規劃方案，也會規劃成員的分工，並對執行結果負責。

3. 跨功能團隊

跨功能團隊通常是一個臨時組成的任務編組，成員來自組織的各部門，為了某個特定目的而組成，因為團隊成員的領域不同，可以互相交換資訊、激發創意，進而發揮綜效。由於團隊成員來自組織的不同部門，所以，成員間的背景、工作經驗都不同，工作間的信任、配合度…都需經過調適、磨合，才能發揮整體戰力。

▶ 4-1-2 群體

一、群體的定義

群體是由一群志同道合的夥伴所組成，可以制訂規則以規範成員的行為，這個觀念存在已久，Shaw認為群體是2個以上有互動關係的人所組成，且其中每個人的行為思考，都會受到其他成員的影響。

Patton等人在他們的研究中認為群體是由少數人所組成，這些個人有著相依的關係，並有著共同的價值及規範，約束著個人的行為，而形成群體關係。因此，一個群體的形成，必須要具備以下條件：

1. 有2個（含）以上的人參與。

2. 群體中的每個人有著相互影響、相依的關係。

3. 成員有共同目標。

4. 透過語言或非語言的溝通，讓成員互相了解、交換意見，進而產生共識。

5. 成員會形成規範，約束成員的行為，並給予成員個別價值及定位。

二、群體的特性

1. 角色

群體的成員平日工作，可能因為所處的群體不同，而有不同的角色，因此，他必須要配合不同的群體，扮演好他的角色。

2. 規範

所有的群體都有他的規範，成員們要很清楚在不同的場合中，要遵守適當的規範。

3. 凝聚力

凝聚力是讓群體成員願意留在群體內的動機，凝聚力愈強的群體就愈團結，成員就愈會朝目標努力，不同的群體有不同的凝聚力。相對的，凝聚力愈高的群體，其產能就愈高，領導者的魅力也是影響凝聚力的重要因素。

4. 規模

群體的規模也會影響到它的績效，規模太大或規模太小都不好，要視每一群體的目的而定，如果群體的目標是蒐集資訊，則群體規模大會比較容易完成任務，如果群體的目的在於執行，則小群體會比較容易溝通。

三、群體的組成

　　群體成員由於背景不同、知識不同，組成之後，短時間可能需要磨合，才能有效的完成任務，但是，這個過渡期是必要的，研究也顯示：不同背景的成員所組成的群體，會比同質性高的群體效果更好。

　　對一些需要不同觀點的工作而言，成員具有不同的背景，雖然在開始的時候，可能會有溝通上的困難，但是，經過一段磨合期後，這些困難就會消失，群體整體的績效也就隨之提升。

▶4-1-3 團隊與群體的差異

團隊跟群體相同的地方是他們都是人的組合、同樣有互動、都有要達成的目標,最大的不同則在於團隊跟群體成員間互動關係不同,Katzenbach與Smith在他們的研究中,從角色、目標、綜效、責任與技能等構面,分析團隊跟群體的不同如表4-1所示。

↘ 表4-1　團隊與群體的差異比較表

群體	團隊
有一位被指派的強勢領導人	共同或輪流擔任領導者
講求個人責任歸屬	注重個人和共同的責任歸屬
與組織目的相同	有特殊的團隊願景與目的
講求個人工作成果	注重集體的工作成果
開會講求效率	開會時鼓勵討論及解決問題
藉由對企業的影響,衡量其效能	藉由評估集體工作,衡量其效能
經討論、決定後將工作委派給個人	經討論、決定後共同分擔工作

微型創業者在創業初期,要擁有一個經營團隊,是件十分不容易的事,但是,單打獨鬥不如群體戰,由於大部分的微型創業都是1至2人,因此,可以考量組成一個虛擬的群體,由於大家都是創業初期,透過群體的運作,一方面可以達到互通有無的目的,另一方面也可以集思廣義共同解決問題,甚至於開創新的商機。

4-2
創業團隊

一、創業團隊的定義

創業團隊（entrepreneurial team）是指創業初期，由一群能力互補、責任共擔、願爲共同目標奮鬥的人所組成的群體。Lewis認爲團隊是由一群認同並致力去達成共同目標的人所組成，這一群人在一起工作，共同爲達成高品質的結果而努力。

Kamm等人在1990年對創業團隊做一個定義，認爲創業團隊是指2個（含）以上的個人，參與創業的過程，並投入相同比例的資金。1995年他又提出一群人經過構想及實踐構想階段後，決定共同創業並成立公司，這群人就是創業團隊。由此觀之，渠等係認爲創業團隊必須對所創的企業擁有所有權。

創業過程充滿風險，Ardichvili等學者認爲創業團隊在創業過程，爲了克服風險，應該要具備學習力與知識整合力。

1. 學習力

組織在執行其特有的價值活動時，或者在制定決策時，都會涉及到蒐集資訊、判讀、消化，這些有可能是創業團隊不熟悉的領域，所以，創業團隊必須具備學習力，才能把價值活動或決策過程予以常規化。

2. 知識整合力

組織的知識整合，除了對既有知識的複製（replication）外，還要把既有知識與新知識重組（recombination），形成一種新的知識，再透過內部分享、擴散，將其深化爲組織的知識。

二、創業團隊組成要素

創業團隊是創業初期，由一群能力互補、責任共擔、願爲共同目標奮鬥的人所組成的群體，需要具備5個組成要素：目標（Purpose）、定位（Place）、職權（Power）、計畫（Plan）和人員（People）。

1. 目標

在創業的願景之下，創業團隊應有一個共同的目標，做為團隊成員的方向指引，目標讓成員對團隊有認同感，沒有目標，團隊就沒有存在的價值。

2. 定位

團隊的成員必須要有各自的專業與分工，才能合作達成目標。

3. 職權

團隊成員的工作職掌及權力必須明確，才能區分任務，再根據任務的輕重緩急，做為分工的依據。

4. 計畫

每個組織都有它運作的計畫，創業團隊的計畫攸關團隊的健全性，所以，必須要有合理的營運計畫及管理作為。

5. 人員

團隊的目標是由人來完成，人員是創業團隊的核心，所以，人員選擇是建立團隊過程中，非常重要的一環，團隊中每個人都扮演不同的角色，因此，成員除了要有分工及專業外，還要有人負責協調不同的工作，並監督工作進度，才能讓團隊達成目標。

4-3
建立創業團隊

創業是件永續經營的活動，微型創業的初期，受限於資源，可能無法立即建立一個完整的創業團隊，但是，在永續經營的目標下，必須在創業初期就思考團隊的建立，再逐步建立創業團隊。

建立創業團隊前，應先思考4件事：願景、人、決策、資訊。

一、組織願景

創業團隊是一群有共同目標的人所組成，除了靠外部因素被動的組成外，因為有共同目標，所以，在共同目標之下，團隊中的每個人都會有共識，並凝聚成員的向心力，即使外部因素改變，也不會讓團隊就此解散。

組織的共同目標讓團隊的成員可以很清楚的知道組織的目的，以及要達成的結果，但是，如果這個目標只是週而復始的數字，久而久之，只會慢慢的消耗掉團隊成員的熱情。

如果把組織的目標變成是一個理想、一個夢想、願景，相較於數字，會更具激勵效果，當團隊成員在共同的理想、願景之下，不僅可以原來的工作上努力往目標邁進，更能廣泛的尋找方法去達成目標，因此，要打造優秀的創業團隊，就要先有一個能激勵人心的願景。

二、對的人

創業團隊有了共同的願景目標後，接著要思考的就是如何才能達成目標，目標需要人去達成，所以，找到對的人，就是成功的一半。一個優秀的創業團隊，它的成員具備各自單打獨鬥完成工作的能力，只是最基本的要求，更重要的是還要有基本的人格特質，如勇於承擔、樂於學習、自我成長及接受創新。

能夠勇於承擔的人，遇到問題才不會推三阻四，他會勇於面對問題、解決問題。樂於學習的人，除了在自己的專業領域中能持續精進外，對於相關領域的知識也會樂於學習、了解。願意自我成長的人，能夠自動自發的去精進自己的能力，不會安於現狀，同時勇於接受新的挑戰。能接受創新的人，不會墨守成規，對於不合時宜的事，會勇於嘗試改變現狀。

要建立一個優秀的創業團隊，人格特質是最基本的要求，更重要的是，要把對的人放在對的位置，才能讓成員發揮所長，位置放對了，人就會樂於工作，工作績效自然好，因此，創業團隊最重要的是要找到對的人、放到對的位置上。

三、決策權下授

一個優秀的團隊，一定會有一個優秀的領導者，來帶領大家往共同目標邁進，然而，組織或團隊的決策，不一定要完全集中在這位領導者身上，因為，當決策權集中在一人身上時，會使其他的人習於接受指令，而失去自我判斷的能力，也失去自我學習的機會，最後，終至產生接班危機。

團隊的每個成員經驗不同，專業也不同，領導者當然也不是天縱英明、樣樣通，因此，在決策時多少就會有盲點存在，為了提升決策的品質，領導者要能信任創業團隊的成員，將決策權適度的下授，讓專業者參與決策，才能將團隊效益發揮出來。

四、資訊透明

團隊的運作要靠成員在共同目標之下，同心協力、分工合作去達成，而讓團隊成員間能夠彼此信任的基礎，就是資訊透明化，一旦資訊不透明，團隊成員間就會產生猜忌，猜測領導者要做什麼決策、分配工作有沒有不公平…等，久而久之就會侵蝕信任的基礎。

因此，為了團隊成員間能夠彼此建立信任，在團隊內應建立一個資訊分享的平台，讓成員間能夠明瞭彼此的工作狀態，也能知道領導者的決策方向，遇到問題時也有一個可以共同討論的平台，創造更大的效益。

團體戰的差異化優勢

　　律師一向給人的印象是門檻高又專業、寡占的產業，他的寡占又跟高門檻息息相關，由於律師高考的錄取率低，讓一般人很難投入這個市場，根據林國明律師的統計，自 1950 年到 1988 年律師的錄取人數為 782 人，平均每年錄取 20 人，錄取率約為 6.76%。

　　而隨著大學開設的法律相關系所愈來愈多，考選部也開始增加律師高考的錄取率，自 1989 年到 2010 年間，就錄取了 8,404 人，平均每年錄取 382 人，錄取率約為 8.8%。

　　2011 年後律師高考的錄取率已超過 10.5%，根據法務部的統計，2011 年底律師的累積領證人數為 11,862 人，到 2019 年底的累積領證人數已超過 1.8 萬人，在有限的市場中，競爭者愈來愈多，儼然成為另一個紅海市場。

戴智權在 2010 年唸碩二時考上律師，2012 年退伍後完成律師實習，即開始面臨嚴峻的市場挑戰，他在律師事務所工作時，就決定將來要自行開業，而律師這行看似只要懂得法條即可，其實不然，律師產業也是具有高度的專業分工，不是單一律師就可以完成所有的訴訟。

在觀察到市場的特性後，戴智權認為只有打群體組織戰，才有機會在這個產業裏取得差異化，所以他決定未來一定要組織一個法律團隊，互相支援才能勝出。

創業初期，考量到營運成本及市場，他選擇離開臺北回到桃園開業，在一切都不穩定的情況下，他在郵局租了一個信箱做為連絡之用，就在家中開業，因為他的碩士班唸的是新聞傳播，同時也與消基會有業務往來，開業後，除了一般訴訟案件外，也特別的投注在新聞傳播這個領域。

事務所開始營運後，首先要面臨的是業務從哪裏來？因為戴智權把自己定位在商事法上，所以客戶將是企業而不是一般的民眾，在這樣的目標下，他在選擇事務所位置時，也不像一般律師都開在法院附近，而是選在桃園市政府對面，讓到市政府洽公的人能夠看的到他。

其次，他也積極的參與各種組織，以接觸到更多的商務人士，增加自己的曝光機會，他在加入 BNI 半年就擔任副主席、1 年就擔任主席，在這個過程中，他開始學習組織領導、經營，也在社團經營的過程中得到做事的經驗，凡是要做對的事，也不要怕事，事情來了就是要積極面對、處理，這些經驗對於他未來事務所的經營有很大的幫助。

對於事務所的未來經營，戴智權也有目標，他希望能夠先在桃園建立一個專業的律師團隊，未來再評估是否到臺北成立分所，為了這個目標，他開始積極的建立事務所的各項管理制度，並於 2020 年在臺北開設分所。對於人力的需求，也打算導入企業化的方式進行評估管理，以走出一條差異化的路，從戴智權充滿自信的眼光中，可以看到他未來的憧憬。

4-4
創業的人力需求

　　創業是一條漫漫長路，不是一蹴可及的，在創業不同的時期，創業者所面臨的問題都不相同，因此，也會有不同的人力需求。在劉常勇的研究中，從企業生命週期的角度，把創業分成5個階段：種子階段、創建階段、成長階段、擴充階段及成熟階段。

❖ 圖4-1　創業5階段

一、種子階段

　　企業在種子階段，只有構想與概念，企業也不具規模，尚未投入大量資源，產品也僅爲雛型（prototype），組織正在逐步成形中，在這個階段中，企業需要技術人員參與產品的開發。

　　凡事起頭難，在創業初期受限於資金，創業團隊的成員人數很少，除了創業者本身外，可能只有具有專業技術的專家，著重在產品的開發，由於企業中的人數少，也沒有管理人員的需求。

　　在這個階段中，由於企業規模小、人數少，再加上沒有管理人員，工作的權責劃分不是像正規企業這麼清楚，往往需要身兼數職，因爲產品尚未上市，暫時也還不需要行銷人員，創業團隊的人力需求會著重在研發人員。

二、創建階段

　　企業到了創建階段，已進行產品的雛型測試準備上市，也完成了市場分析與規劃，管理團隊組織中，各種產品的行銷活動也開始展開，但是，整體而言公司還沒有獲利。

在這個階段，因為企業開始進入規模化，創業團隊開始需要管理人才的加入，才能因應未來的專業分工需求，以奠定公司長治久安的基礎，管理人才的加入，可以讓創業者把管理工作交給專業的管理階層負責，以達到分工及授權的目的。

三、成長階段

一般公司在成立1年後，會進入成長階段，此時企業的產品已被市場所接受，而且開始有少量的訂單，需要開始規劃各種製造上的需求，企業經營接近損益平衡點時，開始調整規模及內部的管理需求。

當公司營運進入穩定狀態，也小有知名度並邁向損益二平點時，為了提高知名度，配合產品的行銷推廣，在人力需求上會開始建立行銷團隊，聘用行銷人員為公司做整體的形象包裝及行銷。

四、擴充階段

公司在成立2至3年後，即進入擴充階段，公司的複雜性也相對增加，因為銷售通路已建立，此時企業已能在廣大的銷售市場中獲利，管理團隊及產品發展都已成熟，需要資金投入，以重新做產品定位，並開發下一代的新產品。

為了因應企業規模的擴張，企業需要建立正規的管理架構，因此，依不同的產業需求，企業開始建立其產、銷、人、發、財的部門分工，並因應部門分工的管理需求，組織個別的團隊，同時也建立專業分工的管理制度。

五、成熟階段

當企業成立超過5年，經營已達相當規模，不僅能達到損益平衡，產品線也有相當的品質與競爭力，且也擁有一定的市占率，創業者開始規劃，想要透過公開發行回收投資。

在成熟階段的企業，內部各部門的分工也已清楚劃分，企業的人力需求在於聘用專業經理人負責營運管理。

4-5
創業團隊經營

　　創業團隊建立後，應該如何經營才能爲企業創造高績效呢？創業者要有積極、冒險的特質，創業才會成功，同樣的，創業團隊也要在創業者的領導之下，運用各種激勵方法，來凝聚共同的價值觀及工作態度，才能創造高績效。

一、建立企業文化

　　創業團隊中的成員，不管是在哪個階段加入團隊，本來就是依專業分工的需要所組合而成的，但是，一群頂尖的人組合在一起，不一定能創造出最佳的績效，想建立一個成功的創業團隊，最重要的是要先建立企業文化，企業文化在企業成立的第一天，就要開始塑造，第二步就是要在這個企業文化之下，引進能融入這個企業文化的成員，爲共同目標奮鬥。

　　企業文化是是一個無形的東西，它的形成往往是由企業的最高層塑造、傳下來的，古人說上行下效，在上位的人喜歡什麼，下面的人就會跟著去做，所以，創業者在創業之始，就要去思考自己打算要建立什麼樣的企業文化，接著就要把這個企業文化植基於企業內。

二、凝聚向心力

　　創業者在領導創業團隊時，應扮演教練的角色，負責引導團隊走向共同目標，創業的過程中必定是百事待舉，難免會遇到挫折與壓力，創業者除了要注意工作的進度外，還要關心創業團隊成員的情緒，建立良性的溝通管道。

　　爲了讓創業團隊具有凝聚力，創業者需要不定時的安排一些活動，讓紓解壓力，如聚餐、旅行…等，也可以舉辦些小型的比賽，藉著團體活動建立共識，以凝聚向心力。

三、建構學習型組織

　　創業的過程所需的知識包羅萬象，不是一個人就能全盤了解的，爲了能解決創業過程中不斷面臨的問題，創業者應建立一個學習型的組織，透過內部的教育訓練，養成成員自主學習的習慣，並藉由教育訓練建立共識、凝聚向心力。

個案研討

迪密特花園髮妝—大地小孩的創業夢

從小在鄉下長大的包月美，雖然生活在都市，但是，腦子裏總是一直想著大地生活，想著將來能在田中央開個店，讓大人來店中消費時，小孩都能在綠地中玩耍，這樣的夢想一直存在於包月美的心中。

創業初期，包月美的第一家店─晴造型沙龍，就開在自己家的1樓，說到取名的過程，包月美還是掩不住興奮，她說：「晴字代表開朗、陽光與美好的一切，具有無可取代的地位，無論店內環境如何窄小，我們堅持釋放一塊空間，放入一些水的元素、綠的元素，因為我們深信，我們是大地的小孩，深受大地的恩澤與滋養，讓來到店裡的朋友們，能在享受美髮的同時，也能擁有一個與自然接觸的美好時刻。」

❖包月美希望客人享受美髮的同時，也能擁有一個與自然接觸的美好時刻。

在經營上，訴求著提供自然、舒適、貼近身心的設計，打造一個能從內而外，從頭部到臉部，都能最貼近消費者需求的造型服務，在享受服務的同時，身、心、靈也能夠透過視覺、聽覺、嗅覺、觸覺、感覺，沉浸並體驗舒適的五感SPA。

經過十幾年的經營，培養了3批的設計師，為了扶持這些年輕的設計師，讓她們都有個發揮的舞台，包月美也陸續的開了4家分店，隨著設計師技術的純熟，不再只是販售商品，而能進一步的提供諮詢、建議，因此，客戶也漸漸穩定。包月美甚至於很自豪的說：「我們已經很多年沒有招募新人，也沒有做過行銷廣告，客戶都是口耳相傳來的。」

在她的觀念裏，工作就是生活，想要生活好就要使工作先好，要有好的情緒、好的思維、好的環境、好的心態，如此一來就能樂在工作，進而創造出快樂的生活、快樂的服務、快樂的賺錢，唯有大家好，我才好的工作生活品質。

✤ 迪密特花園髮妝的對面是千坪的公園綠地

為了一圓兒時的大地夢，2014年包月美做了一個大膽的決策，結束4家晴造型沙龍，把所有設計師集中到現在的新門店，囿於現實環境，新門店雖然無法開在田中央，但是，還是在陽明公園旁找到一個寬敞的店面，對面就是千坪公園綠地。

找好了地點，包月美自己參與門店內部的設計，花了8個月的時間裝潢，考量現況，無法把她一直夢寐以求水的元素放進來，但是，還是把綠的元素埋入設計中，在1樓設計了1棵許願樹，把當初搬遷時客戶的祝福留在上面，同時，為了讓消費者能有舒適的環境，不求座位的量，把空間充分留給客戶。

人們總是習慣例行的生活模式、害怕變動，為了與設計師取得共識，在進駐新門店之前，包月美帶每位設計師到現場，傾聽她們的焦慮、充分溝通，在包月美的心中一直認為：勞方、資方與客戶三方應該是對等的，應該同時受到重視，企業才能成功。

新的門店取名為迪密特，是英文Demeter的音譯，Demeter是一位希臘神話中的五穀女神，也是掌管萬物生長與五穀豐收的大地母神，包月美為新店取這個名字，主要是感恩大地給予這個世界美好的花草植物與豐收的五穀農產的心，希望結合大自然五行運行規則，透過每一位設計師的雙手，種下善的種子、美的種子，打造一個讓世界上的每一個人「內在與外在皆豐盛富足」的未來。

員工是企業最重要的資產，包月美認為工作、學習都是生活的一部分，企業如果只為了賺錢而賺錢，未來只會愈做愈小，如果設計師能針對不同消費者提供客製化的服務，甚至是客戶的造型顧問，對設計師或公司來說，才能有附加價值。因此，迪密特非常重視員工的教育訓練，在公司成立之初，就設有一間教

❖ 迪密特花園髮妝設計師們

室，每週一都會做員工的教育訓練，同時參與勞動部的小型企業人力提升計畫，希望藉由外部的資源，來提升設計師的技能。

包月美把設計師都當成創業夥伴，而這些設計師也跟了她十幾年，以前開分店是為員工尋找新舞台，現在她開始思考著未來如何創造另一個舞台給她們，而新舞台也可能會造成人員的流動，這也是她擔心的問題。

為了傳承技藝，包月美對於教育的投入也是不遺餘力，除了公司內部的教訓練外，她也到新生醫專擔任老師作育英才，同時，迪密特也提供學子們來店實習的機會。為了鼓勵、支持創業者，她也願意把店面分租給創業者，以異業結盟的方式，減輕他們創業初期的經營壓力。

包月美回憶著她當年剛開店時，與一位榮民伯伯的互動過程，有所感觸的說著：「我沒有什麼企業經營的理念，唯有秉持著愛與真的對待員工與客戶，才能維繫著長期以來員工的低流動率、客戶的高回流率，甚至於很多客戶是遠從臺北過來。」，看著新門店的穩定運作，面對著公司未來的發展，她還是樂觀的期待！

創業故事大省思

　　小君、小香、小文在撰寫營運計畫書時，發現營運計畫書中有一項內容是要寫經營團隊，三人討論多時沒有結論，小文覺得目前只有三人不知如何規劃經營團隊，小君認為等到一定規模再做就可以了，小香也認為創業開始有好多事情要處理，組織應該不是最重要的，但是，為什麼營運計畫書要寫經營團隊的資料呢？

　　當三人在創業團隊這個議題上無法達成共識之時，唯一達成的共識是再去找司馬特老師，於是四人又在星巴克相聚，四人一坐定，小香就立刻提出這個問題，司馬特老師聽完小香的問題，淡淡的問道：妳們為什麼要一起創業？三人一時無法回答這個問題。

　　隔了一會兒，小君先回答：一起創業團結力量大，小文也說：一起創業遇到事情才有人商量，司馬特老師喝口咖啡，笑著對三人說，想的都沒錯，但是，妳們會不會吵架？以後會不會拆夥？有沒有想過要怎麼把事業做大？此時，三人面面相覷，不知如何回答這個問題。

　　司馬特老師看了三人之後，接著說下去，企業的經營是長期的持久戰，團隊的成員在任務、專長上要能互補，才能發揮整合戰力，於是，又問了一個問題：妳們三個人在這個創業團隊中的角色是什麼？看大家都沒辦法回答，老師接著說：換另外一個角度問，妳們各自的專長是什麼？

　　聽到這個問題，小君很快的就回答：我會包水餃，小香、小文也搶著說：我也會包水餃，司馬特老師聽完笑著又問：妳們三個都去包水餃，誰負著去採買、備料、銷售？三個人顯然都還沒有想好，無法回答這個問題。

　　司馬特老師喝口咖啡，接著說道：創業團隊要思考的就是這個問題，像妳們三個的同質性就太高，大家都去包水餃，其他的事誰去做？這樣的組織在運作上就會出問題。所以，妳們要思考的是有沒有辦法做專業分工，即使這個專業目前沒有，也要設法去學會。

　　其次，有了團隊之後，團隊的經營也很重要，如何建立企業文化、凝聚向心力，是需要大家一起討論達成共識的，這些問題都待妳們好好的去思考。聽完司馬特老師的一番話，三人頓時醒悟，原來還有這麼多事要考量啊！

問題

1. 你覺得在這個創業團隊裏，需要哪些專業的人？

2. 你認為團隊要如何凝聚向心力？

05

工商登記與稅務

本章架構

1. 各類企業組織
2. 商業登記、公司登記實務
3. 稅籍登記實務
4. 營業稅、營利事業所得稅申報實務

本章個案

- 專業服務的會計師
- 給小孩一個不一樣童年的曼藤寶育成長館

5-1
企業組織

　　當創業者找到自己的商業模式後，接著要思考的問題是我要開公司還是行號？我要合夥還是獨資？要如何申請設立公司/行號？會面臨哪些稅務問題？本章將來探討這些問題。

▶5-1-1　行號

　　商業登記法第3條所稱商業，指以營利為目的，以獨資或合夥方式經營之事業。依商業登記法規定登記的行號，分為獨資及合夥組織兩種，而不論是獨資或是合夥組織，經營者都必須對經營的行號承擔無限清償責任。

一、獨資

　　獨資係由經營者個人獨自出資，依商業登記法規定，向各地之縣（市）政府辦理商業登記，資本額25萬元以下，免提出資金證明。

1. 優點

(1) 獨自經營，運用自有的技能與經驗，可全盤掌控企業之各種營業活動。

(2) 活動力精緻輕巧，可隨市場脈動調整營業方向及腳步。

(3) 決策執行力高。

(4) 資金需求較低。

2. 缺點

(1) 企業規模狹小，資金能力不足，市場經濟變動幅度較大時恐無法適應。

(2) 決策過程無其他股東可供商議，常流於獨斷專行。

(3) 當營業狀況大好，必須擴大經營規模時，常無法有資金挹注，造成經營瓶頸、失去商機或週轉不靈。

(4) 不具有法人資格，若必須融資時，金融機構需視經營者之信用能力，評估是否貸放，所以經營者必須承擔營運所而之一切資金。

(5) 獨資之經營者依法必須負無限責任，故經營壓力將隨事業壯大而加大，同時無法改組為公司組織，其發展將受到相當限制。

二、合夥組織

合夥組織係經營2人以上共同出資，依商業登記法規定，向各地之縣（市）政府辦理商業登記。資本額25萬元以下，免提出資金證明。

1. 優點

(1) 集思廣益。

(2) 可提供的資金較獨資多。

(3) 工作上可分工合作，避免獨斷專行造成企業危機。

2. 缺點

(1) 合夥人皆對合夥企業負無限責任，當合夥人間財力不相當時，財力較雄厚者所承受的風險較高。

(2) 因合夥企業通常規模較小，募集資金的能力較弱，各人能再出資能力亦不同，容易造成合夥人之間的衝突。

(3) 當市場經濟變動較大時，亦無法適時調整經營腳步，若營業狀況大幅成長時，常會因為不易募得企業所需資金，而無法突破現狀，造成合夥人資金壓力大增。

(4) 未具法人資格，合夥人對外均負無限責任，當需要融資時，也常視合夥人之信用條件而定，若部份合夥人信用不佳，將很難融資成功。

(5) 無法改組為公司組織，影響發展，另外無法律上之獨立人格，不能購置企業所需之不動產，作為長程事業發展之基地。

▶5-1-2 公司

公司法第1條所稱之公司係以營利為目的，依照公司法組織、登記、成立之社團法人，公司法第2條原將公司分為無限公司、兩合公司、有限公司及股份有限公司4種型態，2015年6月15日修訂公司法時，增修了第13節閉鎖性股份有限公司。

無限公司指2人以上股東所組織，對公司債務負連帶無限清償責任之公司，兩合公司則是指1人以上無限責任股東，與1人以上有限責任股東所組織，其無限責任股東對公司債務負連帶無限清償責任；有限責任股東就其出資額爲限，對公司負其責任之公司。目前實務上，較少有這2種型態的公司，本書將不討論這2類的公司。

有限公司是由1人以上股東所組織，就其出資額爲限，對公司負其責任之公司。股份有限公司則是指2人以上股東或政府、法人股東1人所組織，全部資本分爲股份；股東就其所認股份，對公司負其責任之公司。

有限公司及股份有限公司的有限兩字的意義，指的是公司對外所負的經濟責任，以出資者所投入的資金爲限。倘若公司被債權人清算，債權人不可以從股東個人財產中索償。而無限公司則和商業登記的行號一樣，經營者必須對經營的公司承擔無限清償責任。

一、有限公司

有限公司的經營者需依公司法規定，向公司登記機關辦理公司登記後，再向營業所在地國稅稽徵機關辦理營業登記。其基本條件，依公司法規定股東至少1人，各就其出資額爲限，對公司負有限責任。

公司登記資本額，除許可法令特別規定外，公司申請設立時，最低資本額並不受限制，如經會計師依「會計師查核簽證公司登記資本額辦法」認定其資本足敷設立查核簽證日止之直接費用，登記機關即准予登記。設立查核簽證日止之直接費用之範圍，包括與公司設立直接有關之政府規費（如公司名稱及所營事業預查費、公司登記費、許可登記費等）、會計師簽證費、律師或會計師公費及所在地租金等費用。

1. 優點

(1) 股東僅對出資額負有限責任，每一股東有一表決權。

(2) 若公司事業規模日益擴大，可變更組織爲股份有限公司。

(3) 有限公司爲法人，在法律上可以獨立行使一切法律權利及義務，通常由家族人數補齊即可成立運作，也是目前微型企業及工作室除獨資型態外，適用最多之組織型態。

2. 缺點

(1) 一切活動須遵照公司法規定辦理，可能公司觸法而不知，造成無謂之損失。

(2) 股東多、意見亦多，開會無效率，不易提升獲利能力。

(3) 辦理主管機關各項登記時，手續較爲繁瑣，手續費也較高。

(4) 當公司不想經營時，尚需依法辦理清算，程序較爲不便。

二、股份有限公司

股份有限公司的經營者需依公司法規定，向公司登記機關辦理公司登記後，再向營業所在地國稅稽徵機關辦理營業登記。其基本條件，依公司法規定，需2人以上股東或政府、法人股東一人所組織，全部資本分爲股份，股東就其所認股份，對公司負其責任，選出董事至少3人、董事長1人，並選出監察人至少1人。

2019年7月6日立法院三讀通過公司法修正條文，除強化公司治理外，並賦予新創企業更大經營彈性與募資空間，同時回歸企業自治，開放非公開發行股票之公司得不設董事會。

因此，在公司法第192條增修第2項規定：公司得依章程規定不設董事會，置董事一人或二人。置董事一人者，以其爲董事長，董事會之職權並由該董事行使，不適用公司法中有關董事會之規定；置董事二人者，準用公司法有關董事會之規定。

非公開發行股票之公司得不設董事會的優點是增加企業經營效率性與決策應變速度，減少公司初期的經營管理成本、保障股東權益與增加公司的管理控制力。缺點則是公司經營治理事務獨攬、小股東權利縮水、影響外部投資意願。

目前公司登記資本額規定，除許可法令特別規定外，公司申請設立時，最低資本額並不受限制，惟公司申請設立時，依公司法第7條暨公司申請登記資本額查核辦法規定，股款證明應先經會計師查核簽證，併附會計師查核報告書辦理登記。

1. 優點

(1) 股東僅按出資額負有限責任，若公司持續成長擴大經營規模，可上市或上櫃。

(2) 股東採股份制，若合夥人理念不同，可藉股份移轉而處分之。

(3) 設有董事會，公司一切決策集中於此，組織調整相當有彈性。

(4) 當經營擴大規模時，所需資金較易取得。

2. 缺點

(1) 由於股東至少2人，董事至少3人，監察人至少1人以上，較不適用於商號或獨自經營之工作室。

(2) 組織大，相對成本較高，對一般小企業來說，初期資金壓力甚重。

(3) 經營亦必須符合公司法各項規定，以免受罰。

三、閉鎖型股份有限公司

閉鎖型股份有限公司是指股東人數不超過50人，在章程中訂有股份轉讓限制之非公開發行股票公司，強調的是股東間的契約規範和公司自治，且在章程中載明與規範股東轉讓股份的限制，以增加凝聚力於初創期股東之間的信賴感與使命感。

除了現金之外，股東可以用信用、勞務或技術做為公司資本，為使交易相對人便於查詢，主管機關會將閉鎖性公司的資訊公開於政府資訊網站上。股東如果要以信用、勞務或技術做為公司資本，因為技術、信用或勞務鑑價不易，故申請登記前須全體股東同意及會計師查核簽證。

在公司治理上，閉鎖型股份有限公司具有董事會、股東會及監察人型態，公司經營團隊可藉由複數表決權特別股、具否決權特別股或股東表決權協議鞏固經營權，因此仍維持股份有限公司治理機關之設置，以保障少數股東。

為有效吸引優秀員工股東長駐公司，公司可每半年將經營事業之盈餘分派給股東，盈餘之分派更可經由監察人查核後，由董事會決議行之，無須經由股東會承認。

在股票的發行上，閉鎖型股份有限公司也比較有彈性，可以發行無面額或低面額股票，可減輕創業時業主的公司資金壓力，也可以發行具有複數表決權之特別股與具有特定事項否決權之特別股，讓公司創辦人可有效保有經營主導權與強式業務推展力。

除了可以發行股票外，也可以洽特定人發行新股或發行可轉換公司債或附認股權公司債，或針對不同需求投資人發行可轉換公司債或附認股權公司債，俾有效吸引公司所需資金，作為營運管理使用。為激勵認同公司發展前景之員工，可對現有員工發行新股，搭配無票面額股票之發行，將有效留住現有人才與招攬優秀人員，讓公司持續保有競爭優勢。

創業小故事

專業服務的會計師

　　會計是一種服務性的活動，會計師事務所就是提供會計業務資訊之場所。隨著經濟、政治、社會等環境的變遷，工商企業的發展，企業規模日益擴大、專業分工日趨細密及科技發展日新月異，企業行號或非營利組織，其規劃經營、評估績效及確定營業方針，均須仰賴經營之資訊作為營運參考。

　　根據金管會在 2020 年的調查，到 2019 年底全台的會計師約 22,000 人，執業的會計師事務所有 1,270 家，其中 79% 是單獨執業，會計師事務所最多的地區是臺北市，有 505 家、占 44%，其次是新北市及臺中市均約 160 餘家，接著是高雄市 83 家、桃園市 54 家，大部分的事務所都是在 2011 年以前成立的，事務所的人數大多在 20 人以下，約占 90% 以上。

　　駱金龍在唸碩士班期間考到會計師高考，畢業後在勤業會計師事務所擔任稅務行政救濟的工作，即開始未來單獨執業的規劃。在做過市場調查後，為了不跟大事務所正面交鋒，他選擇在離臺北市不遠的桃園市開業。

會計師事務所不像一般門市，它是屬於 B2B 的產業，在行銷上無法用陌生拜訪的方式來開發客戶，而會計師的工作風險在於他無法控制客戶在資料上故意的隱瞞，會計師的營業模式又類似行號，常常需要負無限責任，為了降低風險，他在創業之初就決定不做上市上櫃的客戶，專注於服務中小企業。

　　於是，駱金龍決定在創業初期，以開課的方式來打開事務所的知名度，以吸引客戶上門，他不斷在外面開課，也透過客戶的介紹，讓新客戶能夠找上門，經過多年的努力，駱金龍的會計師事務所已有穩定的客源，他也開始思索如何才能擴大服務範圍。

　　除了在外面的協會或補習班開課外，為了深耕桃園，駱金龍在事務所內設計了一個符合消防安全的上課教室，教室除了在空檔可以外借，也成了他自己上課的場地，他也開始評估市場上需要什麼樣的課程，配合市場需要開出合適的課程。

　　會計師的工作看似單純，其實也是涵蓋了很多不同的專業領域，駱金龍在業務達到一定水準後，也開始規劃著未來朝向不同領域發展，以便服務不同需求的客戶，看著外面的藍天，從他的眼神中也看到了未來的希望。

5-2
商業登記實務

　　申請行號登記的流程如圖5-1所示，前3項作業會在本節中說明，營業人登記將在5-4節中說明。

✚ 圖5-1　行號設立流程

▶ 5-2-1　行號名稱預查

　　商業登記的主管機關為各縣市政府，所以，創業者要申請商號，應向行號所在地的縣市政府辦理。行號名字是區域性的，創業者要先想好1至5個名字，到經濟部商業司的全國工商入口網，查詢所要申請的行號名稱是否有與同地區既有的行號名稱重複，再申請行號名字預查（附件三）。

　　是不是所有營業行為都要辦理商業登記呢？依商業登記法第4條規定：攤販、家庭農、林、漁、牧業、家庭手工業及月營業額未達營業稅起徵點等小規模商業，是免辦商業登記的。營業稅的起徵點，依產業別而不同，目前買賣業是每月新臺幣8萬元、勞務業是每月新臺幣4萬元。

✤ 圖5-2　商業登記資料查詢

▶5-2-2　行號申請實務

申請人需備妥申請書（附件四）、負責人的身分證明文件、資本額超過新臺幣25萬元者需另附證明文件、所在地的建物所有權狀及登記費新臺幣1千元整，向所在地的縣市政府申請。若為合夥組織，需另外檢附合夥人的身分證明及合夥契約書。

建物所有權狀也可以用建物謄本、房屋稅籍證明、最近一期房屋稅或其他可以證明建物所有權人的文件代替。行號所在地的建物所有權人如果不是負責人或合夥人，應加附所有權人的同意書（附件五），所有權人的同意書也可以用租賃契約，或載明得辦理商業登記或供營業使用之租賃契約代之。

5-3
公司登記實務

　　申請公司設立的流程如圖5-3所示，前3項作業會在本節中說明，營業人登記將在5-4節中說明。

> 預查申請
>
> 存入資本額
>
> 公司設立登記
>
> 營業人登記

✚ 圖5-3　公司設立流程

▶ 5-3-1　公司名稱預查

　　公司名字是全國性的，創業者要先想好1至5個名字，到經濟部中部辦公室的網站查詢是否有與其他公司重複，如圖5-4所示，查詢所要申請的公司名稱是否有與既有的公司名稱重複，再申請公司名字預查（附件六）。也可以利用經濟部中部辦公室的網站查詢（預查流程網址如下：http://www.cto.moea.gov.tw/web/application/list.php?cid=74）或到一站式線上申請作業網站（如圖5-5），直接線上作業即可。

目前所在位置：首頁 〉 商工登記資料公示查詢系統 〉 公司登記資料查詢

經濟部－公司名稱暨所營事業預查輔助查詢

請選擇條件輸入資料

公司特取名稱： ［＿＿＿＿＿＿＿］ 若需輸入非標準BIG5字(罕用字)，請按此

（至少輸入兩個或兩個以上的中文字，且由公司名稱第一個字開始輸入，不得含有英文或阿拉伯數字）

※公司名稱如有違反其他法令，而侵害他人在先權利者，仍應依各該法令規定辦理。

※於申請公司登記之前，應先查詢是否已有著名註冊商標在先，以減少公司名稱與商標權衝突之爭議。
　●著名商標名錄及案例評析
　●商標檢索系統

［執行查詢］ ［重新輸入］

［本查詢項目自20070623 起共累積查詢 14771699 筆］

✚ 圖5-4　公司名稱查詢

▶5-3-2　有限公司申請實務

一、線上申請

　　經濟部中部辦公室提供線上申請的服務，在商業司的網站上有一個一站式線上申請作業，如圖5-5所示，創業者可以自己上網依步驟填寫資料，填好之後，可以直接轉帳付款或利用信用卡付款。

✤ 圖5-5　公司線上申請作業

二、實體申請

實體申請係由創業者備具以下文件，向權責單位以書面提出公司登記：

1. 公司設立登記申請書（附件七）

2. 章程影本（附件八）

3. 股東同意書（附件九）

4. 股東資格及身分證明文件

5. 董事同意書（附件十）

6. 董事資格及身分證明文件

7. 建物所有權人同意書

8. 最近一期房屋稅單影本

9. 委託會計師查核簽證之委託書、查核報告書及其附件正本

10. 設立登記表2份（附件十一）

▶ 5-3-3 股份有限公司申請實務

申請登記股份有限公司的程序，跟申請登記有限公司一樣需要預查，線上申請依然可以使用經濟部中部辦公室的一站式線上申請作業，在此不再贅述。實體書面申請所需的表單如下：

1. 公司設立登記申請書（附件七）

2. 章程影本（附件十二）

3. 發起人會議議事錄影本（附件十三）

4. 董事會議事錄（附件十四）及簽到簿影本（附件十五）

5. 董監事願任同意書影本（附件十六）

6. 發起人資格及身分證明文件

7. 董監事資格及身分證明文件

8. 建物所有權同意書影本（附件十七）

9. 最近一期房屋稅單影本

10.委託會計師查核簽證之委託書、查核報告書及其附件正本

11.發起人名冊影本（附件十八）

12.設立登記表2份（附件十九）

　　現行受理公司登記之服務機關計有經濟部（商業司、中部辦公室）、臺北市政府、高雄市政府、新北市政府、臺中市政府、臺南市政府、桃園市政府、經濟部加工出口區管理處、科技部新竹等3個科學園區管理局、屏東農業生物技術園區籌備處、交通部航港局及交通部民用航空局等15個受理機關。

↘ 表5-1　受理公司登記的機關

單位名稱	受理範圍	地址	洽詢電話
經濟部商業司	1.外商：分公司登記、辦事處登記 2.大陸商：許可、分公司登記、辦事處報備 3.本國公司：實收資本額新臺幣5億元以上之本國公司	臺北市福州街15號	412-1166
經濟部中部辦公室	實收資本額未達新臺幣5億元其所在地在臺灣省及福建省轄區內之本國公司	南投縣中興新村省府路4號	(049)2315634
臺北市政府（商業處）	實收資本額未達新臺幣5億元其所在地在臺北市轄區內之本國公司	臺北市市府路1號	(02)27596019
新北市政府（經濟發展局）	實收資本額未達新臺幣5億元其所在地在新北市轄區內之本國公司	新北市板橋區中山路1段161號	(02)29603456轉5401～5403
桃園市政府（經濟發展局）	實收資本額未達新臺幣5億元其所在地在桃園市轄區內之本國公司	桃園市桃園區縣府路1號	(03)3322101轉5165～5168
臺中市政府（經濟發展局）	實收資本額未達新臺幣5億元其所在地在臺中市轄區內之本國公司	臺中市西屯區臺灣大道三段99號	(04)22289111轉31368～31380
臺南市政府（經濟發展局）	實收資本額未達新臺幣5億元其所在地在臺南市轄區內之本國公司	臺南市安平區永華路2段6號（永華市政中心）、臺南市新營區民治路36號（民治市政中心）	(06)2991111、(06)6322231

單位名稱	受理範圍	地址	洽詢電話
高雄市政府（經濟發展局）	實收資本額未達新臺幣5億元其所在地在高雄市轄區內之本國公司	高雄市苓雅區四維三路2號	(07)3373194
經濟部加工出口區管理處	加工出口區內之公司	高雄市楠梓區加昌路600號	(07)3611212 轉332、333
科技部科學工業園區管理局	科技部科學工業園區內之公司（竹科、中科、南科）	新竹市新安路2號	(03)5773310
		臺中市西屯區中科路2號	(04)2565-8588 轉7513、7515
		臺南縣新市區南科三路22號	(06)5051001 轉2305
屏東農業生物技術園區籌備處	屏東農業生物技術園區內之公司	屏東縣長治鄉德和村神農路1號	(08)7623205
交通部航港局	海港自由貿易港區內之公司（自103年9月1日起實施）	基隆港 基隆市港西街6號4樓	(02)89783580
		臺北港 新北市八里區商港路123號	(02)89782560
		蘇澳港 宜蘭縣蘇澳鎮港區1號2樓	(03)9699083
		臺中港 臺中市梧棲區臨海路83之3號	(04)26642531
		安平港 臺南市南區新港路25號1樓	(06)3000273
		高雄港 高雄市鼓山區鼓山一路2號	(07)2620632
交通部民用航空局	桃園航空自由貿易港區內之公司（自103年9月1日起實施）	桃園市大園區航翔路101號3樓T3006室	(03)3982958、(03)3982959

5-4
稅籍登記

▶5-4-1　營業登記

　　創業者在完成公司登記或商業登記後，接著別忘了要辦理營業人登記，取得統一編號及稅籍編號，以便日後繳交營業稅與營業所得稅。辦理營業人登記需填具營業人登記申請書（如附件二十），向主管稽徵機關（各營業所在地國稅局）申請，稽徵機關收件審理、調查，就書面資料（或實地勘查）核定使用統一發票或者申請免用發票。

　　依法辦理公司或商業登記之營業人，辦理營業人登記時，除了需檢附商業登記核准文影本、當年度房屋稅單外，還要檢附負責人國民身分證影本證明文件1份，分公司負責人與總公司不同時，加附授權證明文件。

　　如果是合夥組織者，還要檢附其合夥契約副本（影本）1份，合夥人為未成年人者應檢送其法定代理人同意之證件，但已結婚者免附。公司組織則檢附其公司章程及股東名冊，公開發行之股份有限公司以董事、監察人名冊代替。（分公司或外國公司免附）

案例一

　　秀美開設一家水電材料公司，已向桃園市政府（經濟發展局）辦理公司登記，在公司開始營運後，稅務方面她還要做哪些事呢？

1. 在開始營業前一定要辦理營業登記，也就是由稽徵機關依公司登記主管機關提供之登記基本資料，據以辦理營業登記，並視為已依規定申請營業登記。

2. 稽徵機關審查相關資料後，會將課稅方式核定情形函復。

3. 秀美的公司獲准登記後，除了要設置帳簿按時記載外，要攜帶統一發票專用章、公司及負責人印章等相關資料向稽徵機關領用統一發票購票證，按期購買統一發票。

4. 開始營業以後銷售貨物或勞務時，除按照規定開立統一發票外，並要在每單月15日前申報前2個月的銷售額，繳納營業稅；如屬外銷適用零稅率者，得申請每月15日前申報前一個月的銷售額，報繳營業稅。

5. 公司所使用的土地的地價稅，將因此按一般稅率課徵；房屋稅則按營業用稅率課徵。

 案例二

秀美獨資開了一家美容工作坊，除應先向營業所在地縣政府辦理商業登記外在工作坊開始營運後，稅務方面她還要做哪些事呢？

1. 在開始營業前，要先辦理營業登記，由稽徵機關依據商業登記主管機關提供之登記基本資料，辦理營業登記，並視為已依規定申請營業登記。

2. 稽徵機關審查相關資料後，會將課稅方式核定情形函復。商店除了規模狹小或經營行業特殊由稽徵機關核定免用統一發票，查定每月銷售額，按季發單課徵營業稅外，稽徵機關均會核定使用統一發票。

3. 如經稽徵機關核定使用統一發票，就要攜帶統一發票專用章、商店及負責人印章等相關資料向稽徵機關領用統一發票購票證，按期購買統一發票，報繳營業稅，同時要設置帳簿，按時記載。

4. 工作坊所使用的土地的地價稅，將會按一般稅率課徵；房屋稅則按營業用稅率課徵。

▶5-4-2 免辦營業登記

並非所有的公司、行號都要辦理營業登記，加值型及非加值型營業稅法第29條規定了以下的例外狀況，不需辦理營業登記。

1. 政府機關。

2. 供應農業灌溉用水。

3. 醫院、診所等。

4. 托兒所、養老院等。

5. 學校、幼稚園等。

6. 職業學校不對外營業之實習商店。

7. 標售或義賣貨物及舉辦義演，其收入除支付標售、義賣之必要費用外，全部供該事業本身使用且依法組織之慈善救濟事業。

8. 依法組設不對外營業之員工福利機構。

9. 監獄工廠及其作業成品售賣所。

10. 代銷印花稅票或郵票勞務者。

11. 肩挑負販沿街叫賣者。

12. 飼料及未經加工之生鮮農、林、漁、牧產物、副產物；農、漁民銷售其收穫、捕獲之農、林、漁、牧產物、副產物。

13. 銷售捕獲魚介之漁民。

14. 經核准設立之學術、科技研究機構。

15. 民宿業者：鄉村住宅供民宿使用，在符合客房數5間以下，客房總面積不超過150平方公尺以下，及未僱用員工，自行經營情形下，將民宿視為家庭副業，得免辦營業登記，免徵營業稅。

16. 外國營利事業在我國境內設立之聯絡處或分公司，僅為其總機構辦理採購、驗貨、聯絡及管理等工作而無對外營業者，可免辦理營業登記，惟應向該管稽徵機關報備。

5-5
營業稅申報實務

▶5-5-1 營業稅課稅方式

一、營業稅

　　當公司、行號設立後，創業者開始經營事業，首先面臨的問題就是營業稅，營業稅是一種消費稅，它是對消費行為所課徵的租稅，但是，如果要求每位消費者在消費後，都去繳營業稅，豈

不是件勞民傷財的事，所以，在租稅制度的設計上，營業稅的納稅義務人不是消費者，而是銷售貨物及勞務的營業人。

營業人於銷售貨物或勞務，向買受人收取價款時，同時向買受人收取應繳納的稅額，再定時向稽徵機關報繳，則可以減少買受人繳交營業稅的不便，所以，營業稅也是一種銷售稅。

營業稅可分為加值型營業稅及非加值型營業稅，加值型營業稅是在各階段之銷售行為中，對其銷項稅額超過進項稅額之差額部分課稅，營業人支付加值型營業稅時，除法定情形外，其進項稅額可扣抵銷項稅額。

非加值型營業稅又稱為總額型營業稅，是按照銷售總額做為稅基予以課稅，因為進項稅額不能與銷項稅額扣抵，所以會成為銷售貨物或勞務時的額外成本。適用非加值型營業稅的行業包含：金融業、特種飲食業、小規模營業人、符合一定資格條件之視覺功能障礙者經營之按摩業及財政部規定免予申報銷售額之營業人等。

依據加值型及非加值型營業稅法第1條規定：凡在中華民國境內銷售貨物或勞務及進口貨物，均應課徵加值型及非加值型營業稅。由定義可知，只有在中華民國境內發生的交易行為才要課徵營業稅，進口貨物時，由於銷售者為國外廠商，我國政府對其無課稅管轄權，故由消費者負擔營業稅，商品出口時，商品的銷售者雖然在我國境內，但消費者卻在國外，不應該負擔我國的消費稅，故課以零稅率。

我國目前的營業稅係採加值型與總額型並行的制度，所以營業稅法的名稱亦修訂為：加值型及非加值型營業稅法，不同的課稅體系，其稅率亦不相同，整理如表5-2所示。

↘表5-2 營業稅稅率

稅別	營業人種類	稅率
加值型營業稅	一般營業人	5%
	外銷營業	0%
	免稅營業	免

稅別	營業人種類		稅率
非加值型營業稅	銀行業、保險業、信託投資業、證券業、期貨業、票券業及典當業	國內左列各業經營非專屬本業之銷售額	5%
		國內銀行業保險業經營銀行保險本業之銷售額	5%
		購買國外左列各業之非專屬本業勞務	5%
		購買國外銀行業保險業經營銀行保險本業勞務	5%
		國內左列各業經營銀行保險本業部分以外之專屬本業銷售額	2%
		購買國外左列各業經營銀行保險本業以外之專屬本業勞務	2%
		保險業之再保費收入	1%
	特種飲食業	酒家及有陪侍服務之茶室、咖啡廳、酒吧	25%
		夜總會及有娛樂節目之餐飲店	15%
	小規模營業人		1%
	農產品批發市場之承銷人及銷售農產品之小規模營業人		0.1%

二、加值型營業稅

　　加值型營業稅是指營業人銷售貨物或勞務的總收入，減去同一期間自其他納稅單位購進物品或勞務之總支出，並以其餘額作為稅基所課徵之租稅，而課稅之計算，是每一階段所增加的價值部分，故稱加值型營業稅。

　　加值型營業稅的優點為：

1. 採單一稅率，可消除重複課稅及稅上加稅。

2. 符合租稅中性原則。

3. 有自動勾稽功能，可防止逃漏稅。

4. 資本財實質免稅，具鼓勵儲蓄，促進投資之效，有利資本形成。

5. 外銷採用零稅率，可退稅，有利外銷之競爭。

6. 有中和直接稅與間接稅之缺點。

7. 擴大稅基，增加稅收。

8. 有抑制消費之作用。

加值型營業稅的缺點為：

1. 易造成物價上升通貨膨脹。

2. 若產銷階段處理不當，逃漏可能更大。

3. 繳納工作與手續較為繁複。

4. 觀念瞭解，不若總額型營業稅簡單。

5. 打擊加值稅率高之行業。

6. 具有累進性質。

7. 歧視尚未成功之企業。

加值型營業稅的計算可採稅基相減法或稅額相減法，稅基相減法是將營業人同一期間內銷售總額減掉進貨總額後，其餘額再乘稅率即得其當期稅負。稅額相減法則是營業人在某一期間內銷貨淨額應繳之稅額，減去同一期間進貨淨額已付稅額的差額，即為該營業人應納（退）的稅額。

1. 稅基相減法

稅基相減法的算法是以進項金額與銷項金額做基礎計算：

應納稅額＝（銷項金額—進項金額）×營業稅稅率

要注意的是：銷項金額並不等於銷貨金額，進項金額也不是進貨金額。銷項或進項的範圍，比銷貨或進貨的範圍還大，除了銷售以外，還包括固定資產、勞務的買賣及營業上所發生的費用。

 案例三

秀美開設一家水電材料公司，2021年4月她進貨800,000元，銷貨收入為1,200,000元，用稅基相減法，她應繳多少營業稅？

應納稅額＝（1,200,000—800,000）×5％＝20,000

如果當期的銷項金額小於進項金額，則相減後為負值，乘以營業稅稅率之後變成是溢付稅額，溢付稅額可抵繳以後的應納稅額或申請退稅。

2. 稅額相減法

若採稅額相減法，則是以進項稅額與銷項稅額做為計算的基礎：

> 應納稅額＝銷項稅額─進項稅額
>
> ＝銷項金額×營業稅稅率─進項金額×營業稅稅率

稅額相減法適用於進、銷項不同稅率的商品或服務，而且買方的進項稅額就是賣方的銷項稅額，可以互相勾稽，是目前普遍採用的計算方式。

 案例四

秀美開設一家水電材料公司，2021年3月她進貨800,000元，銷貨收入為1,200,000元，用稅額相減法她應繳多少營業稅？

> 應納稅額＝1,200,000×5%─800,000×5%＝20,000

三、非加值型營業稅

非加值型營業稅係對營業人的銷售總額課稅，所以，沒有進、銷項稅額計算及溢付稅額的問題，申報時應納稅額為：

> 應納稅額＝銷售總額×營業稅稅率

課徵非加值型營業稅的項目稱為特種稅額計算項目，主要包括特種飲食業、金融保險業、典當業及小規模營業人等，行業不同稅率亦不同，其稅率如表5-2所示。此外，農產品批發市場之承銷人、銷售農產品之小規模營業人或一般的小規模營業人，以及部分的特種飲食業及典當業等，銷售額由國稅局以查定方式認定，不用辦理申報。

四、零稅率

零稅率是指營業人銷售貨物或勞務時，仍須課稅，唯其適用之稅率零，故其稅額亦為零，其進項稅額可以申請退還。其適用的範圍為：

1. 外銷貨物。

2. 與外銷有關的勞務，或在國內提供而在國外使用之勞務。

3. 依法設立之免稅商店銷售與過境或出境旅客之貨物。

4. 銷售與免稅出口區內之區內事業、科學工業園區之園區事業、海關管理保稅工廠、保稅倉庫或物流中心之機器設備、原料、物料、燃料、半製品。

5. 國際間之運輸。但外國運輸事業在中華民國境內經營國際運輸業者，應以各該國對中華民國國際運輸事業予以相當待遇或免徵類似稅捐者為限。

6. 國際運輸用之船舶、航空器及遠洋漁船。

7. 銷售與國際運輸用之船舶、航空器及遠洋漁船所使用之貨物或修繕勞務。

8. 保稅區營業人銷售與課稅區營業人未輸往課稅區而直接出口之貨物。

9. 保稅區營業人銷售與課稅區營業人存入自由港區事業或海關管理之保稅倉庫、物流中心以供外銷之貨物。

五、免稅

　　免稅則是指營業人銷售貨物或勞務之時，免徵營業稅，故亦無稅額，但是其因免稅之進項稅額，則不得辦理退稅，故其優惠程度遠不及零稅率。根據加值型及非加值型營業稅法第8條之規定，銷售貨物或勞務免稅的範圍包括：

1. 出售之土地。

2. 供應之農田灌溉用水。

3. 醫院、診所、療養院所提供之醫療勞務、藥品與病房之住宿及膳食。

4. 托兒所、養老院、殘障福利機構提供之育、養服務。

5. 學校、幼稚園與其他教育文化機構提供之教育勞務及政府委託代辦之文化勞務。

6. 出版業發行經主管教育行政機關審定之各級學校所用教科書及經政府依法獎勵之重要學術專門著作。

7. 職業學校不對外營業之實習商店銷售之貨物或勞務。

8. 依法登記之報社、雜誌社、通訊社、電視台與廣播電台銷售其本事業之報紙、出版品、通訊稿、廣告、節目播映及節目撥出，但報社銷售之廣告及電視台之廣告播映不包括在內。

9. 合作社依法經營銷售與社員之貨物或勞務及政府委託其辦理之業務。

10. 農會、漁會、工會、商業會、工業會依法經營銷售與會員之貨物或勞務及政府委託其代辦之業務。

11. 依法組織之慈善救濟事業標售或義賣之貨物與舉辦之義演，其收入除支付標售、義賣及義演之必要費用外，全部供作該事業本身之用者。

12. 政府機關、公營事業及社會團體，依有關法令組設經營不對外營業之員工福利機構，銷售之貨物或勞務。

13. 監獄工廠及其作業成品售賣所銷售之貨物或勞務。

14. 郵政、電信機關依法經營之業務及政府核定之代辦業務。

15. 政府專賣事業銷售之專賣品及經許可銷售專賣品之營業人，依照規定價格銷售之專賣品。

16. 代銷印花稅票或郵票之勞務。

17. 肩挑負販沿街叫賣銷售之貨物或勞務。

18. 飼料及未經加工之生鮮、農、林、漁、牧產物與副產物。

19. 漁民銷售其捕獲之魚介。

20. 稻米、麵粉之銷售及碾米加工。

21. 依營業稅法規定特種稅額計算之營業人，銷售其非經常買進、賣出而持有之固定資產。

22. 保險業承辦政府推行之軍公教人員與其眷屬保險、勞工保險、學生保險、農、漁民保險、輸出保險及強制汽車第三人責任保險，以及其自保費收入中扣除之再保分出保費、人壽保險提存之責任準備金，但人壽保險、年金保險、健康保險退保收益及退保收回之責任準備金，不包括在內。

23. 各級政府發行之債券及依法應課徵證券交易稅之證券。

24. 各級政府機關標售贐餘或廢棄之物質。

25. 銷售與國防單位使用之武器、艦艇、飛機、戰車及與作戰有關之偵查、通訊器材。

26. 肥料、農藥、畜牧用藥、農耕用之機器設備及農地搬運車，所謂農耕用機器設備，以整地、插植、施肥、灌溉、排水、收穫及其他供農耕用之機器設備爲限。

27. 供沿岸、近海漁業使用之漁船及供漁船使用之機器設備、漁網。

28. 銀行業總、分行往來之利息，信託投資業運用委託人指定用途而盈虧歸委託人負擔之信託資金收入及典當業銷售不超過應收本息之流當品。

29. 金條、金塊、金片、金幣及純金之金飾或飾金。但加工費不在此限。

30. 經主管機關核准設立學術、科技研究機構提供之研究勞務。

31. 經營衍生性金融商品、公司債、金融債券、新臺幣拆款及外幣拆款之銷售額，但佣金及手續費不包括在內。

六、不可扣抵進項稅額項目

營業稅是一種消費稅，營業人購買貨物或勞務的進項稅額都可以與銷項稅額互抵，但是，以下幾項進項金額不得與銷項稅額互抵：

1. 購進之貨物或勞務未依規定取得並保存營業稅法第33條所列之憑證者。

2. 非供本業及附屬業務使用之貨物或勞務。但為協助國防建設、慰勞軍隊及對政府捐獻者，不在此限。

3. 交際應酬用之貨物或勞務。

4. 酬勞員工個人之貨物或勞務。

5. 自用乘人小汽車。

▶5-5-2 統一發票

一、統一發票種類與用途

依加值型及非加值型營業稅法規定，對於一般稅額計算，營業人銷售應稅貨物或勞務時，定價應含稅，並應依營業人開立銷售憑證時限表所定時限開立統一發票交付買受人。買受人為營業人時，銷售額與銷項稅額應於統一發票上分別列示；買受人為非營業人時，銷售額與銷項稅額應於統一發票上合併列示。對於特定稅額的計算，則依加值型及非加值型營業稅法規定，營業人僅在統一發票列示銷售稅額即可，無載明營業稅問題。統一發票的種類及用途如表5-3所示。

↘ 表5-3　統一發票種類及用途

發票種類	使用範圍	使用方法
三聯式統一發票	專供營業人銷售貨物或勞務與營業人	依一般稅額計算時使用
二聯式統一發票	專供營業人銷售貨物或勞務與非營業人	依一般稅額計算時使用
特種統一發票	專供營業人銷售貨物或勞務	依特種稅額計算時使用
收銀機統一發票	專供依一般稅額計算以收銀機開立統一發票之營業人銷售貨物或勞務時使用	其使用與申報，依「營業人使用收銀機辦法」之規定辦理
電子發票	指營業人銷售貨物或勞務與買受人時，以網際網路或其他電子方式開立、傳輸或接收之統一發票；其應有存根檔、收執檔及存證檔	依統一發票使用辦法第7條

二、發票作廢處理

1. 買受人為營業人

發票的買受人如果是營業人，該發票要作廢時，若尚未辦理扣抵，應將原發票的扣抵聯及收執聯都收回，並黏貼於原存根聯上註明作廢字樣。若已申報扣抵或因故無法回收扣抵聯及收執聯時，應取得買受人出具之銷貨退回或折讓證明單。

2. 買受人為非營業人

發票的買受人如果是非營業人，該發票要作廢時，若尚未辦理扣抵，應將原發票的收執聯收回，並黏貼於原存根聯上註明作廢字樣。若已申報扣抵，除應取得買受人出具之銷貨退回或折讓證明單外，並應收回原發票之收執聯，如收執聯無法回收，得以影本替代。

▶5-5-3　營業稅申報

一、營業稅申報時機

1. 自動報繳

營業人不論有無銷售額，應以每2月為一期，於次期開始15日內，填具規定格式之申報書，檢附退抵稅款及其他有關文件，向主管稽徵機關申報銷售額、應納或溢付營業稅額。

2. 查定課稅

小規模營業人營業額每月未達新臺幣20萬，可以申請免開統一發票，國稅局核定課稅，不論行號是否賺錢或虧損，每3個月會由國稅局寄出營業稅單，營業人自行依查定稅額繳納稅款。

3. 海關代繳

依加值型及非加值型營業稅法第41條規定，貨物進口時，應徵之營業稅，其營業稅由海關代徵，自海關填發稅款繳納證之翌日起14日內繳納。

二、申報方式

　　營業稅申報方式可分為人工申報、媒體申報及網路申報，人工申報可自行填妥401申報書（附件二十一）至稽徵機關繳納。媒體申報可至財政部電子申報繳稅服務網站（圖5-6）的軟體下載區，去下載營業稅電子申報繳稅系統，安裝後可自行申報。也可以透過財政部電子申報繳稅服務網站的線上繳稅功能，自行上網申報。

❖ 圖5-6　財政部電子申報繳稅服務網站

5-6
營利事業所得稅申報實務

▶5-6-1 營利事業所得稅

　　我國的營利事業所得稅係採屬人兼屬地主義，在所得稅法第3條中明確規範課稅之範圍有3類：

1. 凡是在中華民國境內經營的營利事業，應課徵營利事業所得稅。

2. 營利事業之總機構在中華民國境內者，應就其中華民國境內外全部營利事業所得，合併課徵營利事業所得稅。

3. 營利事業之總機構在中華民國境外，而有中華民國來源所得者，應就其中華民國境內的營利事業所得，依法課徵營利事業所得稅。

　　由以上規定看來，我國的營利事業所得稅的課徵原則，對在中華民國境內的營利事業，採屬人主義，境內外全部營利事業所得，都要合併課徵營利事業所得稅。對國外的營利事業則是採屬地主義，只要在我國境內有所得，就要課徵營利事業所得稅。

▶5-6-2 稅率

　　目前我國的營利事業所得稅有3種計算方式：

1. 課稅所得在12萬元（含）以下者免稅。

2. 所得超過12萬元不到20萬元（含）者，以課稅所得減12萬，除以2計算。

3. 所得超過20萬元（不含）以上者，就其全部課稅所得額課徵20％之營利事業所得稅。

 案例五

　　秀美開設一家水電材料公司，2020年的營業所得計算後為150,000元，她應繳納多少營利事業所得稅？

秀美的水電材料公司整年的營業所得為150,000元，已超過120,000元免稅的級距，因此，她的稅率為20%，稅額計算如下：

$$稅額＝150,000×20\%＝30,000$$

雖然，按照稅率算出該公司應繳納的營利事業所得稅為30,000元，但是，稅得稅法第5條第5項的但書又規定：應納稅額不得超過課稅所得額超過12萬元以上部分之半數。

依此規定，該公司課稅所得額超過12萬元的部分為30,000元，其半數為15,000元，所以，2020年度該公司應繳納的營利事業所得稅，應納稅額為15,000元而不是30,000元。

 案例六

秀美開設一家水電材料公司，2020年的營業所得計算後為510,000元，她應繳納多少營利事業所得稅？

秀美的水電材料公司整年的營業所得為510,000元，已超過120,000元免稅的級距，因此，應就其全部課稅所得課徵20%的營利事業所得稅，稅額計算如下：

$$稅額＝250,000×20\%＝102,000$$

按照稅率算出該公司應繳納的營利事業所得稅為102,000元。

▶5-6-3 申報方式

一、擴大書面審核申報

擴大書面審核申報是財稅機關為簡化企業營利事業所得稅申報作業，同時解決稅捐機關查稅人力不足的制度。凡是符合書面審核規定的案件，國稅局僅會對營利事業所得稅結算申報書做資料審核，不再調閱帳冊進行查稅，因此，這項制度也被稱為包稅制。

擴大書面審核申報的適用對象主要是以年營業額小於3,000萬元的中小企業，至於年營業額大於3,000萬元的企業，自動申報純益率若高於財政部規定的所得額標準，也可享有書面審核免調帳查稅優惠。至於各行業的純益率與所得額標準，每年由財政部視企業經濟景氣狀況核定。

二、查帳申報

查帳申報是根據企業所提示的帳據，查核核定其所得額。全年營業收入3,000萬元以上的企業，就其平時記載帳冊憑證先自行計算所得及繳交稅款後，再接受國稅局調帳查核決定調整增補稅款。

三、會計師簽證申報

年營業額在3,000萬元以上的企業，可以委任會計師查核簽證後申報。

▶5-6-4 營利事業所得稅申報

企業應於每年的5月申報前1年的營利事業所得稅，申報方式分為：人工申報、媒體申報及網路申報。人工申報係由人工填寫營利事業所得結算申報書，至國稅局各地稽徵處進行申報。

媒體申報是自行至財政部電子申報繳稅服務網站下載申報軟體，建檔後檢核前端程式，以光碟片遞送。

網路申報需先至財政部電子申報繳稅服務網站下載申報程式（如圖5-7所示），並安裝在自己的電腦中執行（如圖5-8所示），即可進行營利事業所得稅的申報作業。

❖ 圖5-7　營利事業所得稅申報軟體下載

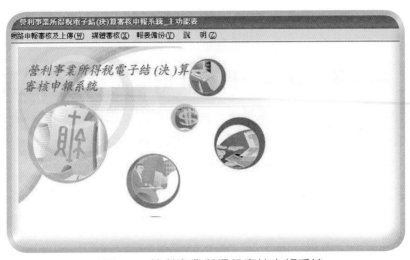

❖ 圖5-8 營利事業所得稅審核申報系統

個案研討

給小孩一個不一樣童年的曼藤寶育成長館

大學唸傳播的陳郁婷，畢業後一直學以致用，陸續從事過媒體行銷、政治公關行銷…等工作，也在工作多年之後去唸了企業管理碩士班，婚後隨著先生搬到了人生地不熟的桃園，開始當SOHO族自己接案。

小孩出生後，她看到了教育的亂象，於是開始關注兒童教育的議題，希望由自己的小孩做起，讓她們從小的時候除了有快樂的學習、歡樂的童年外，也要學會未來生活的習慣，而不是一個只會唸書的小孩。

看到教育部不停的端出12年國教、免試升學、特色學校…等各式各樣令人眼花撩亂的菜單，再看看民間教改人士所提出的在家自學、共學…等議題，讓陳郁婷在小孩還沒上學時，就開始煩惱教育的問題。

於是，她在接案工作之餘，就不斷的思索著，未來要給小孩什麼樣的教育，轉眼間小孩就面臨到入學的問題了，她也評估了選擇在家自學或共學的優、缺點，最後，考量孩子應該要有團體生活的經驗，還是選擇讓他們進入正規的教育體制內就讀。

同時，她也認為既然自己對兒童教育會有這樣的憂慮，應該也有很多媽媽會有同樣或類似的憂慮，她開始規劃提供一個不一樣的教育環境，讓孩子們在這裏除了能快樂的成長外，也可以學習到他們在學校教育中學不到的東西，於是，她去申請了勞動部的微型創業鳳凰貸款，決定自行創業來圓夢。

期望小孩日後都成能成為一座山，所以在取名時，就以英文的翻譯把它命名為曼藤寶育成長館。創業初期，由於經費有限，除了裝潢工程必須委由專業公司負責外，室內佈置則都是由她一手規劃，帶著小朋友自己動手做出來，讓她們都有參與感，陳郁婷很驕傲的指著牆上的蘋果說：「這些都是小朋友自己一針一線縫製的，沒有2個蘋果是一樣的，牆壁上的圖也是小朋友自己畫的，都有著特別的故事」。

❖ 室內佈置由陳郁婷一手規劃，並帶著小朋友動手製作

　　對於曼藤寶育成長館未來的營運規劃，陳郁婷說：「成長館的小朋友以國小三年級以下為主，來到這裏不是安親班，也不會要他們加強學校的功課，而是來快樂的學習學校沒有教的東西」，至於課程的內容，她也是採開放的思維，希望能跟不同專業的老師合作開班，美術班、故事班、戲劇班…等課程都可以開，對於成長館的教育理念，陳郁婷很堅定的說：「她期望來這裏的小朋友都能勇於創作，但不是沒規矩，要能敢於嘗試，創造自己的想像」。

　　對於未來的營運，陳郁婷始終認為：要規劃體制外的學習內容，是件不容易的事，創業是條艱辛的不歸路，但是，為了下一代的教育，她決定還是要堅持下去。

❖ 陳郁婷希望成長館的小朋友能敢於嘗試，創造自己的想像

創業故事大省思

在一切準備就緒之際，三人又為了要不要立案、要成立什麼樣的組織型態，展開一場舌戰，小君看到隔壁的早餐店，沒有去做工商登記，每天依然開門做生意，因此，主張不需要去登記。小香則認為做生意就要老實繳稅，主張去登記公司。小文覺得創業初期的營業額有限，登記公司後可能會有一些公司法的規定要去配合，會增加工作量，主張先去登記商號就好了。

就在三人吵的不可開交時，小君提議去找司馬特老師諮詢一下，聽聽老師的專業看法，於是三人就約了個下午茶的時間跟老師請教這個問題。老師聽完三人的想法，先對登記商號跟公司的差異做了說明。

商號可以是獨資也可以是合夥型式，適合規模小的企業，妳們若登記商號可採合夥型式，但商號不具法人資格，將來貸款不易，且合夥人對企業要負無限責任，商號的營業稅是查定課稅，每季按國稅局查定的稅額繳納即可。

公司分為有限公司及股份有限公司，以妳們目前的情形，若要登記公司可以先登記為有限公司，日後有需要再改為股份有限公司即可，公司具有法人資格，將來貸款會比商號容易，而且股東只需對其出資額或股份負責即可，不需負無限責任，營業稅則是依開立的發票繳交。

小文聽完司馬特老師的解說，提出她的疑問：什麼是無限責任？為了讓三人比較了解，司馬特老師舉了個例子說明，妳們三人各出 5 萬元成立了這個商號，如果有一天不小心，有客人吃了妳們的水餃，肚子痛去住院，要求妳們賠償醫藥費精神損失20 萬，雖然妳們資本額只有 15 萬，因為是無限責任，所以，妳們還是要設法找錢出來賠償。至於公司的話，股東就只要對他出資的部分負責即可，責任是有限的。

小君聽完覺得公司的風險似乎比較小一點，但是有限公司跟股份有限公司又有什麼差異呢？司馬特老師以她們為例繼續說，有限公司的股東只要 1 人以上就可以了，而股份有限公司需要有 3 位董事、1 位監事，以妳們現在的狀況，若要成立公司，還是以有限公司為宜。

問題

1. 你覺得她們賣水餃，成立商號還是公司比較有利？
2. 如果先成立商號，日後想變更為公司，可能會面臨什麼問題？

人力資源管理

本章架構

1. 透過工作說明書規劃人員配置

2. 政府提供企業哪些教育訓練資源

本章個案

• 員工管理

• 提供全方位 AOI 的睿靖科技

6-1
微型企業的人力資源管理

在工業社會中，一個成功的企業一定要擁有豐富的自然資源、充裕的資金、先進的技術及高素質的人力，到了21世紀，進入知識經濟的時代，自然資源與資金已不再是企業競爭的優勢，科技與人力資源（Human Resource, HR）將會成為企業決戰的關鍵因素。

當組織面臨到內、外在環境的改變時，經常要在人力資源管理（human resource management）上做變革，以因應環境的改變，如人口結構改變時，員工的背景、教育程度、工作態度…等都會隨之改變，因此，企業的人力資源管理也要採取適當的措施，才能回應環境的變化，所以，人對於一個組織而言，他可能是組織的力量，同時也可能是組織的限制。

既然人力資源已經成為企業競爭力的來源，企業看待員工的角度，也從成本變成是一種資源，在管理上，也從人事管理變成人力資源管理，到底什麼是人力資源管理呢？在不同的時代背景下，不同的學者也從不同的觀點切入，而有不同的定義，在丘周剛等人的研究中，認為廣義的人力資源管理包括：人力資源發展與人力資源管理二部分。

人力資源發展指企業對所有員工進行教育訓練，以提高其人力資源素質的活動，而人力資源管理則是指企業對員工的規劃、招募、培訓、升遷、調動…等，一直到其退休的整個管理過程。

人力資源管理在企業中的角色，已經變成是企業功能的一部分，它的功能主要在於處理組織中與人有關的工作，包括了選（人員招募、甄選）、訓（教育訓練）、用（派職、績效評估、職涯發展）、育（薪資福利、領導激勵、勞資關係）等4大工作。

一個具有規模的企業，人力資源都會有專門的部門及人員負責，視組織的大小而有不同的組織位階，但是，在一般小型企業中，受限於規模與資源，人力資源的工作大都由企業主一人處理，按照業主的經驗來找人、用人與給薪，微型企業更是沒有一定的組織與人員來處理人力資源的工作。

　　本書主要係提供微型創業者實務指導之用，衡酌微型企業主在創業階段的營運需求，因此，將重點置於工作分析、績效評估與教育訓練上，讓讀者知道如何透過工作分析找出需要的人力、在營運過程中對員工的績效進行評估、教育訓練如何執行，同時也提供政府對企業教育訓練的資源，至於深入的人力資源規劃，等企業成長後，再自行閱讀人力資源的書籍。

員工管理

　　林文祺在服役期間即自行利用假日習得木工裝潢的技術，退伍職訓又學習了水電工程，取得丙級技術士證書，結訓後先到水電工程公司工作，取得實務經驗，並考取甲種電匠，隨即選擇自行創業。

　　創業後如果只有一人，而沒有團隊，事業就無法做大，在室內設計這個行業，大部份的工班師傅也都是個體戶，隨著不同的老闆，過著像遊牧一樣的工作，如何選擇好的工班，則是事業成功的關鍵。創業初期同業的工班都不認識他，很難找到好的合作對象，因此尋找合作的工班就成了創業初期最重要的事。

　　工班的素質直接影響到施工品質，對於工班的選擇與管理，林文祺也運用他在軍中所學的領導統御技術，處處以身作則、身先士卒。由於工班師傅都是領日薪，每日跟隨不同老闆出工，且師傅良莠不齊，為維持施工品質，林文祺決定要建立自己的班底。於是在創業初期他開始大量進用木工師傅，再從工作中篩選出素質好、配合度高的師傅做為合作夥伴，創業至今，這些合作的工班已經追隨他10幾年，成了他的基本班底。

當初為了能留住這些師傅，林文祺也花了不少心思，他想到軍中所學的三信心，於是以誠信來帶領這些工班，為了讓大家能安心工作，首先他把發薪時間由一般的隔月發改為每週發，工程進行中若領到工程款，也會提前發給師傅，讓師傅不用擔心跟著他工作會領不到錢，同時他所給師傅的薪水也較同行為高，汰弱留強，留下優秀的師傅長期合作。

　　其次木工裝潢及水電師傅大多都會吃檳榔或抽煙，或多或少都會有殘渣掉落影響施工品質，為了改善這個現象，他鼓勵師傅戒煙、戒檳榔，只要工作時間不抽煙、不嚼檳榔，每日工資可各加 100 元，此舉成功的讓師傅戒掉香煙及檳榔，不但解決施工品質問題，更讓師傅身體變健康而獲得其家人的感謝。

　　秉持在軍中所學到的帶兵帶心，林文祺對於工班的師傅的管理是事必躬親、緊中帶鬆，在工地的每件事都帶著師傅一起做，而且最困難的工作都是自己親自去做，讓師傅們不好意思偷懶，但是該休息的時候也會讓師傅做適當的休息，以提升工作效率。因為自己都在現場，所以可以彈性的調配人力，運用下腳料免費替業主多做些裝飾，以提升自己的附加價值。

　　對於施工機具的保養，林文祺也把軍中裝備保養的觀念帶入公司，每日下班後，機具要清潔、保養維持可用才能入庫，每日上工前除了要檢查機具確保妥善外，耗材也要有備份，以免在工地臨時停工待料，俾維持當日的生產力。

　　在創業的過程中，林文祺也一直很感念他在軍中所養成良好的生活作息與體能鍛鍊，及負責任的工作態度，讓他在創業後可以隨時配合業主需求出工，加上領導統御及裝備保養的觀念，讓他一路上走來沒有什麼大的波折。看著桌上一張張的獎狀及感謝狀，林文祺心理想著：目前的工班師傅年紀漸增，遲早要面臨退休，如何才能把技藝傳承下去？

　　研究所畢業後，林文祺有感於自己年紀漸長，應該要培養後進，除了在中壢地區各大學兼課，把自己的經驗傳承給學子外，也開始做些回饋社會的公益活動，目前義務支援中原大學的服務學習課程、協助弱勢家庭及單位，同時也協助室內設計系畢業生的畢展佈展，將實務導入學校，希望透過這些活動能把木工裝潢的技藝繼續傳承下去。

6-2
工作分析

▶6-2-1 工作說明書

　　微型創業者面臨的最大的問題是資源有限、營運不確定性高，要雇用多少員工才足以應付日常營運需求，往往是件不容易的事，創業者普遍會擔心雇用太多人，卻沒有足夠的工作，造成營運成本的增加，雇用的人太少，又怕忙不過來，而一直糾葛在這種兩難的情節中。

　　本節將介紹一個評估的方法─工作分析（job analysis），企業的工作需要由人來完成，工作分析就是一種決定企業中各項工作職責，及擔任該項工作的員工所需具備的技能條件的程序，它可以提供企業中各項工作需求的資訊，讓企業可以利用這些資訊來制定工作說明書（job description）及工作規範（job spacification）。

　　工作說明書並沒有固定的格式，主要是用文字來敘述工作的內涵，其中包括基本資料（職稱、編號、等級、薪級、工作地點、直屬主管職稱…等）、工作概述、職責（主要產出、要求等）、職掌與活動、主要技能與方法、相關督導、工具或設備、情境（生、心理狀態、勞動條件與其他工作之關係等）等，可以讓讀者迅速瞭解一特定工作的概況。

　　工作規範則主要是由能圓滿達成工作績效為目標，來反向推論工作者應具備哪些職能，其中又可以分為一般職能（包括知識、技術、才能、及整體表現能力）與個人特質（包括性格、興趣價值觀、工作態度、動機、工作資歷）等兩部分，工作規範常常用文字敘述或條列的方式表現，有時候也會併入工作說明書之一部分，對於微創企業，建議可以把工作規範併在工作說明書中一起表列。

　　綜上所述，工作說明書著重在工作任務、職責與責任相關訊息的描述，所以，工作說明書中除了詳列了各項工作的工作內容與細節、職責及職權外，也提供了整個人力資源管理的基礎。

而工作規範則是說明要完成這項工作所需要的資格條件，它所關注的是完成工作內容所需的人的特質，因此，它對於人員招聘、甄選、調動與安置和對員工進行績效管理，都具有重大作用。工作規範的用途簡單的可歸納為：人力資源規劃、招募甄選、公平雇用的機會、制定報酬的參考、績效評估與訓練發展的依據。

　　工作分析是一個企業在做人力資源規劃時最基本的工作，它把工作內容、人員需求及企業目標做一個系統性的分析，再透過招募、選才、訓練與評估的機制，讓組織的人力資源能適才、適所的配置。創業者在創業初期，雖然資源有限，也可以試著利用這個系統性的方法，分析自己的人力需求，做為人員進用的參考。

　　常用的工作分析方法有：面談法、問卷法、觀察法、工作日誌法及綜合法。

1. 面談法

如果在職的員工對自己的工作很熟悉，而且也清楚的知道他的責任範圍，就可以採用面談法來做工作分析。面談法又可以分為結構式面談及非結構式面談，結構式面談是由訪談者事先準備好既定的格式進行面談，並預先設定好工作的所有適切的層面，而非結構式的面談格式則是在面談進行中發展的。

2. 問卷法

問卷法又稱為直接調查法或自行分析法，它是直接讓員工填寫問卷，包括內容描述與工作有關的責任與執掌，通常一份好的問卷被認為是最快捷而且最省時間，可以在短時間內收集大量資訊，不像面談那樣費時費力。

3. 觀察法

觀察法是為了要對所分析的工作獲得真實瞭解，到實地觀察工作技術及流程的方法，對於循環期短以及固定的工作，就適合用觀察法來分析，像組裝工人或是線上作業員的工作，就很容易用觀察的方式來了解。

4. 工作日誌法

由分析人員要求員工逐日記載所有的工作活動及花費的時間，以實際了解工作的狀況，若能接著跟工作者及其上司面談，則效果更好。

5. 綜合法

結合不同的方法來彈性運用，也就是說運用任何兩種以上的方法來合併使用收集資訊的方法，所有工作分析的方法皆有其優缺點，所以就其所需與具備條件來選擇適合的方法加以妥善運用，已達最佳分析工作之結果。

對於微型創業者而言，因為創業初期，組織中的職位有限，在做工作分析時，不見得以上的方法都適用於自己，可以視需要運用，同時也參考同業的營運狀況，評估自己的人力需求，製作適用於自己的工作說明書及工作規範。

↘ 表6-1　工作說明書

工作說明書				
基本資料	工作職稱		工作單位	
	直屬主管		職級	
	工作地點		薪資範圍	
工作職掌				
職能要求	專業科系			
	教育程度			
	專業年資			
	管理年資			
	關鍵技能			
	技能要求			
	語言			
	其他限制			

↘表6-2　工作說明書範例

工作說明書				
基本資料	工作職稱	財務經理	工作單位	財務部
	直屬主管	資深副總經理	職級	10～11職等
	工作地點	臺北	薪資範圍	10至13萬
工作職掌	1.建立並持續改善公司的財務會計系統 2.審核及分析所有財務報表 3.規劃公司資金運用及調度 4.與會計師溝通			
職能要求	專業科系	財務/會計/商學相關系所		
	教育程度	大學或研究所畢業		
	專業年資	10年以上財務/會計實務經驗		
	管理年資	5年以上管理工作經驗		
	關鍵技能	會計財稅、外匯管理		
	技能要求	問題分析與解決、積極主動、決策能力、領導能力		
	語言	國語、台語、英語		
	其他限制	無		

▶6-2-2　人員配置

　　也許讀者會覺得大費周章的做了工作說明書，有什麼功用呢？當一個企業開始成長、人員因業務量而增加後，常常會發生以下問題：

1. 勞逸不均

員工覺得工作量不均，使得工作負荷量高的員工感到不公平、造成工作滿意度降低，甚至會對組織與工作產生一些負面的看法。

2. 人員配置不適

因為工作的安排不當，讓很多人做重複性質高的工作，造成組織產生無謂的耗損，使得重要的事情反而沒人負責，嚴重的話甚至可能會導致商機的延誤與流失。

3. 員工職能不符需求

讓每個人從事最適合的工作，以求取組織最高的工作效率，是我們做管理工作最高目標。但是，創業者在組織規模擴大後，常常會有找來的員工不能用、教育訓練無法達到預期成果的感慨，為什麼會有這種懊悔呢？可能就是在當初徵人時，並沒有把每個職位所需要的知識、技術、能力與特質都盤點清楚，再依據此需求來找人，或者以此目標做為訓練員工的基礎，才會讓不適當的人來到不適當的位置。

4. 工作職責定義不清

績效考核是各企業的年終大戲，但是，常見的結果是：員工覺得工作很認真，主管給的考績卻與他的期待不符，造成員工心中不平，到年底時又對薪資感到不平。員工固然不該利用非正式網路訴說不平，企業更應該要把工作的任務、職責與責任釐清，並以據以要求員工的表現，讓個人的目標的加總等於團隊的目標，團隊目標的加總等於組織的目標。並且要定義好工作職責與內容，以做為可具體評估績效的基礎，以建立具競爭性的薪資結構。

企業主遇到以上問題，往往不知道如何解決，微型創業者在面臨業績成長，在組織一夕之間膨脹時，如果事前沒有規劃，常常就會不知所措。在創業初期如果能先思考各類工作的工作分析，進而寫出明確的工作說明及工作規範，再據以執行後續的人員招募、教育訓練、績效評估…，就不會造成以上的問題。

工作分析在人力資源管理上是一個基礎的工作，它的效益主要可以表現在3方面：組織管理、工作設計及人力資源管理。在做工作安排與設計時，可以達到以下的效益：

1. 增加工作附加價值

‧採用較具競爭力的工作方式

‧強化員工的培訓，改善工作品質

‧改善整體生產力、提升組織工作績效

2. 減少效益低的工作

- ·檢討不合理的工作
- ·刪除不必要的工作
- ·合併同質性的工作

3. 創造整合相乘效應

- ·減少內部消耗與阻力，創造相乘的經營效益。

4. 利用外部資源優化

- ·利用人力派遣、勞務外包的方式，把企業內的非核心工作交由外部專業
  單位執行，讓企業專注本務，以提升經營效益。

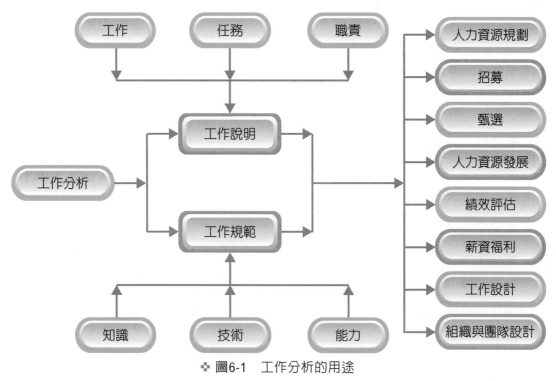

❖ 圖6-1 工作分析的用途

　　在人員合理化上，也可根據工作設計的工作說明書為基礎，來思考人員編制的問題，以達到節約用人，提高工作效率的要求，而不是隨個人好惡決定裁員的方式。理論上來說，人員編制必須在企業生產規模的基礎上，從數量上規定使用人員的標準，以達到人力的合理配置。

6-3
教育訓練

由於時代變遷，企業對於人力資源素質的需求，也隨之改變，學校教育已不能滿足企業對於人力的需求。從企業經營的角度來看，教育訓練的目的在提高組織內的人力資源素質，使受訓的員工能夠現學現用，也就是為用而訓。

訓練的目的在於讓員工能透過學習獲得特定的知識或技能，以增進其工作能力，進而能對組織的績效或發展，產生實質的效果。在這個目標之下，訓練的重點不外乎是：透過教育訓練使員工獲得特定知識或技能、使員工的潛能持續被開發。

教育訓練是組織用來提升人力資源素質的方法，其結果亦將對組織與個人造成直接或間接的影響，教育訓練的功能包括：增進員工素質、提升生產力、留才、發掘人才及增加組織競爭力。

1. 增進員工素質

有效的教育訓練，能透過一連串有系統的課程設計，除了可以讓員工提升自己的專業能力，也能使員工有機會回顧與檢討自己的學習能力，進而促使其願意投入學習。

2. 提升組織生產力

有效的教育訓練可以讓員工對其技能產生正面的回饋，並對組織的生產力提升有所幫助。

3. 留才

組織提供有效的教育訓練，一方面顧及員工的職涯發展，另一方面也可以藉由教育訓練將優秀的員工留下。

4. 發掘人才

對企業來說，員工在經過教育訓練回到工作崗位後，藉由對員工的訓後觀察評估，除了可檢討教育訓練的成效外，也有機會去發現特定員工的潛力及其發展瓶頸，以協助其突破瓶頸再次提升。

5. 增加組織競爭力

在很多競爭力的理論，很多學者都認為企業一定要有核心競爭力，針對核心競爭力來發展人力資源，但從另外一方面來看，非核心能力的知識可能會點出核心能力的盲點，透過廣泛的教育訓練，不但可以發展核心能力，還可能找出潛在的人力資源。

既然教育訓練對企業這麼重要，應該要如何規劃呢？這又要回到上一節所提的工作分析，根據工作說明書上所訂各職位所需的職能，分析目前該職務上的人員的職能落差，再根據職能落差規劃安排教育訓練的課程，以彌補企業的職能落差、提升競爭力。

6-4
政府提供的教育訓練資源

對微型企業而言，由於員工人數不多，要自辦教育訓練有其一定的難度，而且成本也高，政府對員工數50人以下的企業，提供小型企業人力提升計畫，以協助企業辦理教育訓練，提升企業的人力資源素質。對於員工數更少的微型企業員工，還可以透過三年七萬學習不斷產業人才投資方案，到開課單位上課，達到自我提升的目的。

▶6-4-1 小型企業人力提升計畫

凡是在國內依法辦理設立登記或營業（稅籍）登記，且受僱勞工參加就業保險之人數未滿51人之民間企業或具法人資格之組織團體，都可檢附申請表、設立登記文件、最近一期勞工保險繳款證明及明細表影本、最近一期納稅證明，向訓練地的勞動部勞動力發展署各分署申請辦理小型企業人力提升計畫，講師費及辦訓所需經費將由勞動部補助。

　　每一個企業1年可以申請1次，申請時可以用自己一家公司申請，也可以整合2家以上有相同課程需求的企業聯合申請。講師可以是自己內部的講師，也可以視需要外聘講師。

　　可以申請的課程範圍包括：經營策略及領導統御管理、資訊運用及技術提升能力、行銷管理及顧客服務、人力資源及財務金融管理及共通核心職能課程，其中共通核心職能課程時數不得少於前4項的10分之1。

▶6-4-2　產業人才投資方案

　　產業人才投資方案則是由民間訓練單位所辦的教育訓練課程，只要是年滿15歲以上具就業保險、勞工保險或農民保險被保險人身分之本國籍在職勞工，均可自行參加。

　　由政府補助參訓勞工80%或100%訓練費用，每人3年內最高補助7萬元，以激發勞工自主學習，加強專業知識或技能，提高職場競爭力。一般身分參訓學員補助80%訓練費用，由參訓學員須先繳付100%訓練費，於結訓合格後，再由訓練單位協助申領訓練補助。

　　對於中低收入戶、65歲以上或屬特定對象學員（獨力負擔家計者、中高齡者、身心障礙者、原住民、生活扶助戶中有工作能力者及其他依就業服務法第二十四條規定經中央主管機關認為有必要者），則由政府全額補助其學費。

個案研討

提供全方位AOI的睿靖科技

從事科技研發多年的洪建中，在中年離開了人人稱羨的國防科技單位，投入了資訊系統整合的工作，經過了幾年的事業高峰，為了加強經營管理，又去唸了清華大學的EMBA學程，在就學的過程中，洪建中體認到其企業所面臨的危機與風險，也萌生了企業轉型的意念，由於經濟大環境的不佳，公司營運狀況也不如往年，以及與老闆在企業經營上的看法不一致，洪建中在徵得老闆的同意下，驟然的離開了多年的工作。洪建中笑著說，上完清大EMBA後最大的收穫就是敢面對挑戰，自行創業。

洪建中離職之後開始思考著未來，如何運用他在系統整合上多年的經驗，為自己開創另一個事業。在離開資訊整合公司後，洪建中深知，想要掌握籌碼、要讓客戶尊敬、走向藍海，就必須掌握核心技術，才能夠有企業價值。

洪建中在與合作夥伴交換意見及討論後，決定與其合作，以自動光學檢測（Automated Optical Inspection, AOI）核心技術為主，開發高端需求之AOI設備，因為雖然市售AOI套件很多，但大多很陽春，無法提供目前產業技術開發之critical需求，如果設備商無自己的程式開發專業人員，幾乎是用不上的。而大的自動化設備商，通常也不願意去碰這種客製化的開發專案，這就是洪建中認為的藍海。

在創業後，就用很短的時間開發出第一套產品，替O-Ring廠商開發出的檢測模組，透過光學攝影機拍攝待檢物，把取得之影像利用自行開發的演算法及程式，計算其特徵值、辨識其瑕疵，再與資料庫中的規格做比對，快速在線上判斷產品的良窳，睿靖科技所開發的設備，每秒中可以檢測15個待測物，完全可以滿足大量生產的需求，大幅加速了檢測速度，節省大量人力。除了對O-Ring的檢測外，也將檢測技術應用到印刷物的檢驗，可以快速的比對印刷物的印刷瑕疵，判斷出瑕疵品。

有了一個好的開始，讓洪建中的信心大增，並且將這次的研發經驗應用到其他領域，業務的觸角也因此擴充到其他產業，除了鑽研影像辨識、比對的演算法外，他也正與清大EMBA的學長，著手規劃進行量測設備的開發，相信在不久的將來，即會有產品的問世。

睿靖科技在成立之初，就定位在以系統整合提供業者AOI的整體解決方案（Total Solution），因此，一直追求著頂尖技術研發，也非常重視研發人員的經驗傳承，但是，在技術發展不斷演進的過程中，還是面臨人力資源不足的窘境。

洪建中在面對這個問題時，也顯得很無奈，他說：「畢竟睿靖科技目前還是個小公司，好學校的學生不認識我們公司、也不願意來屈就，程式開發的工作，需要把具有程式寫作能力的設計師，培養成具有AOI領域知識的程式設計師，但是，即便在人力銀行的網站上進行招募，基本上其效果是非常有限的，不要說想找到好的人才，根本連投履歷的人都是屈指可數的，根本找不到人，更別說是人才。」

在睿靖科技的經營模式中，它扮演著應用軟體開發與系統整合的雙重角色，這二個角色都需要長期培養的程式設計師及工程師，才能及時完成工作，但是，人員招募不易的問題，一直困擾著洪建中。

在苦思多時一直不得其解之際，洪建中在與專業顧問研商後，決定自行培養合適的程式設計師，先從週邊的科技大學著手，跟資訊相關科系合作，提供學生暑假實習的機會，利用實習的時間，一方面培訓程式設計師，一方面評估合適的學生，在實習後提供他們成為正式員工的機會，希望藉此能讓員工穩定。

在工業4.0的時代裡，自動化生產將是實現工業4.0之必要作為，而在自動化生產線中，品質檢測是一個非常重要的環節，在洪建中的規劃中，引領睿靖科技成為一個專業的自動光學檢測方案的提供者，是他一個重要的目標，而穩定可用的人力資源是公司成長非常重要的關鍵，也是他現階段最關心的事。

創業故事大省思

　　經過了一段時間的營運，由於水餃的品質好、價錢公道，已經有不少的死忠粉絲，慢慢的三人發現產能已經面臨瓶頸，需要增加人力，才能應付訂單需求，於是，小君提議要招一些人進來幫忙包水餃，才能消化這些訂單，小文則擔心人招進來後，如果訂單量減少，要怎麼處理這些人？小香認為這不是問題，可以再找一些業務的人，去開發訂單就可以解決這個問題了。

　　小君聽完她們二人的意見，就更擔心了，首先是招進來的人，如果不會包水餃，又找不到已經會包水餃的熟手，要怎麼教會他們包水餃？業務也是一樣，如果找不到業務的熟手，要怎麼教會他去找訂單？到底要多少人才夠？這些問題一時都討論不出結果，三人這時才發現，原來人是這麼難處理的事啊！

　　於是，三人把這個問題拿出來跟司馬特老師討論，老師聽完她們的問題，並沒有直接告訴她們答案，反而問了一個問題：妳們覺得應該要再增加幾個人才合適？三個人互相看來看去，都無法回答出確定的人數。

　　司馬特老師看她們答不出來，給了她們一點提示：如果妳們沒有辦法評估要請多少員工，那就從銷售目標著手，妳們的營運計畫書中預估的銷售目標是多少？從這個銷售目標是不是可以估算產能，再從產能去推算需要多少人。

　　小文聽完又擔心銷售目標要如何達成？如果達不到而人又進來了怎麼辦？司馬特老師喝口咖啡笑著回答：銷售目標就要靠業務來達成了，必須要規劃每個業務需達成的目標，再決定要請多少人，這二件事是環環相扣的。小文聽到這裏，終於知道為什麼要有營運計畫書了。

　　接著小香又想到另外的問題，她也把握機會馬上提問：招進來的人能力不足怎麼辦？於是，司馬特老師提供了二種方法來解決員工能力不足的問題，其實員工能力不足，最重要的就是教育訓練了，教育訓練的方法有很多種，可以送到外部顧問公司上課，也可以自訓，以妳們的狀況，包水餃的員工以內部訓練較為可行，業務人員則可以考慮送到專業機構去做培訓。

創業故事大省思

　　這時小君立刻考量到成本問題，擔心花錢送業務到外面機構上完課，不久就離職了，而且，目前公司也沒有多的預算可以送訓。為解決教育訓練經費的問題，司馬特老師就告訴他們一個免費的資源，勞動部每年針對勞工人數不到 50 人的企業，提供一個人力提升計畫，由政府支付講師費用，讓企業進行員工的在職訓練，妳們可以規劃課程去申請補助，就可以不用花錢的培訓員工了。

問題

1. 請自行上網找出勞動部的人力提升計畫，並討論其內容。
2. 如果貴公司是勞工人數 50 人以下的公司，可以如何利用該計畫？

創業的資金需求

本章架構

1. 創業資金需求如何規劃
2. 財務槓桿運用
3. 募資管道

本章個案

- 另一種募資管道
- 銀髮族的幼稚園

7-1
資金需求規劃

創業離不開資金的需求，但是，創業者往往不知道創業資金到底要多少才夠，不知道如何規劃資金需求就不知道要怎麼去籌資比較適合。企業的營運資金如果以時間的長短來區分，可以分為短期資金需求及長期資金需求，長期資金的需求大多是因為資本支出所需，短期資金則是針對日常營運所需的資金。

微型創業者由於人力有限，所從事的行業別也是少數人即可運作，往往租了房子、裝潢後買些生財器具就開張營業了，而把長期資金跟短期資金混著用，這在短期可能還不會發生問題，但是，長期經營後，這種長短不分的財務運作，就會出現問題。

在創業時除了資本支出所需的長期資金外，還需要準備3～6個月的週轉金，以避免因為週轉不靈而倒閉，通常週轉金是日常營業所需的資金需求，包括營運資金與平日的經費支出。營運資金就像存貨、應收帳款等營業所需的資產投資，日常性的經費支出例如水電費、薪資、房租等開門營業就必須支出的費用。

為使微型創業者對於創業的資金需求有概略的了解，勞動部在2013年的創業指南中，就針對熱門的微型創業行業所需的資金，做調查統計如表7-1所示。

⬎ 表7-1　熱門微型創業所需資金統計表

行業	內容	所需資金
小吃	豆花、飯團、鍋貼、水煎包、紅豆餅…	15～100萬元
早餐	漢堡、三明治、飲料	30～50萬元
茶飲料	各式茶品	30～120萬元

行業	内容	所需資金
異國餐飲	咖哩、義、日式簡餐	30～100萬元
二手店	二手商品	50～60萬元
創意造型	造型設計、彩繪	50～100萬元
美容美髮	美容美妝、美髮、SPA保養、指甲彩繪	50～150萬元
烘焙	手工餅乾、蛋糕、西點	100～200萬元
健康題材	戶外生活、有機養生產品	100～300萬元
複合咖啡	咖啡、蛋糕、麵包	200～300萬元

▶ 7-1-1　創業資金規劃考量因素

　　營運所需的資金，不論是長期資金還是短期資金，其需求都要單獨的評估，要避免以長期資金來因應短期資金的需求，也不該以短期資金來支應長期資金的需求。

一、資金需求與創業目標有關

　　創業資金的需求跟企業的規模及創業者所要投入的產業特性、類別都有關係，當創業者的目標不同，他所需要的資金也就不一樣。

1. 資金回收期間

　　每個產業資金的回收期都不一樣，有些產業資金回收比較快，有些產業可能須長期投入方能回收資金。所以，創業者在創業前就要先評估，當資金較缺乏時，就絕對不能為了理想，而貿然投入資金必須要長期才能回收的產業，否則，很可能會因為資金的週轉不靈而造成創業失敗。

2. 產業特性

　　創業者所要投入產業的生命週期也是一個考量因素，創業者如果一時不察，投入一個進入衰退期的產業，即使選擇用低價的經營策略，想要在一片紅海中殺出一條生路也是件很困難的事。

　　如果投入的是處於萌芽期的產業，雖然產品未來的發展性很高，但是，卻必須經歷一段時間才能為市場所接納，所以需要大量的資金來渡過成長期，而且回收期間較長，創業者選擇此種產業，其資金需求也相對的較高。

3. 產業毛利率

毛利率較高的產業，面對像是匯率的變動、工資的調漲或是有競爭者介入，比較有緩衝的餘地，企業可獲利的機會仍然相對較高，因此，對資金的需求也相對的較低。

4. 商品特性

商品的週轉率也會影響到創業者的資金需求，經常性的消耗品或民生必需品產業，因消費者有經常性採購與消費的需求，所以，可以為企業帶來穩定的現金流入，相對於電冰箱或汽車等資本財，容易受到景氣循環的影響，現金流入較不穩定，風險也比較高，其資金的需求相對也較高。

二、資金需求與創業型態有關

創業型態不同、風險不同，因此，對資金的需求也會不同，微型創業的型態依分別有：自創品牌、個人工作室、加盟、代理、網路創業。

1. 自創品牌

當創業者在創業之初決定要自創品牌時，除了營運所需的生財器具、營運週轉金之外，建立品牌所需要的花費，相對的都會比較高。

2. 個人工作室

個人工作室大多為獨資或合夥的型態，創業所需的成本相對較低，除了材料成本外，主要成本為：辦公室租金、水電、電話…等費用。

3. 加盟

加盟也是一種創業模式，當創業者還沒有找到新的創業點子時，藉由別人已經成功的商業模式，做為自己的創業標竿（benchmark），可以大幅降低自己創業風險。加盟視不同的加盟主要求，需要有一定金額的加盟費用，以取得經營授權及營運輔導，其週轉金也因各加盟主對營收的管理而不同。

4. 代理

代理是藉由已經成功的品牌來發展自己的事業，除了可以降低產品開發的風險，也會大幅減少產品行銷成本。

5. 網路創業

網路創業是近來較新的創業模式，藉由網路與客戶接觸，進而銷售產品，除了網路拍賣之外，很多的產品也會藉由網路的官方網站銷售，由於沒有店面，所需的資金相對較少。

三、影響創業資金的因素

不同的創業型態會影響企業資金需求程度，通常在創業前創業者就會規劃企業營運時所需的設備成本及相關費用，並且規劃在每個階段可能需要雇用多少員工，此時薪資、保險費、退休金等相關的人事成本都應該加以考慮，而辦公室或營業場所是購買或租賃也會影響不同的創業資金需求。最後，企業設立的開辦費、帳務處理費以及存出保證金都不可忽略，在創業規劃時期，創業資金的需求考慮得愈詳細，創業成功的機率就愈高。

創業者在規劃創業資金需求時，除了公司設立所需的費用外，還需要考量的項目有：營運資金、產品週轉率、應收帳款週轉率、營業型態。

1. 營運資金

在公司設立之後，公司營運相關費用就開始發生，包括：人員薪資、場地租金、水電費用、電話費、利息費用、文具費用…等，由於每個企業的銷貨模式與收款模式都不一定相同，所以，所需準備的營運資金也不盡相同，通常在創業初期，最少要準備3到6個月的營運週轉金比較安全。

2. 產品週轉率

製造業的產品週轉率也影響到企業的資金需求，如果企業要投入產品生產的時間愈長，所需準備的資金就愈多，相反地，投入產品生產的時間愈短，所需準備的資金也就愈少。

對買賣業來說，商品的供應商在國內或國外也會產生不同的資金需求，如果供應商是在國內，因為採購的時間較短，因此存貨水準可以比較低，資金需求相對較低。如果商品的供應商是在國外，就要考慮商品通關、運輸的時間，需要在國內建立較高的存貨安全存量，因而所需的資金需求相對也較高。

3. 應收帳款週轉率

一般企業的銷售方式，可分為現銷與賒銷兩種，採用現銷的公司在銷貨的時候，立即就可以收到現金，所以對營運資金的需求相對較少。但是，採用賒銷方式的公司，在銷售時，並無法立即取得現金，在應收帳款兌現之前，公司需要先行支付營運相關費用，因而會有較高的營運資金需求，而且應收帳款週轉率愈低的公司，營運週轉金的需求愈多。

4. 營業型態

製造業除了有製造部門外，還有銷售、管理部門，所以需要考慮各部門人員的招募訓練及各部門人事費用的支出、原物料採購資金外，同時還需要考慮辦公室、廠房及設備的資本需求。

▶ 7-1-2　預估創業資金的需求

創業者因為沒有經驗，往往不知如何著手去預估創業的資金需求，而只能隨便的估一個數字，這個數字其實是沒有意義的。為了讓創業者在預估創業資金需求時，有一個可以依循參考的方向，可以從三個構面來進行估計，第一個構面是創業時必須一次支付的資金需求，第二個構面是營運週轉金，第三個構面是現金流量的缺口。

一、一次性支出

創業的一次性支出包括：設立的開辦費、房租押金、辦公室裝潢及生財器具…等，通常這些一次性的支出都是資本支出，要由未來長期營運中去攤提。

小明因為中年失業，打算自行創業，以他在職期間所學的專業，從事3D列印的代工服務，為了估算創業的資金需求，他先把公司成立時所需的資金逐列出，並做出統計表如表7-2所示。

↘ 表7-2　預估公司成立資金需求

單位：元

項目	金額	項目	金額
房租押金	60,000	交通設備	74,000
電話	10,000	辦公室設備	40,000

項目	金額	項目	金額
水電設備	20,000	辦公室家俱	50,000
機器設備	300,000	進貨	100,000
辦公室裝潢	100,000	公司登記費	12,000
		合計	**766,000**

二、營運週轉金

　　營運資金可以分為固定成本與變動成本兩部分，固定成本（fixed cost）是每個月營運時固定要支出項目與金額，也就是公司不會隨生產數量增加而增加的支出，例如管理人員薪資、水電費及保險…等。而變動成本（variable cost）就是會隨生產量增加而遞增的費用，例如生產人員工資及原物料…等。

　　因為變動成本會隨產量而變動，成本在產品銷售後就會回收，所以，在思考週轉金需求時暫時不考慮它。固定成本需要由銷售的現金流來支應，如果企業每月營運的現金流出大於現金流入，就可能會有短期資金的缺口，造成沒錢支應每月的固定成本。為了避免營運造成的短期資金缺口，企業都會準備正常營運所需的週轉金，週轉金的額度視產業別而有不同，通常都會維持3至6個月的固定成本做為週轉金之用。

　　小明的3D列印店在創業之前，也根據以往工作經驗，預估出每月營運所需的固定成本及變動成本如表7-3所示。

↘ 表7-3　預估每月營運資金需求

單位：元

項目	金額	項目	金額
固定成本			
管理人員薪資	90,000	電話費	1,500
租金	15,000	顧問費	5,000
保險費	3,000	教育訓練	5,000
水費	500	行銷費用	5,000
電費	5,000	稅	2,000
		固定成本合計	132,000

項目	金額	項目	金額
變動成本			
生產人員薪資	100,000	包裝費	15,000
原物料	50,000	運費	30,000
加工費	40,000	其他	5,000
		變動成本合計	240,000

三、現金流量的缺口

　　由現金流量預估表中可以事先了解到公司的現金需求的變化，當公司發現當月份現金不足時，才能適時的透過相關融資管道來因應。創業者在預估現金流量時，首先要預估當月份銷售量，根據銷售量預估現金收入，預估相關費用的現金支付。最後要計算出企業在損益平衡點（Breakeven Point, BEP）之前的資金缺口，列入創業資金需求，做為營運所需之用。

　　小明創業的3D列印店，也根據銷售量預估出前6個月的現金收入與現金支出如表7-4所示。從表7-4中可以看出：小明的3D列印店預估要到第3個月才會達到損益平衡，前2個月的資金缺口為：

$$現金流量缺口＝（-66,000元）＋（-16,500元）＝-82,500元$$

↘ 表7-4　現金流量預估表

單位：元

項目 ＼ 月份	1	2	3	4	5	6
現金收入	114,000	199,500	319,200	381,900	399,000	427,500
現金支出	180,000	216,000	266,400	292,800	300,000	312,000
差額	-66,000	-16,500	52,800	89,100	99,000	115,500

四、創業資金需求

　　公司的創業資金需求包括公司設立資金需求、營運週轉金及預估現金流量缺口，以本案例小明的3D列印店，如果準備3個月的營運週轉金，則他在創業之初的資金需求為：

$$創業資金需求＝766,000＋（132,000×3）＋82,500＝1,244,500$$

7-2
財務槓桿運用

　　當創業者預估出創業所需的資金需求後，接下來面臨的問題是錢從哪裏來？創業者如果能做好現金流量管理，不僅可以減少創業成本的支出，也可以降低創業資金需求，讓自己可以將精力專注投入在公司的營運與管理上。

　　創業的資金來源，不外乎是創業者的自有資金與向親朋好友或銀行借貸來資金，很多人在創業之前都會質疑到底該不該借錢來創業？其實以自有資金創業及以借貸資金創業，是各有優缺點與風險的，端視創業者對風險的管理程度而定。

　　我們在投資時常會聽到財務槓桿（financial leverage）的運用，在企業經營時也會用到財務槓桿的概念。什麼是財務槓桿呢？可不可以適用到創業時的資金規劃呢？

　　槓桿原理我們在小的時候就有學過，也許大家都忘了，再回憶一下，阿基米德說過：「只要給我一個支點，給我一根足夠長的槓桿，我也可以推動地球。」，當一個系統在靜止平衡時，作用在系統上的各力矩總和為零，這種現象稱為槓桿原理，我們日常所用的剪刀、老虎鉗、翹翹板就是利用這種原理製成的，當槓桿的施力臂很長、抗力臂很短時，那就是省力工具，我們只需要一個很小的力，就可以舉起一個重物。

施力　　　　　　　　抗力

❖ 圖7-1　槓桿原理

　　在談財務槓桿之前，先來回憶一下會計恆等式如下，會計恆等式左邊的資產是支撐企業正常營運的基礎，包括前面說的創業時設立公司的一次性支出、營運週轉金及現金流量缺口。右邊則是這些營運資產的來源，也就是資金的來源，創業者投入的自有資金就是股東權益，跟銀行或親朋好友借貸來的就是負債。

資產＝負債＋股東權益

把這個原理應用到財務上，就有所謂的財務槓桿，財務槓桿所要處理的是會計恆等式右邊的負債與股東權益的配置問題，也就是創業者的自有資金與舉債的配置比例。

　　企業的財務槓桿如圖7-2所示，不管是舉債或自有資金都有成本問題，舉債取得的資金要付利息，自有資金則有資產報酬率的問題，資產報酬率就是創業者運用其資產，在營運週期中所創造的利潤。

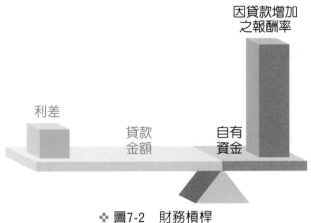

❖ 圖7-2　財務槓桿

　　一般人在創業初期，考量風險性，大多會採取自有資金經營的方式，其獲利就是資產在期末的淨值與期初的淨值之差，資產報酬率的計算方式如下：

$$總報酬率 = 資產報酬率 = \frac{期末淨值}{期初淨值} - 1$$

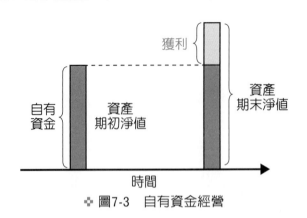

❖ 圖7-3　自有資金經營

由資產報酬率的公式來看，它跟資金取得的方式是沒有關係的，但是，創業者的資金配置方式，會不會影響到自己的報酬率呢？因為創業者在創業初期的自有資金有限，如果透過合理的財務槓桿運用，會不會提高報酬率呢？

也許讀者會懷疑，如果全部以自有資金投入創業，可以不考慮支付利息的問題，但是舉債經營就會產生利息支出，照理說實質獲利會變少才是，怎麼會報酬率反而變高了呢？

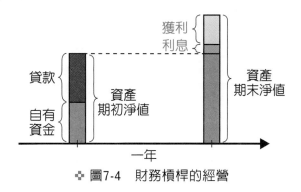

❖ 圖7-4　財務槓桿的經營

舉債經營的模式如圖7-4所示，因為舉債，所以，企業在期初的資產淨值為自有資金與貸款所構成，期末的總報酬率則是：

$$總報酬率 = 資產報酬率 + \underbrace{\frac{貸款}{自有資金}}_{槓桿倍數} \times \underbrace{\left(資產報酬率 - 利率\right)}_{利差}$$

由這個公式可以看出：當創業者完全以自有資金經營，沒有任何貸款時，他在期末的總報酬率就是資產報酬率。當他決定舉債經營時，就會產生槓桿倍數，如果經營所產生的資產報酬高於貸款的利率，到了期末的總報酬率就會比完全以自有資金經營的總報酬率高。

接下來以同一家公司、不同策略的營運模式，讓讀者了解舉債經營與不舉債經營之間的差異。假設東南公司有1,000萬股，2015年的息前稅前利益（Earning Before Interest and Taxes, EBIT）為2,000萬元，如果完全以自有資金經營，沒有利息支出，所以稅前利益仍然是2,000萬元，以此稅基所需繳納的所得稅為340萬元，其稅後利益為1,660萬元，當年度的每股盈餘（Earning per Share, EPS）為每股1.7元。

➘ 表7-5　自有資金與舉債經營之比較

	自有資金經營	舉債經營
息前稅前利益	2,000	2,000
利息費用	-	400
稅前利益	2,000	1,600
所得稅（17%）	340	272
稅後利益	1,660	1,328
股數	1,000	500
EPS	1.7	2.7

同樣的情形，如果公司一半的資金來自銀行借款，又會有什麼改變呢？此時，股東權益變為500萬股，5,000萬元的銀行借款以年利率8%計算，每年要繳的利息為400萬元。

因此，稅前利益變成1,600萬元，以此稅基所需繳納的所得稅為272萬元，其稅後利益為1,328萬元，雖然看起來帳面上的稅後利益比用自有資金經營低，但是，它的股數只有500萬股，所以，當年度的每股盈餘為每股2.7元，反而比較高。

7-3
創櫃板

具有一定規模的公司,可以透過股票公開發行,而到證券市場去募資,對於微型創業者而言,上市、上

櫃還是件遙不可及的事,政府為了扶植眾多公司資本、營業規模甚小且缺乏資金,但具有創意且未來發展潛力無窮的微型創新企業,於2014年1月在證券櫃檯買賣中心(以下簡稱櫃買中心)以創意櫃檯的意涵設置創櫃板。

創櫃板定位為提供具創新、創意構想之非公開發行微型企業創業輔導籌資機制,具股權籌資功能,但不具交易功能,採差異化管理及統籌輔導策略,以協助扶植我國微型創新企業之成長茁壯。

▶7-3-1 創櫃板對企業的助益

一、免辦理公開發行

現行公司進入資本市場前,都需要先辦公開發行,其財報須經會計師查核簽證、建置內部控制制度,並取得會計師出具內控專審報告等,但上述規定對微型創新企業而言均為甚高之成本負擔,而登錄創櫃板並無沒有這些規定,可以節省公司成本。

二、享有免費輔導

微型創新企業因資本額通常很小而欠缺資金,如果要按正常上市上櫃程序,尋求證券承銷商、會計師等中介機構協助輔導建置相關制度,對其成本負擔可能無法承受。登錄創櫃板前的公設聯合輔導機制,提供微型創新企業會計、內控、行銷及法制等輔導,並輔導公司建置簡易內部控制及會計制度,並落實公司治理。

三、籌資成本低

創櫃板提供籌資功能,讓微型企業可以較低之成本募得營運所需資金。

四、擴大營運規模提升知名度

微型企業登錄創櫃板,除了可以募集資金、擴大營運規模外,亦可提升公司知名度,有利於招募優秀人才、拓展行銷通路,進而提昇公司之競爭力,維持企業永續經營。

▶7-3-2 創櫃板的限制

一、公司籌資的限制

創櫃板增資股份之法源,係公司辦理現金增資時依公司法第267條規定保留予員工及原股東認購而其未認購之部分;若為籌備處辦理募集設立,則為公司發起人依公司法第132條規定不認足公司股份之部分。

受輔導公司或籌備處辦理登錄創櫃板前之現金增資或募集設立,提出透過創櫃板供投資人認購之股本面額不得逾新臺幣1,500萬元。但受輔導公司或籌備處於申請登錄創櫃板時已取具推薦單位之推薦函或「公司具創新創意意見書」者,不受不得逾新臺幣1,500萬元之限制。

二、投資人投資的限制

由於在創櫃板的企業不是已設立的微型企業,就是正在籌備中的微型企業,雖然創櫃板會要求他們揭露各項資訊,但是,即使如此嚴密的管理,仍然存在著一定的風險。

所以,櫃買中心對參與創櫃板之投資人,視其是否為專業投資人而有不同控管機制,以便將投資人可能承風險及損失控制在一定程度。

1. 若為非專業投資人,應於創櫃板公司籌資系統確認「風險預告書」後始得進行認購作業,經系統檢核未逾其投資限額,即完成投資人之認購作業。其投資限額為最近一年內透過創櫃板對所有創櫃板公司認購投資股票累計金額不得逾新臺幣6萬元。

2. 若為專業投資人，則不設限。

3. 公司登錄創櫃板前之原始股東認購自家股票不受最近一年內認購投資創櫃板股票累計金額新臺幣6萬元之限制。

▶7-3-3　創櫃板登錄

一、登錄資格

　　申請登錄創櫃板，需具備下列資格條件，並檢具「登錄創櫃板申請書」向櫃買中心提出申請：

1. 依我國公司法組織設立之股份有限公司或有限公司；募集設立股份有限公司之籌備處。

2. 公司資本額或募集設立所規劃之資本額未逾新臺幣5,000萬元，但取具中央目的事業主管機關、科技部、縣（市）以上層級政府、國家實驗研究院、工業技術研究院、商業發展研究院、資訊工業策進會或其他提出申請經櫃買中心認可機關之推薦函或「公司具創新創意意見書」者，不在此限。

3. 具創新、創意及未來發展潛力者。

4. 無設立年限、獲利能力限制。

5. 願接受櫃買中心「公設聯合輔導機制」者。

▶二、登錄創櫃板流程

　　微型企業登錄創櫃板的流程如圖7-5所示。

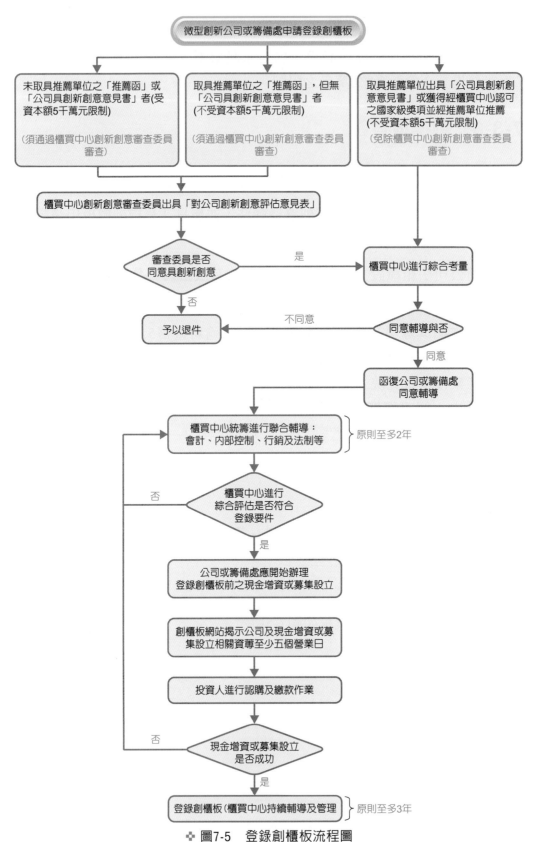

❖ 圖7-5 登錄創櫃板流程圖

▶ 7-3-4 登錄創櫃板的審查輔導程序

一、第一階段審查

第一階段審查係由櫃買中心結合外部專家共同進行創意創新審查，當櫃買中心接獲申請後，會洽請相關領域之外部專家對該公司之技術、產品或營運模式中出具創意創新審查評估意見。若經半數以上外部專家同意，通過創意創新審查，且經櫃買中心綜合考量適宜者，則納為統籌輔導之對象。

如果公司或籌備處於提出申請時，業已取具推薦單位所出具之「公司具創新創意意見書」或獲得經櫃買中心認可之國家級獎項並經推薦單位推薦者，因其創新或創意概念業經前開單位或國家級獎項審查認可，將不再進行創意創新審查，但是，仍然需要經過櫃買中心綜合評估，才納入統籌輔導之對象。

二、由公設聯合輔導機制統籌輔導

通過創意審查的公司或取具「公司具創新創意意見書」或獲得經櫃買中心認可之國家級獎項並經推薦單位推薦者，櫃買中心會循「公設聯合輔導機制」進行統籌輔導，將結合各單位，提供該等微型創新企業之會計、內控、行銷及法制等輔導，並輔導其建置簡易內部控制及會計制度，並落實公司治理。以上的輔導期原則上不超過2年，若經櫃買中心認為有需要等合理原因者，得延長輔導時間。

三、第二階段審查

第二階段審查是登錄創櫃板前的審查，公司或籌備處經「公設聯合輔導機制」輔導一段期間後，經初步評估其適合登錄創櫃板，且經徵詢其規劃登錄時程亦可配合者，即進行登錄創櫃板前之審查。

此階段之審查重點包括申請公司經營團隊、董事會運作、內部控制及會計制度是否健全建立並有效執行，且會計處理符合商業會計法之規定等，並評估其登錄創櫃板前之增資計畫之可行性與合理性。若通過審查者，將通知公司辦理創櫃板前之籌資。

四、辦理創櫃板前之募資作業

公司或籌備處辦理登錄創櫃板前之籌資，需將公司辦理籌資之相關資訊於櫃買中心網站之創櫃板專區進行公告，再由投資人於該中心創櫃板籌資平台進行認購，倘公司未能順利吸引投資大眾認同出資認購，完成籌資作業，代表投資大眾接受度不高，則仍無法登錄創櫃板。

五、登錄創櫃板

公司或籌備處於完成創櫃板前之籌資並辦理變更登記或設立登記後，即可擇定登錄創櫃板日期，正式成為創櫃板公司。櫃買中心將給予股票代碼4碼，其日後公開發行、登錄興櫃及上櫃（市）掛牌繼續沿用，一碼到底。

六、登錄後持續輔導及監理

公司登錄創櫃板後，櫃買中心亦持續輔導其財務透明化、及內部控制制度有效執行，亦請公司派員不定期參加相關研習課程，使其公司體質更加健全。為激勵登錄創櫃板之公司加速成長，進而上（興）櫃掛牌交易，及集中資源用於全力輔導具潛力之微型創新企業，以免資源分散，故登錄創櫃板期間不宜逾3年，期以加速創櫃板公司公開發行並登錄興櫃交易，進而申請上櫃，擴大其營業規模。

另一種募資管道

　　企業的運作，資金是非常重要的一環，在創業初期，黃昭棋也是跟大部分的創業者一樣，以自有資金做為創業之用，但是，當企業擴張之後，資金的需求隨即跟著來了。

　　微型企業的資源本來就少，很難找到專業投資人的資金挹注，有資金需求時，大多只能從週邊的親朋好友求救，然而親朋好友投資了錢，因為不了解公司的運作，又怕自己的錢血本無歸，往往會過度關心，反而會造成經營者的困擾。

　　近年政府為了讓中小企業容易在公開市場上取得資金，推動創櫃板，因為黃昭棋曾獲桃園地方型 SBIR 計畫與曾入選桃園亮點，因此桃園市政府邀請黃昭棋參加創櫃板的說明會。黃昭棋看了這個募資管道後，積極參與，一方面增加公司知名度，並讓公司更上一層樓，一方面也希望透過市場，取得資金。但是在投入之後才發覺事情不是想像的單純，以一個微型企業的人力，實在無法負擔這些文書作業。

　　黃昭棋因為近年持續獲得不同獎項，公司也慢慢的提高了能見度，而獲邀參加了募資選拔會，雖然當次效果並不好，但也為他開啟了一扇門。接著在一次中小企業總會所舉辦的媒合會上，因為公司已在車聯網及穿戴式物聯網有所成就，受到創國精密公司陶嘉莉總經理的青睞，願意投入資金，同時也在自己公司留了個空間，讓黃昭棋的團隊從中原大學育成中心搬過來。

眼看著創櫃板輔導期程即將屆滿之際，在一個偶然的機會裏，黃昭棋認識了當時瑞科科技副董事長呂瑞玲，在了解公司在上創櫃板的困境後，呂副董找了國內知名會計師事務所來協助公司，並導入輔導資源，終於在櫃買中心的輔導期限內，於 2016 年 12 月 26 日完成創櫃板登錄，也成功的募集到小額的資金。

在登錄創櫃板之後，曝光度也增加，黃昭棋發現很多大廠的訂單都是透過創櫃板而來，甚至還有竹科的工程師已偷偷的關注公司多時，一等到上櫃募資，就立刻投資公司。

回想這段歷程，黃昭棋不斷的感謝這一路上的貴人相助，在登錄創櫃板的過程中，雖然行政程序繁雜到差點想放棄，但是經過這次的改造，公司內部財務透明，只有一套帳，反而把事情單純化，也奠定了挑戰下一階段的基礎。

7-4
群眾募資

微型創業最缺乏的就是資金，除了登錄創櫃板外，目前還有另一個募資的管道就是群眾募資（crowdfunding），它是透過網際網路揭露計畫內容、原始設計與創意作品，並向大眾解釋讓此作品量產或實現的計畫，讓有興趣支持、參與及購買的群眾，可藉由贊助的方式，讓此計畫、設計或夢想得以實現。

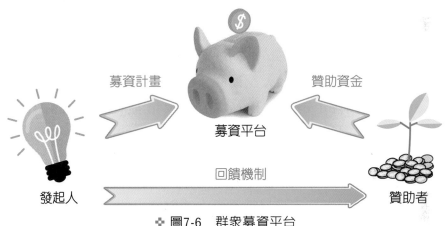

✚ 圖7-6　群眾募資平台

依據美國全國群眾募資協會（National Crowdfunding Association, NLCFA）定義，群眾募資就是社會大眾透過小額資金的贊助，發揮群體集結的力量，支持個人或組織使其目標或專案得以執行完成。

早在1997年時，英國的Marillion樂團就透過Artist Share平台，利用了群眾募資的方式，獲得6萬美元的費用，成功的完成在美國的巡迴演出，網路的崛起讓群眾募資可以透過網路更有效率的進行，也打破傳統的資金管道。

▶7-4-1　群眾募資市場

根據Massolution Crowdfunding Report的調查，在2012年4月時，全球有452個活絡的群眾募資平台，到了2012年底增加到536個平台數，8個月內增加幅度約達18.5%。成功募資的專案數超過100萬件，募資總金額約27億美元，較2011年成長81%。

2015年的報告則顯示：2014年全球的募資平台已經增加到超過1,200個，募資金額超過160億美元，較2013年增加了60億美元，成長率約170%，以地區統計，北美地區的群眾募資金額還是最多，約95億美元，成長率約145%，亞洲地區的募資金額約34億美元，雖然金額比北美少，但是成長比率最高約320%，歐洲的募資金額跟亞洲差不多，約爲33億美元，但成長率則約爲140%。

▶7-4-2　群眾募資型態

　　群眾募資是一種充滿魅力的籌資方式，除了解決資金門檻之外，還能藉由募資活動測試市場水溫，達到產品行銷效果。群眾募資可分爲3大類別：捐贈（donation-based crowdfunding）及回饋（reward-based crowdfunding）、股權性質（equity-based crowdfunding）及債權性質（lending-based crowdfunding）。

一、捐贈

　　捐贈型募資的贊助者，不會獲得實質上或財務上的報酬，贊助者僅僅能獲得心靈上、情感上或名聲上的回饋，例如捐款贊助拍攝自行車環島紀錄片，提案者會在紀錄片結束後，把贊助者的姓名列在感謝名單中。臺灣目前的群眾募資平台，多屬此類。

二、回饋

　　回饋型募資是對於願意提供資金的投資者，提案者在計畫完成後，依照當初所約定的條件，給予非貨幣價值等值的回饋，而非給予贊助者實質金錢上的報酬。例如就前面的案例而言，捐款贊助拍攝自行車環島紀錄片，提案者會在紀錄片結束後，致贈每一贊助者一份紀錄片。

三、股權性質

　　股權型募資係由提案者透過集資平台公布公司的營運狀況、財務狀況及所需要的資金總額，依照符合法律相關的規定，向一般大眾募集資金。願意提供資金的投資者，依照約定的方式付款。

贊助者投入資金後會獲得股權，若未來營運狀況良好，價值提昇，則贊助者獲得的股權價值也相對應地提高。因為涉及股東權利的行使，受到證券交易法的限制，櫃買中心正準備設置管理辦法。

四、債權性質

　　債權型募資就是提案者依據平台的規定提出專案，其專案包含的內容有借款目的、所需額度、付款額度、資金使用的方式、還款的方式、還款的金額、還款的時間等等相關資訊，向一般大眾借款，而願意提供資金的贊助者經由約定的方式付款，爾後根據募款時所約定的條件獲得償還的本金與利息。

▶7-4-3　募資方式

一、All-or-Nothing

　　每一個募資計畫中，提案者都會寫明募資金額，在All-or-Nothing的募資模式，除非提案者募集到的資金達到或超過在專案中所設立的募資額度，否則認定專案募資失敗，提案者不會收到任何資金。

二、Keep-It-All

　　在Keep-It-All機制中，不論該專案募集的資金是否有達到專案所設立的資金額度，只要有贊助者願意支持並依照捐款規則指定款項，該捐款就會進入提案者的帳戶中。

　　群眾募資的概念從國外引入國內，目前不只民間機構成立網站從事群眾募資，政府部門也紛紛投入，本節將介紹櫃買中心、經濟部等官方設置的募資平台及目前國內比較知名的募資平台，供創業者運用。

▶7-4-4 經濟部的募資平台

經濟部中小企業處為推動創新創業，協助有創意的科技創業團隊（或個人）實現其創新產品或服務，設立了一個一站式的創業資源管理平台—Aplustart，連結廣泛的創業支持資源，包括：資金、業師輔導團隊、可移轉技術、創新創業法規諮詢…等，以儘快地幫助有志創業者找到投資者，協助研究成果行銷、技術移轉。

❖ 圖7-7　Aplustart網站

Aplustart網站的網址是：https://info.moeasmea.gov.tw/article-wpi-811-807，網站中除了提供提案的功能外，也有創業輔導團隊及可移轉技術資料庫，協助創業者尋找協助及技術。

▶7-4-5 群眾募資平台

國外從2008年開始陸續有群眾募資平台推出，如Indiegogo及Kickstarter，國內的噴噴、FlyingV也從2012年開始成立，掀起募資平台的熱潮，也提供微型創業者一個募資的管道，筆者把常見的群眾資平台的網址羅列於表7-6中，供讀者參考，以下將介紹幾家國內的群眾募資平台，讓讀者了解其運作模式，俾做為日後運用的參考。

↘ 表7-6 常見的群眾募資平台

	募資平台名稱	網址
國外	CircleUp	https://circleup.com/
	CrowdCube	https://www.crowdcube.com/
	EquityNet	https://www.equitynet.com/
	fundersclub	https://fundersclub.com/
	GoFundMe	https://www.gofundme.com/
	Indiegogo	https://www.indiegogo.com/
	kickstarter	https://www.kickstarter.com/
	Lending Club	https://www.lendingclub.com/
	Makuake	https://www.makuake.com/
	Medstartr	http://www.medstartr.com/
	PLEDGEMUSIC	https://music.us/pledgemusic
	Realty Mogul	https://www.realtymogul.com/
	seedinvest	https://www.seedinvest.com/
國內	FlyingV	http://www.flyingv.cc/
	方格子	https://vocus.cc
	uDesign	https://udesign.udnfunlife.com/mall/Cc1a00.do
	ZecZec噴噴	https://www.zeczec.com/
	創夢	http://www.ditfunding.com/
	群募貝果	https://www.webackers.com/

一、FlyingV

FlyingV於2012年4月23日正式上線,為目前國內最大的群眾募資網站,提案性質以文化創意、商品設計為主,專案類別包含音樂、影片、展演、設計商品等。

刊登專案和贊助均為免費,待募資成功後,FlyingV收取募資金額的8%作為維持平台營運費用,募資者則在完成提案或產品量產後提供實質回饋予出資者,募資者若未達募款門檻,則平台不予收費,並將贊助款退回原贊助者。

❖ 圖7-8　FlyingV

二、嘖嘖

嘖嘖為國內第一個商業營利的群眾集資平台,於2012年2月上線,網站內容以藝文創作、設計為主,募資者透過預購的方式,經由平台尋求社會大眾的款項支持,並提供實質的回饋給贊助者。

嘖嘖也是在募資成功後,收取募資總額的8%作為平台租用費,並扣除交付手續費後將餘款交付予募資者,若募資者提案失敗,未達募款門款,則不予收費,並將贊助款退回原贊助者。

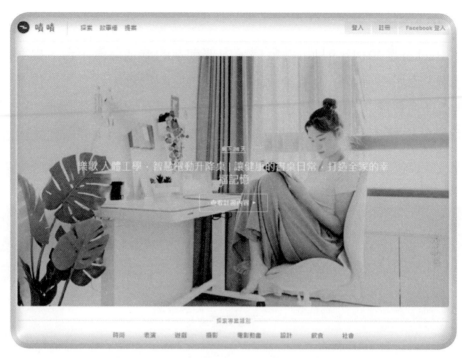

✦ 圖7-9　嘖嘖

三、創夢市集

　　創夢市集是由樂陞、遊戲橘子、華義、昱泉、網銀國際及台新金創投等6家公司共同出資的新創公司，透過創業育成、群眾募資與創業投資等方式，企圖集結臺灣遊戲、行動應用、文化創意產業的創業能量，提供全方位的發展規劃，支持新創產業，為臺灣產業注入創新豐沛的能量，2017年2月推出創夢實驗室，專注於領投種子輪，並從中發掘高成長標的，聯合6大股東進行後續天使輪的投資。

✦ 圖7-10　創夢市集

四、WeBacker

　　WeBacker是2014年9月自遊戲橘子內部創業的群眾募資平台，提案類型包括：藝術、出版、音樂、影視、設計、科技、遊戲動漫、驚喜、公益等，發起提案無需任何費用，在募款到達集資目標之後，平台會收取募款成功總金額的8%做為網站維護費用，其餘贊助金額將會全數交給提案人來完成提案內容。

✤ 圖7-11　WeBacker

個案研討

銀髮族的幼稚園

根據聯合國世界衛生組織的定義：年齡65歲以上的人稱為高齡者，當一個國家65歲的老年人口超過全國總人口的7％，就稱之為高齡化社會（ageing society），當老年人口比 超過14%時，則稱之為高齡社會（aged society），預估到2050時，義大利、德國、日本等國的高齡化程 將超過35%。

我國於1993年高齡人口就已達總人口的7.1％，進入高齡化社會，根據國家發展委員會的統計，我國65歲以上的人口，在2014年約占全國人口的12%，與14歲以下的人口數接近。在2016年，65歲以上的老年人口與15歲以下的幼兒人口人數相當，2017年之後，65歲以上的老年人口開始超過15歲以下的幼兒人口，臺灣將正式進入高齡社會。

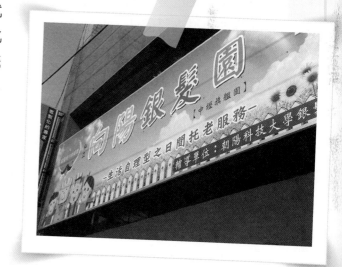

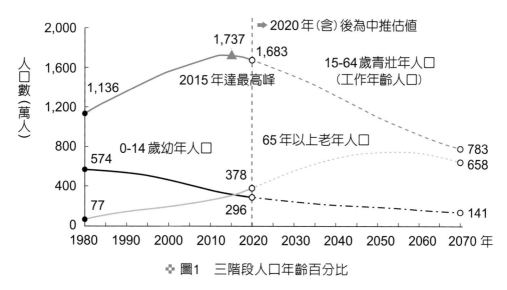

◆ 圖1　三階段人口年齡百分比

隨著國人生活與教育水準的提高，高齡者對生活品質的要求也逐漸提高，單由政府所提供的老人福利服務，已經不足以滿足高齡者的需求，借由民間力量　來開拓銀髮產業，　滿足老年人食、衣、住、行、教育休閒、醫療保健、安養照顧、信託儲蓄等要求，已是不可避免的趨勢。王清子主任與李曉君園長看到這樣的趨勢，幾經思考評估，於是成立向陽銀髮園。

　　人生總是有很多的意外，很少人能夠平順的過一輩子，但是，意外也給人們帶來不同的機會。王主任在專科畢業後，進入臺中知名建設公司，從工地的基層開始做起，因工作認真獲主管信任，歷經工地主任至採購經理，但公司在一次風暴中結束營運，王主任也遭到波及，財富一夕歸零，帶著僅存的4,000元回到桃園重新開始。

❖ 銀髮園老人家與同儕及年輕人互動

　　王主任回到桃園後，跟隨母親從事保險經紀人的工作，在這份工作中，他開始接觸到金融理財，也看到了國內目前人口老化的現象，在一次偶然的機會中，他看到了遠見雜誌對國內人口老化問題的剖析，於是開始思考未來如何才能讓老人家的活的快樂、有尊嚴，也激起他從事銀髮產業心志。

　　由於國內目前對銀髮組的照護，大多都是朝照護中心或養生村的方向發展，住在這裏的老人家大多是行動不便，需要人照顧，王主任評估這個產

❖ 老人家銀髮園的實作作品

業已是紅海，貿然投入不但需要大量的資金，也面臨現有競爭者的競爭，又無法讓住在裏面的老人家活的快樂。

經過市場訪查後，終於發現朝陽科技大學的銀髮產業管理系所研發的銀髮園一系列的課程，可以透過年輕的老師帶動，讓老人家能與同儕及年輕人互動，達到快樂生活的目的。

在朝陽科技大學的實習過程中，王主任與李園長除了親身參與課程的規劃外，並在朝陽銀髮園中參與實作，在與同學一起實習的過程中，他們發現銀髮園中的老人家每天都快快樂樂的呼朋引伴一起來上課，臉上也有了笑容，這是跟一般坊間的養生村或照護中心最大的不同，最重要的，這樣的環境是跟他們當初想創業的初衷是一致的。

在深受感動之後下定決心，王主任與李園長正式與朝陽科技大學簽訂產學合作計畫，將銀髮產業管理系所研發的教材導入，同時，也提供該校學生實習的場所，成為朝陽科技大學第一家技轉的機構。

所有問題都在簽約後開始浮現，首先是辦公司登記，坊間的照護中心或養生村，都是受社會福利法所規範，而銀髮園的經營模式並不像渠等，因此，首先面臨社會福利法不適用的問題，經過多方折衝之後，終於完成公司登記。

在公司登記完成後，營業場所也依朝陽科技大學所規劃的裝潢後，接著就面臨到招生的問題，由於向陽銀髮園是採就地養老的營運模式，就像幼稚園一樣，老人家早上來上課，晚上下課後就回到自己的家中，這樣的經營模式在國內是第一個，如何招生是一個問題。

針對招生的問題，王主任說現階段要做陌生拜訪有一定的困難，目前還是只能透過DM、派報，結合鄉里互動的方式，把自己推出去，再透過體驗活動，讓有興趣的人變成客戶。

為了讓來到銀髮園的長輩都能快樂生活，王主任在課程及活動的安排上，除了導入朝陽科技大學的課程外，也精心設計活動，藉由同儕的力量，鼓勵老人家儘量能夠自理各

❖ 透過家庭連絡簿讓家人了解長輩白天生活狀況，並達到互動效果

項生活所需。同時，也師法學校，每天將老人家在園內的活動情形，透過家庭連絡簿，讓子女知道長輩白天的生活狀況，進而產生互動。

對於未來的營運規劃，王主任眼中充滿希望，他認為未來老年人口勢必會逐年增加，但是，大部分的老人都還是生龍活虎，在這段時間，我們可以提供他們一個快樂、有尊嚴的老年生活，在這裏他們都還能有各自的社交空間，也可以透過活動不致於讓身體過於快速老化。

同時，他也開始規劃未來的展店計畫，目前的總店將兼具新人及管理人員的教育訓練基地，未來新店的主管都將在此受訓與實習，以維持一致的服務水準，在達到一定的規模時，也將自行尋找適合的輔具，開發出專屬的教材，提升自己的附加價值。

歷經籌劃一年，向陽銀髮園於正式對外開幕，承蒙桃園市社會局局長、中壢區區長、朝陽科技大學校長、總務長、系主任，各級長官及民意代表、里長們，親臨指導、剪綵及祝福，誠如向陽園的全體員工共同的心願「咱ㄟ阿公、咱ㄟ阿嬤、咱～作伙來照顧」，創造一個安全、健康、充實、快樂的家，是向陽銀髮園對未來追求及履行的經營目標。

創業故事大省思

　　在創業之始，小君、小香及小文為了要準備多少錢才夠營運之需感到頭痛，準備太少怕要用錢的時候不夠，如果要準備太多錢，又怕自己的錢不夠，於是，三個人開始思考開店到底要花多錢？從這裏來決定要準備的錢，但總是擔心會少算了什麼。

　　所以，三人決定再去找司馬特老師談談，司馬特老師聽完他們的問題，先要他們確定要不要開門店，小文直覺的回答當然要有門店，小香則認為創業初期是透過親朋好友銷售，暫時不需要門店，司馬特老師看看小君，沒有等到答案，於是，他接著說，要不要門店這件事，關係到妳們第一筆資金的投入，妳們要先確認。

　　小文認為創業賣東西就要有門店，這個想法沒有錯，小香認為創業初期靠關係行銷，暫時不用門店也沒錯，但是，如果妳們沒有共識，在創業資金的需求上就會有落差。有了門店就需要裝潢的費用，沒有門店就少了這筆費用。

　　其次，妳們在規劃資金需求的時候，可以思考哪些東西是開店時一次就要準備好的？哪些是營運時再陸續進貨就可以的？像桌椅板凳、鍋碗瓢盆之類的，就是屬於要一次到位的東西，這個預算一定要有，妳們才能運作，像材料的錢，每次銷售就會有現金流入，就不需要全額準備，只需要準備週轉金就可以。

　　小君聽完老師的解釋，還是感到疑惑，開不開門店在資金上有那麼大的差異嗎？司馬特老師喝口咖啡接著說，如果妳們打算暫時不開門店，就會少了桌椅板凳、冷氣裝潢的費用，只需要準備買鍋碗瓢盆的預算，當然，也可能在某個人的家裏生產，連租金都可以暫時先省下來。

　　營運週轉金通常會準備 3~6 個月，主要是用來應付日常營運所需的費用，包含了員工薪水、水電瓦斯費…等固定成本，至於水餃皮、餡料、調味料…等變動成本，則是在水餃賣完後就會回收，沒有全額準備足，對營運的衝擊相對不會那麼大。

　　還有一個很重要的資金需求也要考量，一般人都會沒注意到，就是在營運達到損益平衡前的資金缺口，在營運還沒有到達損益平衡時，營運收入比營運成本還小，需要經費去維持這段時間營運所需。

問題

1. 如果創業之初，三人決定要有門店，請列出他們的一次性支出有哪些？

2. 一個水餃店的變動成本有哪些？

政府資源的運用

本章架構

1. 政府有哪些針對創業的政策性貸款

2. 政府的創業補助有哪些

本章個案

- 創業環境的困境

- 善用資源提升能見度

- 打造一個螞蟻帝國

創業者在創業初期總是缺乏資源，這個階段如果能善用政府的資源，將有助於創業的發展，在本章中，將介紹政府提供給微型企業的政策性貸款及補助。

8-1
政策性貸款

政府因應不同性質的目的，提供不同的優惠貸款項目，筆者整理如表8-1所示，讀者可以自行尋找適合自己的貸款方案，以下將介紹幾個適合微型創業者的貸款方案。

↘表8-1　各種政策性貸款一覽表

類別		承辦單位	融資項目
特定族群	青年	經濟部	青年創業及啟動金貸款
		臺北市政府	臺北市青年創業融資貸款
	婦女及中高齡	勞動部	微型創業鳳凰貸款
	弱勢族群	新北市政府	新北市幸福創業微利貸款
		信保基金	信扶專案創業貸款
		雲林縣政府	雲林縣艱苦人創業微利貸款
	農民	農業委員會	青年從農創業貸款
	身心障礙	高雄市政府	身心障礙者創業貸款
	原住民	原住民委員會	原住民微型經濟活動貸款
策略產業		高雄市政府	高雄市中小企業商業及策略性貸款（太陽光電）
		教育部	教育部體育署運動服務產業貸款（運動服務產業）
		澎湖縣政府	澎湖縣中小企業融資貸款（仙人掌）
		臺北市政府	臺北市中小企業融資貸款（資通訊、綠能、健康照護、文創）
		臺南市政府	臺南市中小企業貸款（文創、流行時尚、綠能、生技）
		新北市政府	新北市中小企業融資貸款（綠能、文創）

類別	承辦單位	融資項目
一般需求	經濟部	企業小頭家貸款
	臺北市政府	臺北市中小企業融資貸款
	臺中市政府	臺中市幸福小幫手貸款
	宜蘭縣政府	宜蘭縣政府幸福小幫手貸款
	屏東縣政府	屏東縣中小企業貸款
	新竹市政府	新竹市中小企業奠基貸款
	桃園市政府	桃園市中小企業融資貸款

▶8-1-1　青年創業及啓動金貸款

有關於青年創業的貸款，以前有青年輔導委員會的青年築夢創業啓動金貸款、經濟部中小企業處的青年創業貸款，因爲行政院組織整

併，青年輔導委員會部分業務移至經濟部，所以，也將二個性質類似的貸款合併，自2014年1月改名爲青年創業及啓動金貸款，由經濟部業管。

青年創業及啓動金貸款至自2013年到2020年11月核貸金額約235億元，核貸案數已超過2.3萬件，其中男性約占70%、女性約占30%。以行業別分析，則以服務業核貸比例最高，約占80%，其次是工業，約占19%。

一、貸款對象

青年創業及啓動金貸款係由公民營金融機構的自有資金辦理核貸，協助青年創業者取得創業經營所需資金，新創或所營事業負責人、出資人或事業體，如符合下列條件，得依個人或事業體名義，擇一提出申貸：

1. 個人條件

(1) 負責人或出資人於中華民國設有戶籍、年滿20歲至45歲之國民。

(2) 負責人或出資人3年內受過政府認可之單位開辦創業輔導相關課程至少20小時或取得2學分證明者。

(3) 負責人或出資人登記之出資額應占該事業體實收資本額20%以上。

2. 事業體條件

(1) 所經營事業依法辦理公司、商業登記或立案之事業。

(2) 其原始設立登記或立案未超過5年。

(3) 以事業體申貸，負責人仍須符合於中華民國設有戶籍之年滿20歲至45歲之國民、3年內受過政府認可之單位開辦創業輔導相關課程至少20小時或取得2學分證明之規定。

二、貸款範圍及額度

　　青年創業及啟動金貸款跟一般坊間的抵押貸款不同，必須由申貸人備妥創業貸款計畫書及相關文件，向承貸銀行提出申請，由承貸的金融機構審查評估後才會核貸，因此，它的用途是有限制的，包括：營業所需準備金及開辦費用、週轉性或資本性支出，其貸款額度亦因用途而有不同。

1. 準備金及開辦費用

申貸人貸款的目的是為了營業準備金及開辦費用，應於事業籌設期間至該事業依法完成公司、商業登記或立案後8個月內申請所需之各項準備金及開辦費用，貸款額度最高為新臺幣200萬元，雖然貸款要點規定準備金及開辦費得分次申請及分批動用，但是，由於可以申請的時間只有8個月，因此，建議1次申請完為宜。

2. 週轉性支出

貸款的目的是為了營業所需週轉性支出，貸款額度最高為新臺幣400萬元，得分次申請及分批動用。

3. 資本性支出

為購置（建）廠房、營業場所、相關設施，購置營運所需機器、設備及軟體等所需資本性支出，貸款額度最高為新臺幣1,200萬元，得分次申請及分批動用。

三、貸款期限與償還方式

　　青年創業及啟動金貸款的利率，是以中華郵政股份有限公司2年期定期儲金機動利率加0.575%機動計息，依貸款的用途不同，而有不同的貸款期限與償還方式。

1. 準備金及開辦費用、週轉性支出

貸款期限最長6年，含寬限期最長1年。

2. 資本性支出

廠房、營業場所及相關設施：貸款期限最長15年，含寬限期最長3年。

機器、設備及軟體：貸款期限最長7年，含寬限期最長2年。

　　在貸款的寬限期間只付利息，期滿之後才按月平均攤還本金或本息，貸放後，承貸的金融機構得視個案實際需要調整期限與償還方式。

四、承貸金融機構

　　自2019年開始取消承貸銀行的限制，全國各公、私立銀行均可承貸，申貸人可視自己的需求，洽詢合適的銀行辦理貸款。

　案例一

　　小潘工作多年，自認學到了不錯的技術，看到不景氣中的商機，決定自己趁年輕到外面去闖一下，於是，以他工作多年的經驗，打算開一個工作室，自行對外接案。他看了看自己的存款，深深覺得不足，於是找到司馬特老師進行諮詢，發現以他的年紀可以去申請青年創業暨啟動金貸款，以啟動金先支應開店所需的費用。

▶8-1-2　微型創業鳳凰貸款

　　微型創業鳳凰貸款是勞動部主辦，主要目的在提昇我國婦女及中高齡國民勞動參與率，建構創業友善環境，協助婦女及中高齡者發展微型企業，創造就業機會，它也是由銀行的自有資金所提供的免擔保貸款。

一、貸款對象

　　微型創業鳳凰貸款的貸款對象分為3大類：20歲至65歲女姓、45歲至65歲國民及設籍於離島之20歲至65歲國民，申請時要以事業登記負責人的名義提

出，同時要注意的是：申請人要有實際經營該事業的事實，而且不能同時經營其他事業。

符合貸款條件的對象，3年內需參與政府實體創業研習課程，並經創業諮詢輔導至少18小時，所經營事業員工數（不含負責人）未滿5人，具有下列條件之一者，就可以申請貸款。

1. 所經營事業符合商業登記法第5條規定得免辦理登記之小規模商業，並辦有稅籍登記未超過5年。

2. 所經營事業依法設立公司登記或商業登記未超過5年。

3. 所經營私立幼稚園、托育機構或短期補習班，依法設立登記未超過5年。

前述所謂免辦理登記之小規模商業，係指下列情形之一：攤販、家庭手工業者、民宿經營者、每月銷售額未達營業稅起徵點者及家庭農、林、漁、牧業者。

二、貸款範圍及額度

微型創業鳳凰貸款的用途以購置或租用廠房、營業場所、機器、設備或營運週轉金爲限，貸款額度依申請人創業計畫所需資金，最高以新臺幣（以下同）200萬元爲限。有稅籍登記免辦理登記的小規模商店，其貸款額度上限爲50萬元。

三、貸款期限與償還方式

微型創業鳳凰貸款的利率計算，是按郵政儲金2年期定期儲金機動利率加年息0.575%機動計息，貸款人在前2年完全免息、只還本金，由勞動部全額補貼利息。2年後按月平均攤還本息，貸款期間最長7年。

如果貸款人的於經濟狀況不佳，以致於償付貸款本息發生困難時，經過承貸金融機構同意後，勞動部得於最長貸款期間7年內，給予1年寬限期，期間只繳息不繳本。

對於遭遇職業災害致死亡之配偶，或身體遺存障害符合勞工保險失能給付標準第一等級至第十等級規定之項目者，只要檢具勞工保險局核定給付通知文件影本，前3年免息，第4年起固定負擔年息1.5%，利息差額由勞動部補貼。符合就業服務法第24條第1項第1款所定獨力負擔家計者，亦可比照辦理。

四、限制條件

申請人或所經營事業有下列情形之一，不得申辦本貸款：

1. 經向票據交換所查詢其所使用之票據受拒絕往來處分中，或知悉其退票尚未清償註記之張數已達應受拒絕往來處分之標準。

2. 經向金融聯合徵信中心查詢或徵授信過程中知悉其有債務本金逾期未清償、未依約定分期攤還已超過1個月、應繳利息未繳付而延滯期間達3個月以上或有信用卡消費款項逾期未繳納，遭發卡銀行強制停卡，且未繳清延滯款項。

3. 曾辦有本貸款、微型企業創業貸款或創業鳳凰婦女小額貸款。但已清償者不在此限。

五、承貸金融機構

申辦微型創業鳳凰貸款者，需撰寫計畫書送審查小組審查，申請案件經審查通過後，申請人應於3個月內持通知書及辦理貸款之相關文件，向承貸金融機構或所屬各地分支機構辦理貸款。

如果因故未能於3個月內辦理貸款者，在期間屆滿日前，得敘明理由向勞動部申請展延1次，展延期間最長3個月。2020年提供貸款的金融機構有：臺灣銀行、臺灣土地銀行、臺灣中小企業銀行、合作金庫商業銀行、第一商業銀行、彰化商業銀行及華南商業銀行等7家行庫。

 案例二

小潘原來在科技公司工作多年，因近年景氣不好，導致他目前的公司也受波及而關廠，小潘在50歲面臨中年失業後，找了很久都找不到合適的工作，於是他又找到司馬特老師來諮詢。司馬特老師了解了他的狀況後，建議他可以去申請微型創業鳳凰貸款，除了可以找到資金外，而且又有創業顧問可以進行現場輔導，提高創業的成功機率。

▶8-1-3　企業小頭家貸款

企業小頭家貸款是經濟部為促進小規模事業發展，協助取得營運所需資金，活絡經濟動能，創造就業機會，所提供的政策性貸款，它也是利用承貸金融機構的自有資金辦理貸款。

一、貸款對象

企業小頭家貸款的對象是依法辦理公司、有限合夥、商業或營業（稅籍）登記，僱用員工人數10人以下之營利事業。

二、貸款範圍及額度

貸款的用途分為週轉性支出及資本性支出，其貸款額也不同。

1. 週轉性支出

每一事業為週轉性支出所申請的貸款，最高額度為新臺幣500萬元，惟受災事業不受額度限制。

2. 資本性支出

資本性支出每一事業最高以不超過計畫經費之80%為原則，得由承貸金融機構依個案情形調整。

三、貸款期限與償還方式

企業小頭家貸款的貸款利率由承貸金融機構自行訂定，按月繳納利息，寬限期滿後按月平均攤還本金或本息，其中短期週轉性支出貸款期限最長1年，中期週轉性支出貸款期限最長5年，寬限期最長1年，資本性支出貸款期限最長7年，寬限期最長2年。

如果是經中小企業信用保證基金保證之案件，貸款利率可以依不同保證成數做調整，保證成數80%以上者，貸款利率最高依郵政儲金2年期定期儲金機動利率加2.625%機動計息。保證成數在70%以上但未滿80%者，貸款利率最高依郵政儲金2年期定期儲金機動利率加3.625%機動計息。保證成數未滿70%者，由承貸金融機構依個案情形決定。

四、新創事業保證及利率

設立未滿5年的新創事業，必要時得移送中小企業信用保證基金提供一律90%信用保證之案件，貸款利率最高依郵政儲金2年期定期儲金機動利率加2%機動計息。

五、傳承創新事業保證及利率

具營運創新、技術升級或轉型發展等資金需求，且提具傳承創新計畫書，經承貸金融機構認可之事業，必要時得移送中小企業信用保證基金提供一律90%的保證，貸款利率最高依郵政儲金2年期定期儲金機動利率加2%機動計息。

六、承貸金融機構

2015年承貸企業小頭家貸款的金融機構有：臺灣銀行、臺灣土地銀行、合作金庫商業銀行、第一商業銀行、華南商業銀行、彰化商業銀行、上海商業儲蓄銀行、國泰世華商業銀行、高雄銀行、兆豐國際商業銀行、臺灣中小企業銀行、臺中商業銀行、瑞興銀行、華泰商業銀行、陽信商業銀行、板信商業銀行、淡水第一信用合作社、三信商業銀行、臺南第三信用合作社、花蓮第二信用合作社、遠東國際商業銀行、永豐商業銀行、玉山商業銀行、台新國際商業銀行及日盛國際商業銀行等25家行庫。

 案例三

小潘的工作室經過多年的經營，已漸具規模，目前已有多位員工，且已增資成為公司。目前標了某單位的資訊系統開發案，因為要等合約結束才能拿到錢，為了避免在專案執行期間週轉金不足，影響公司正常營運，他寫了一個營運計畫書，利用企業小頭家貸款，向銀行借貸300萬元的週轉金。

▶8-1-4　文化創意產業優惠貸款

　　文化部為促進我國文化創意產業升級，改善產業結構，依據文化創意產業發展法第十九條，建立融資與信用保證機制，協助各經營階段之文化創意事業取得所需資金，於2000年12月推出文化創意產業優惠貸款，由中華郵政股份有限公司提撥專款，遴選適當之金融機構辦理。

一、貸款對象

　　本貸款的對象是從事文化創意產業，且依公司法或商業登記法登記之文化創意產業業者。文化創意產業的定義，依據文化創意產業發展法第三條第一項規定，包括：

1. 視覺藝術產業。

2. 音樂及表演藝術產業。

3. 文化資產應用及展演設施產業。

4. 工藝產業。

5. 電影產業。

6. 廣播電視產業。

7. 出版產業。

8. 流行音樂及文化內容產業。

二、貸款範圍及內容

　　貸款的用途包含：

1. 有形資產

指從事投資或創業活動必要取得之營業場所（包含土地、廠房、辦公室、展演場）、機器設備、場地佈景、電腦軟硬體設備（包含辦理資訊化之軟硬體設備）。

2. 無形資產

指從事投資或創業活動必要取得之智慧財產權（包含專利權、商標權、著作財產權等）。

3. 營運週轉金

從事投資或創業活動時必要之營運資金。

4. 新產品或新技術之開發或製造

5. 從事研究發展、培訓人才之計畫

三、貸款類別及額度

1. 第一類

核貸額度以申請計畫實際需要之80%為限，且每一申請計畫之核貸額度最高不得超過新臺幣1億元，沒有利息補貼。

2. 第二類

核貸額度最高以申請計畫金額80%為限，且每一申請計畫之核貸額度最高不得超過新臺幣3,000萬元。申請人通過審查後，信保基金同意授信後，貸款利息由文化部按年利率補貼最高2%。

四、貸款期限

1. 有形資產

以取得有形資產之土地、廠房、辦公室、展演場、機器設備、場地佈景、電腦軟硬體設備等項目為目的之申貸案，其貸款期限，應按申請人償還能力核定，最長不得超過15年，寬限期限以3年為限。

2. 無形資產或研發

以取得無形資產或新產品、新技術開發、製造及從事研究發展、培訓人才計畫等項目為目的之申貸案，其貸款期限，應按申請人償還能力核定，最長不得超過7年，寬限期限以2年為限。

3. 營運週轉金

以取得營運週轉金為目的者，其貸款期限，應按申請人償還能力核定，最長不得超過5年，寬限期限以1年為限。

 案例四

　　阿榮退伍後在臺北工作多年後，回到故鄉開設一個工作室，想為鄉里的傳統工藝技術傳承盡一份心力，但是，凡是事起頭難，什麼事都要錢，有一天他碰到熱心的司馬特老師，把他的困境仔細的跟司馬特老師訴說，司馬特老師聽完建議他可以去文化部申請文化創意產業優惠貸款，一舉解決其所面臨的週轉金不足、新產品開發及人員培訓的經費問題。

▶8-1-5　青年從農創業貸款

　　行政院農業委員會為配合輔導及培育農業青年人力政策，支應青年從農創業所需資金，於2012年成立青年從農創業貸款。

一、貸款對象

　　貸款對象為：一般從農青年。

　　年齡18~45歲從事農業相關工作可申請專案貸款，最高貸款額度新臺幣1,000萬元，週轉金最高200萬元，有特殊情形，報經農委會專案同意者，不受最高貸款額度限制。貸款期間資本性支出最長3年，週轉金最長不超過2年。

二、貸款範圍及額度

1. 資本支出

依貸款額度及購置設備耐用年限覈實貸放，其中資本支出最長15年。

2. 週轉金

最長5年，採循環動用者，貸款期限最長1年。

　　貸款金額依對象不同而異，農業相關科系畢業生或參加過農業訓練滿80小時者最高貸款額度為新臺幣500萬元，其中週轉金最高貸款額度為新臺幣100萬元。首次辦理或辦理本貸款未滿1年者，每一借款人最高貸款額度為新臺幣300萬元。

三、貸款期限與償還方式

1. 資本支出

本金以每半年為1期平均攤還為原則，利息隨同繳付。本金得酌訂寬緩期限，但最長不得超過3年。

2. 週轉金

非循環動用者，本金以每半年為1期平均攤還為原則，利息隨同繳付。本金得酌訂寬緩期限，但最長不得超過2年。但養殖漁業以外之漁業經營週轉金，最長不得超過1年。循環動用者，額度到期結清，本金在貸款期限及核定額度內，隨時可以動撥或清償，利息按月繳付。

 案例五

阿明從事房屋仲介業多年，看到近年食品安全問題一直持續不斷，決定跟太太一起回到農村，於是到大溪的鄉下租了個農場，從事有機農業的種植。但是，農場開始經營後，就發現資金很快的就面臨危機，在多方探索後，他提了一個計畫，搭建了種植所需的棚架及營運所需的週轉金。

創業環境的困境

　　近年來國內的智慧型手機普及，大部分的人為了保護自己的手機，都會另外購買一個軟殼加以包覆，除了可以簡易的做到防水、防刮傷外，萬一手機不小心掉落，也可以防止撞擊時直接撞到機身，降低手機的傷害，因此手機的軟殼已成為大部分人購買手機後的必備品。

　　從事廣告行銷多年的吳文雄也看到了這個商機，但他思考做手機軟殼需要配合各廠的手機外型，還要能迅速開模上市搶得先機，而產品生命週期又有限，在衡量投資報酬率後，他發現近年來因為列印技術的進步，如果把自己設計的圖像，藉由列印技術印在薄膜上，再貼到手機外殼，這個印出來的薄膜，只需要就各種手機做客製化的切割粘貼，即適用於任何型式的手機外殼，成本相對較低，庫存壓力也小，於是他決定以這個做為創業的標的。

　　吳文雄在決定創業的標的之後，首先面臨的是資金的問題，因為創業資金有限，在朋友的建議下

知道了政府有提供創業者一個青年創業及啟動金貸款，也透過經濟部中小企業處的創業圓夢網找到創業顧問的諮詢，完成了創業貸款計畫書的撰寫。

在他以為一切準備妥當之後，來到了會計師建議的玉山銀行送件，但銀行以他的公司還沒有營業為由，不願意核貸，其間他又找了多家銀行，都無法獲得貸款，原因大多一樣，最後，合作金庫願意以信用貸款的方式貸了 50 萬元給他，他才找到了創業的第一桶金。

創業初期，吳文雄對於公司經營的策略即是自行設計圖像，在分析了現有市場狀況後，為了與迪士尼、三麗鷗…等外國知名圖像有市場區隔，於是，結合了本土的宗教信仰，選擇以神明的畫像做為設計的標的，推出自己設計的關公、媽祖等圖像。

經過了一年多的營運，他成功的開拓了全省的市場，有了穩定的收入，同時也跟霹靂布袋戲取得授權，以布袋戲偶圖像製成貼膜，在有了市場實績後，合作金庫也開始詢問他是否還需要資金，願意貸款給他週轉。

創業之始吳文雄的膜潮文創工坊設在桃園市中正路大廟商圈，商圈的門店面積有限，因應業務擴大，想再增購印表機已無多餘空間，由於現有的營運模式係B2B，他也開始思考要把工坊移到郊區較大的空間，才能再增購設備、擴大產能，於是在 2017 年 10 月，將工坊遷到慈文路。

因為自己要搬遷，他也願意把目前的門店頂讓出去，讓新業主做為自己的授權商，銷售同樣的產品，但是新業主馬上就面臨了他當初的問題，在沒有營業額的狀況下，銀行不願意核貸。

吳文雄的心中充滿了創業者的無奈，政府空有一個好的政策，民眾有需要時卻看的到拿不到。創業初期需要資金，但因為還沒營業，沒有營業額，銀行擔心風險，不敢貸款給創業者，創業者為了資金到處碰壁，當營運有成績了，銀行就主動要貸款，屆時創業者不一定有資金需求，這樣的供需關係不是很奇怪嗎？

8-2
研發補助

　　上一節介紹的政策性貸款，都是創業者向銀行申貸，即使政府有政策性的提供利息補貼，但是，申貸者還是要還本息。政府另外還提供創業者很多的研發補助，它是不需要按期歸還的資金，但是，每項補助都有特定的對象，本節將介紹幾個適合微型創業者申請的補助計畫。

▶8-2-1　中小企業即時技術輔導計畫

　　微型企業與中小企業不同，它的資源、規模都小，不易獲得政府資源的補助，而中小企業即時技術輔導計畫之定位在於政府補助80%的輔導經費，以減輕業者負擔，結合財團法人、大專院校及技術服務業者等輔導單位既有成熟技術能量，提供企業短期程、小額度、全方位之技術輔導，協助業者排除急迫性之技術障礙及運用科技、美學、新材料、新營運模式等創新元素加值傳統產業，以提升附加價值。

一、輔導單位資格

1. 依法在中華民國境內成立之財團法人或大專院校，其成立宗旨或研究範圍限自動化服務、資訊服務、研發服務、設計服務及永續發展服務等類別。

2. 依法在中華民國境內辦理營業登記之技術服務業者，營業登記項目限自動化服務、資訊服務、研發服務、設計服務及永續發展服務等類別。

3. 不得為行政院公共工程委員會公告拒絕往來廠商及經濟部投資審議委員會公告之陸資企業。

4. 財團法人與技術服務業者財務狀況應符合：淨值不得為負值、非金融機構拒絕往來戶、3年內無欠繳應納稅捐情事、大專院校財務狀況淨值不得為負值。

二、受輔導業者的資格

1. 依法辦理公司登記或商業登記的中小企業

(1) 製造業、營造業、礦業及土石採取業實收資本額在新臺幣8,000萬元以下或經常僱用員工數未滿200人者。

(2) 其他行業前一年營業額在新臺幣1億元以下或經常僱用員工數未滿100人者。

2. 因應貿易自由化加強輔導型產業

經濟部因應貿易自由化加強輔導產業專案小組認定之加強輔導型產業，目前包含成衣、內衣、毛衣、泳裝、毛巾、寢具、織襪、鞋類、袋包箱、家電、石材、陶瓷、木竹製品、農藥、環境用藥、動物用藥及其他（紡織帽子、圍巾、紡織手套、紡織護具、布窗簾及傘類等6項產業）等17類22項產業之產品或其製程。

三、輔導標的

1. 企業升級轉型所需之研發、生產、物流、設計（限產品設計、包裝設計、品牌識別設計、空間設計及時尚設計）、節能減碳、自動化及電子化（套裝軟體客製化程度須達60%以上）等技術輔導。

2. 輔導標的不包含策略規劃、市場行銷、品質管理系統等經營管理領域及網站建置、網頁設計。

案例六

老李很早就看到了電動車的商機，於是，找人投資成立一家公司，專門研發電動機車的動力系統，但是，他很怕自己的產品研發出來，會侵害到別人的專利，於是，找了一家研發服務公司，利用中小企業即時技術輔導計畫，協助該公司對其研發的技術先做專利分析，事先做好專利布局。

▶8-2-2　協助傳統產業技術開發計畫

我國傳統產業以前的核心競爭優勢，大量生產之代工模式及生產後之運籌能力，因中國大陸、東歐等新興國家投入國際市場，挾其勞資低廉和高成長之內需市場等因素而逐漸式微。

為解決傳統產業所面臨之困境，經濟部於2010年推動協助傳統產業技術開發計畫，希望透過提供傳統產業研發補助資金，鼓勵業者自主研發，以厚植我國傳統產業之創新研發能力、加速升級轉型及提升競爭力。

一、補助類別

本計畫補助的類別有：產品開發、產品設計、研發聯盟。

1. 產品開發

申請產品開發的標的，其所開發的新產品（標的）應超越目前國內同業之一般技術水準，依產業屬性分成金屬機電、金屬材料、民生化學、民生紡織、民生醫材、民生食品、電子資訊及技術服務等8個類組，提供製造業有關自動化、電子化工程、智慧財產技術、設計、管理顧問、研究發展、檢驗及認證、永續發展等服務創新的補助。

2. 產品設計

申請產品設計的標的，其開發之新產品（標的）應超越目前國內同業之一般設計水準，包括針對袋、包、箱、服飾…等商品的時尚設計及產品外觀設計、人機介面、人因工程、機構設計、模型製作、模具設計、生產技術、工業包裝、綠色設計及通用設計等工業設計，補助範疇包括需求調查、產品設計、模型製作、小量試產、市場驗證，但市場驗證不包括推廣、銷售等實際市場行銷內容。

3. 研發聯盟

以研發聯盟所開發或設計之新產品（標的）應超越目前國內同業之一般技術水準，新產品之開發或設計須具市場性，且為量產前之研發聯盟案，計畫須針對共通性、關鍵性及關聯性大之研究開發議題。

二、申請資格

1. 產品開發類

申請產品開發的業者皆須依法辦理公司登記或商業登記，製造業須依法辦理工廠登記，技術服務業所營事業之營業項目應含自動化服務、電子化工程服務、智慧財產技術服務、設計服務、管理顧問服務、研究發展服務、檢驗及認證服務、永續發展服務等類別。

2. 產品設計類

申請產品設計類的業者須符合的申請資格有：

(1) 技術服務業自行設計。

(2) 若為製造業委託設計，則須導入委託設計單位及顧問諮詢單位協同推動，委託設計單位可以是設計相關業者或法人機構，顧問諮詢單位則是經濟部所屬具設計專業之法人單位。

(3) 委託設計單位與顧問諮詢單位不能為同一單位，委託設計單位受託設計每年補助以3案為限。

3. 研發聯盟

申請研發聯盟至少需要有3家（含）以上成員共同申請，其中主導業者須符合產品開發類別申請資格，聯盟成員須符合產品開發類別申請資格，或可聯合法人單位或國內、外研究機構等，惟以1家為限，聯盟申請投件後，不得變更任一成員。

三、補助金額及執行期間

1. 產品開發類

每個補助案補助上限為新臺幣200萬元，執行期程以1年為限。

2. 產品設計類

每個補助案補助上限為新臺幣200萬元，執行期程以1年為限。

3. 研發聯盟

每個補助案補助上限為新臺幣1,000萬元，其中主導業者補助上限為新臺幣250萬元，其餘參與聯盟成員上限為新臺幣200萬元，執行期程以16個月為限。

　　不論是申請哪一類的補助，申請業者每一梯次以申請1類別且1案為限，每年以補助1案為原則，以申請當年往前推，3年內僅能累計補助2次，政府補助款每案不得超過計畫總經費的50%，且補助款金額不能超過自籌款、自籌款的金額不得少於補助款，這些都是申請時要注意的。

 案例七

　　小張的公司從事人工皮革研發、生產，多年的研發投入不少資金，在一次的研討會中，認識了司馬特老師，獲知政府對企業有很多研發補助，於是針對自己的需求，找到了經濟部的協助傳統產業技術開發計畫，以其目前正打算研發的技術，寫了一個計畫書送案，最後順利取得補助款。

▶8-2-3　文化創意產業創業圓夢計畫

　　文化部為鼓勵優秀人才投入文化創意產業創業，對有意投入文創產業之個人或團體，提供創業資源，依文化創意產業發展法第12條設立文化創意產業創業圓夢計畫，從事文化創意產業的創業者，可以考量申請該計畫的補助。

一、申請資格

（一）個人或團隊申請

1. 申請人及團隊成員須為年滿二十歲且具中華民國國籍，並未曾擔任公司或商號（行號）之負責人。

2. 以團隊組織申請時，其申請人須為團隊成員共同推派之代表人，且為未來公司或商業登記設立之負責人，不得任意變更。

（二）公司或商號（行號）申請

1. 須為本須知生效日前一年內已依公司法或商業登記法完成設立登記，且登記之營業所地址須在國內，並從事本點第一款所列之文化創意產業之本國公司或商號（行號）申請。

2. 申請人申請時須為公司或商號（行號）申請負責人且具有中華民國國籍。

二、評審機制

　　本計畫執行分為資格審查、初審及決審等3階段，資格審查由承辦單位就申請人的資格要項進行審查，初審由專家、學者組成審查委員進行15分鐘的面談，評選出具有創新與創意商品、文化內涵、未來文創發展潛力及可執行性之提案後，最後再辦理決審。

三、補助金額

　　本計畫的補助金額採分級獎助制，決審通過後屬第1級者，獲獎助金新臺幣80萬元，屬第2級者，獲獎助金每案新臺幣50萬元，分期撥付，每期撥50%。

▸8-2-4　農業業界科專計畫

　　為鼓勵企業主動投入經費於自行研發，或將已有初步研發成果之技術與產品商品化，以加速農業科技之產業化及提升農業產業競爭力，行政院農業委員會依據產業創新條例，提供農產品創作事項以外之農業創新或研究發展相關活動補助。

一、申請範圍

1. 開發農業產業所需之創新技術

加值應用於農業生產管理、提升產業能力或創造品牌價值之研究發展活動。

以原創方式研發或優化既有之農業生產技術、生產流程或產品，或透過科技之整合與創新運用，創造加值服務平台、系統及商業模式，進而提升農業產業之生產量、銷售量及產業價值之活動。

2. 政策優先題目

鼓勵企業投入產業迫切性議題與關鍵技術之研發，藉以補強產業技術缺口與關鍵問題，提升農業產業競爭力。

二、申請資格

　　國內依法規登記成立之獨資、合夥事業、農業產銷班、法人或公司，且非屬銀行拒絕往來戶，申請人為公司者，其淨值應為正值。

　　符合第一款資格，其具有農場、種苗場、林場、畜牧場、養殖場、工廠等場所，應領有合法登記或設立之證明文件。

三、申請類型

1. 先期研究

先期研究計畫目前暫停徵件。

2. 研究開發

已完成初步可行性分析且已有明確驗證平台，具創新之技術、產品或應用服務標的，可直接切入技術、產品或服務發展之計畫。申請人需敘明所要解決之關鍵問題、具體可行之創新構想、預期達成之產業效益與相關研發經驗與執行規劃。

3. 創新研發聯盟

創新研發聯盟屬聯合申請，係指由3家（含）以上之機構組成研發聯盟，其成員半數（含）以上應為企業機構，並由其中1家企業機構擔任主導廠商，且得與學校、法人或國內、外研究機構共同合作，並僅限「研究開發」階段之計畫向農委會提出計畫申請。

四、補助金額及執行期間

1. 研究開發

補助的額度依申請人而不同，申請人為獨資、合夥事業、公司或法人者，同時執行1項以上研發計畫時，累計每年度總補助金額原則不得超過500萬元。申請人為農業產銷班者，計畫總補助金額不得超過200萬元。計畫期程不超過3年為原則。

2. 創新研發聯盟

每年度總補助金額以不超過聯盟成員家數乘以500萬元為原則。全程總補助金額以不超過5,000萬元為原則。

 案例八

　　王老師退休之後，因為對茶產業有興趣，想利用他的經驗，協助茶農透過AIoT進行田間資料的監控及建立生產履歷，因為資金有限，於是，他結合多家茶農，一起成立一個聯盟，申請了一個農業業界科專計畫，把他的理想實現。

善用資源提升能見度

推甄進了大學的黃昭棋並不愛唸書，在大一、大二時就像一般學生一樣，過著快樂的大學生活，大三是黃昭棋大學生活的轉捩點，他從電機系跨足修了電子系的網際網路平台課程，慢慢的累積了程式研發的能力，在碩士班期間又跟著指導教授參與了許多的 IBM 專案，博士班期間因緣際會跟著指導教授陳英一博士創業與學習，畢業後也興起了創業的念頭。

為了要跟以前的生活不同，所以黃昭棋在第一次創業時並沒有選擇熟悉的資通訊產業，而是代理品牌的保養品銷售，在陌生的領域創業，最後以慘賠收場，經過這次的失敗，他決定要回歸專業。

在第二次創業時，黃昭棋回到他的專業，把公司的營運重心放在技術門檻較高的無線應用 APP 系統，成功的累積了一些經驗，考量到公司初創階段財力有限，他開始思考運用政府的資源來讓自己壯大。

為了讓公司培養多時優秀的工讀生在碩士班畢業後能繼續留在公司工作，黃昭棋做了一些準備，慢慢的累積一些研發成果，也發表研究論文，經過一年的鋪陳，最後申請了研發替代役，讓工讀生在畢業後能繼續留下來。

創業初期公司設在自己的家裏，當員工增加之後，黃昭棋回到母校中原大學的育成中心，一方面有個比較正式的工作環境，一方面可以運用學校的資源來做研發，這段期間開發出求救用的穿戴式裝置，除了上市銷售外，也跟勵馨基金會、婦女救援基金會合作，免費把 APP 提供給她們使用，也獲得很多的迴響。

黃昭棋看好低功耗藍芽的市場，開始投入車聯網及穿戴式物聯網的市場，於是他又申請了桃園市地方型 SBIR 計畫，把穿戴式裝置跟旅遊導覽結合，成功的應用在桃園市 2017 年的農業博覽會及臺北市大稻埕的觀光導覽上。

黃昭棋很謙虛的說，其實這些成就都是來自於學校教育，當初唸碩士班的時候，幾乎都睡在實驗室，同學都笑他拿那麼少的工讀金做那麼多的事，現在回想起來，現在這些成果都是那個時候所奠定的基礎。

走過艱辛的創業路，黃昭棋認為除了自己的努力之外，外部的助力也是很重要的，2014 年棋苓股份有限公司獲選為桃園市亮點企業、2015 年分別獲選桃園市 SBIR 績優廠商及工業局資料服務產業應用推動計畫優質廠商、2016 年又獲選桃園績優企業卓越獎及青年創業卓越獎，這些獎項所帶來的宣傳效益其實是無形的，透過政府部門的文宣，提升了自己的能見度。

▶8-2-5 推展客家青年返鄉創業啓航

　　客家委員會爲落實客庄在地繁榮目標，協助客家青年返鄉於客家文化重點發展區創業，於2012年提出推展客家青年返鄉創業啓航補助作業，提供客家青年創業啓動資金，鼓勵運用在地資源興辦事業，以發展客家特色產業，並創造多元就業機會。

一、申請範圍

　　具客家文化或在地特色之農林漁牧業、批發及零售業、手工及製造業、休閒農業、服務業或文化創意產業。

二、申請資格

1. 年滿20歲以上45歲以下，認同客家、具客語溝通能力且在國內設有戶籍之中華民國籍青年。

2. 爲所創事業之負責人或出資人，且申請時無經營其他事業者。

3. 3年內曾參與教育部登記有案之公私立大專校院及其推廣部、育成中心，或政府自辦、委辦，或經其他政府機關及本會認可之法人、團體，其所開辦之創業輔導相關課程達30小時以上。

4. 開辦事業地點須位於客家文化重點發展區。

三、補助條件

　　這個計畫每年補助以25名爲原則，每人以補助1案爲限，最高補助新臺幣50萬元。

案例九

　　小邱是桃園市的客家人，自小在中壢長大，大學畢業後，決定回到中壢爲客家文化、美食盡一份心力，爲了找尋創業的第一桶金，他寫了一個營運計畫，尋求客委會的客家青年返鄉創業啓航補助，順利展開他的創業之路。

▶ 8-2-6 大專畢業生創業服務計畫

　　大專畢業生創業服務計畫是由教育部主辦，藉由政府提供創新創業的實驗場域，來激發創業熱情並實踐青年學子之理想，也希望利用微型企業的彈性及創新育成單位之協助，蘊育未來經濟發展能量，以形塑大專校院創新創業風氣及落實建立我國成為創新創業之社會。

一、申請資格

　　創業團隊至少由3人組成，其中應有3分之2以上的成員是近5學年度（含應屆）畢業之大專校院畢業生或在校生（含專科4年級以上、在職專班學生），其餘成員可以是社會人士或取得居留簽證之外籍人士，每人限參與1組團隊，且團隊的代表人需為近5學年度（含應屆）大專校院的畢業生或在校生，社會人士及外籍人士須為18歲（含）以上至35歲（含）以下青年，參與的團隊由設有育成中心的公私立大專校院報名。

二、補助經費

　　本計畫的補助經費分2階段，第1階段創業計畫審核通過後，補助學校育成費用新臺幣15萬元、創業團隊創業基本開辦費新臺幣35萬元。第2階段則是參加成效評選績優者，可再補助新臺幣25萬元至100萬元的創業獎金。

不論第1階段抑或第2階段的經費補助，都是分2期撥付，第1階段在創業團隊與學校育成單位簽約進駐，並完成公司行號籌備處設立後，撥付補助款計新臺幣35萬元，其中學校育成費用新臺幣10萬元、創業團隊創業基本開辦費新臺幣25萬元。第2期則是在創業團隊接受學校育成單位輔導滿6個月後，撥付補助款計新臺幣15萬元，其中學校育成費用新臺幣5萬元、創業團隊創業基本開辦費新臺幣10萬元。

第2階段的補助款也是分2期給付，第1期的補助款在續優團隊核定後，撥付60%的補助款，第2期的補助款，則是在獲獎團隊接受學校育成單位輔導滿1年後，再撥付剩餘的40%。

 案例十

品伊在大學是唸設計學程，在學期間在參加過設計比賽，成績斐然，畢業後二想成立工作室一起創業，於是在學校育成中心的輔導之下，開始學習各種創業的知識，並在顧問的輔導下找到創業目標，順利運用教育部的U-Start計畫開始他們的創業之路。

個案研討
打造一個螞蟻帝國

螞蟻在我們的日常生活，或許是一種渺小而平凡不過的生物，如此渺小的生物要存活是很困難，我們可以輕鬆的捏死一隻螞蟻也不會有罪惡感，自然界對他們更是無比的嚴苛，掠食者輕微的環境變動都能毀滅他們，但是，牠們沒有做過放棄的選擇，這樣的生存精神，使螞蟻的生命找到出路。

王秉誠是一個生長在都市的小孩，小時候在假日常跟著父親上山，低頭觀察地上的昆蟲時，透過父親介紹生態，在觀察其他昆蟲時發現，棲地旁常有螞蟻走動，他也曾頑皮的把螞蟻往旁邊丟，回頭一看，螞蟻又回到原先路徑，讓他震驚於螞蟻族群的韌性，進而觀察螞蟻的覓食、遷移與團結行動。

❖ 王秉誠熱心地向客人解說螞蟻生態與飼養教學

從小對大自然的好奇，使他永遠勇於探索未知的事物，而他對螞蟻的熱愛，在高中的科展中一次對紅火蟻深入研究中再次被點燃，高中、大學到現在，他對螞蟻的熱情，因為對牠們更多的認識而加深。

在觀察和飼養的過程中，王秉誠看見螞蟻不斷向我們揭露不為人知的一面，他說：「一般人都會忽略螞蟻的重要性，覺得牠是害蟲，但在生態鏈結構中，螞蟻屬於分解者和掠食者，可以分解殘渣，對大自然是不可或缺的存在。」，但真的使秉誠著迷的，不只是螞蟻生態價值，更是其象徵的生命意義。

王秉誠在大學時，就靠著網路代理販售螞蟻，讓大學的生活費無虞，也交到許多愛好螞蟻的朋友，大學畢業後打算創業，結合創意想要走出和別人不同的路，母親也從質疑「養螞蟻能當飯吃」？轉到支持孩子決定。

大學畢業前，王秉誠於2011年成立了森林螞蟻，先代理網拍商品，為了建立屬於臺灣自由品牌蟻巢的夢想，在畢業後將其改名為螞蟻帝國，並建立實體店面，於2014年經過經濟部青年創業顧問的輔導，貸到青年創業及啟動金貸款，開始打造他的螞蟻帝國。

創業初期，王秉誠在林口工業區設置實體店面，除了提供各種螞蟻的觀察及生態教學外，也販賣蟻巢、配件、DIY用品…等週邊商品，也透過網路販賣週邊商品。有了貸款的挹注，他有更多的資源可以擴充規模，藉由網路視訊，可以讓更多的螞蟻愛好者，在遠端觀察螞蟻的生態。

❖ 螞蟻帝國透過網路販賣螞蟻相關的商品，並與愛好者進行交流與互動

創業故事大省思

　　小君、小文及小香在聽完司馬特老師的分析後，經過討論考量目前主要透過關係行銷，決定暫時先不經營門店，但是，為了工作方便，打算先租用一個工作空間。經過評估租用空間、購買冰箱、鍋碗瓢盆…等費用，三人發現自有資金不足以因應這些需求。

　　三人去見了司馬特老師，小香迫不及待的就把問題告訴老師，老師聽完他們的問題，喝口咖啡說，創業資金的來源，不外乎是自有資金、向親朋好友借貸、向銀行貸款，各有各的成本，其中自有資金的成本最低，銀行貸款的成本相對較高。

　　小君接著說，我們的自有資金有限，不足以支應開始營運所需的費用，親朋好友能借的也都借了，司馬特老師於是提出了二個貸款的管道，目前的貸款利率都很高，比較低的二個政策性貸款，一個就是經濟部的青年創業與啟動金貸款，另一個就是勞動部的微型創業鳳凰貸款。

　　青年創業與啟動金貸款適用於 45 歲以下的青年，微型創業鳳凰貸款則是適用於20 至 65 歲的婦女及 45 至 65 歲的國民，以妳們三人目前的狀況，這二種貸款都可以貸。

　　小文聽完還是很擔心利率，於是就問道：這二個貸款的利率、還款時間有什麼差別？司馬特老師回答說：其實二種貸款的利率都是以中華郵政的 2 年期定期儲金機動利率再加 0.575%，還款期間也都是 7 年，不過，微型創業鳳凰貸款前二年的利息由勞動部補貼，創業者的貸款成本較低。

　　小君也跟著問道：這二個貸款可以貸多少錢呢？司馬特老師喝口咖啡接著說：公司行號成立 5 年內都可以申請微型創業鳳凰貸款，貸款金額是 100 萬元，青年創業與啟動金貸款可以分成三部分，都可以分批次申辦，不用一次貸足，準備金跟開辦費用在公司行號成立 8 個月內申貸，貸款額度為 200 萬元，週轉性支出在公司行號成立5 年內申貸，貸款額度為 300 萬元，資本性支出亦是在公司行號成立 5 年內申貸，貸款額度為 1,200 萬元。

小香聽完又想到另一個問題，馬上抓住機會問道：貸了微型創業鳳凰貸款，還可不可以再申貸青年創業與啟動金貸款呢？司馬特老師笑著回答：這二件事不是互斥事件，而是獨立事件，並不會因為已經申貸微型鳳凰創業貸款，就不能再申貸青年創業與啟動金貸款，小香聽完司馬特老師的說明，才放下心中的石頭。

問題

1. 以她們三人的狀況，你會建議他們申貸哪一種貸款呢？
2. 她們如果要申請青年創業與啟動金貸款，應該申請哪一較佳？

NOTE

創業的財務規劃

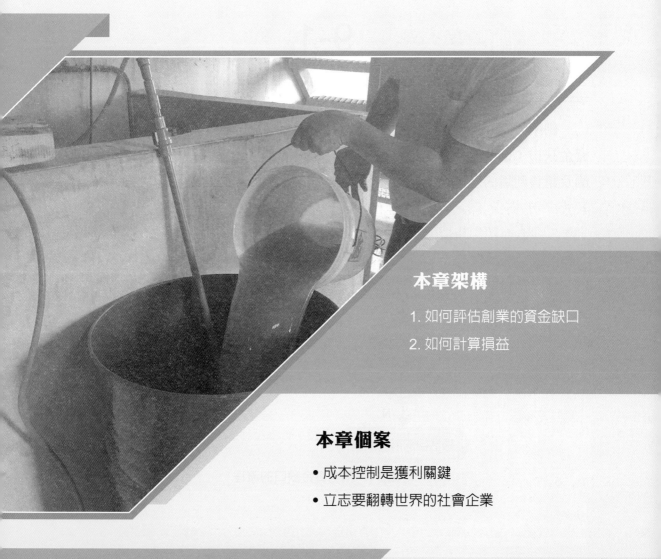

本章架構

1. 如何評估創業的資金缺口
2. 如何計算損益

本章個案

• 成本控制是獲利關鍵
• 立志要翻轉世界的社會企業

財務規劃對於企業來說，是件非常重要而且專業的事，往往需要專業經理人來操刀，但是，在創業的過程中，微型創業者因為缺乏專業團隊，只能憑著自己的感覺來操作，常常會顯的捉襟見肘。不是無法掌握盈虧，就是不知道資金缺口有多大，最後造成企業黑字倒閉的窘境。

本章不想介紹複雜的財務估算方法，這些方程式不但會嚇壞讀者，也會讓創業者不知從何著手，筆者打算用簡單的方式，帶領初創業的微型創業者，自己就可以去算出資金的缺口、損益及成本，進而能預估未來的金流。

9-1
資金缺口

創業者在創業初期的資金需求，已經在第7章中說明如何預估，營運中的資金缺口，則是來自於創業者對未來的營運規劃與金流預測，對未來金流的預測及銷售判斷的基礎，是建立在預估的財務報表上，其流程如圖9-1所示。

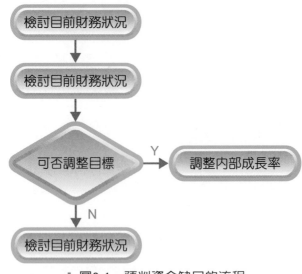

❖ 圖9-1　預判資金缺口的流程

創業者在預判資金缺口時，可以先從目前的財務報表著手，檢視目前的財務體質，再根據營運的目標，預估未來的資金需求，估算出資金缺口之後，可以先做評估，在現有的資金營運下，所達成的成長率，可不可以被接受，如果可以被接受，也可以不用設法去填平資金缺口，如果不能被接受，就要規劃如何彌平資金缺口。

▶9-1-1　財務狀況評估

企業在進行財務規劃時，要先檢視目前的損益表（Income Statement）、資產負債表（Balance Sheet），以掌握財務數據的現況。為了便於說明，筆者以簡單的損益表與資產負債表為例，做為本節的案例。資金缺口的預估，將以目前的財務狀況為基礎，輔以營運的成長及金流的需求，再加以估算，接下來，先來看看目前的財務狀況。

表9-1為創新科技有限公司2015年的資產負債表，從表中可以看出該公司的流動資產為15,000元、流動負債為12,000元，淨營運資金為流動資產與流動負債之差，即3,000元，代表該公司在1年內，將流動資產償還流動負債後，仍有3,000元的營運資金，可以做為營運之用。

而其負債比率為 $\dfrac{負債}{資產}=\dfrac{22,000}{40,000}=55\%$ ，代表該公司的投資中，每100元資產就有55元是舉債而來的。

↘表9-1　資產負債表

資產負債表			
流動資產		**流動負債**	
現金	5,000	應付帳款	8,000
應收帳款	4,000	短期借款	4,000
存貨	6,000	**流動負債合計**	12,000
流動資產合計	15,000	**長期負債**	10,000
固定資產	25,000	**負債合計**	22,000
		股東權益	
		普通股	8,000
		保留盈餘	10,000
		股東權益合計	18,000
資產合計	40,000	**負債與股東權益合計**	40,000

而該公司的損益表如表9-2所示，其稅後淨利率$=\dfrac{稅後淨利}{銷貨收入}=\dfrac{1,000}{10,000}=10\%$，代表每100元的銷貨收入的銷貨成本是90元、獲利10元。

↘ 表9-2　損益表

損益表	
銷貨收入	10,000
銷貨成本	7,000
營業費用	2,000
稅後淨利	1,000

而其資產週轉率為$\dfrac{銷貨收入}{資產}=\dfrac{10,000}{40,000}=25\%$，代表以該公司目前的資產使用效率，每100元資產可以創造25元的銷貨收入。

▶9-1-2　融資需求評估

　　未來的融資需求，就是以目前的營運狀況做基礎，考量未來的銷貨成長率加以估算。以前一小節的案例而言，如果假設該公司預估在2016年的銷貨成長率為20%，則其銷貨收入將由目前的10,000元增為12,000元。如果該公司的稅後淨利率還是維持在10%，則其稅後淨利應維持1,200元，方可達到目標，因此，經營者就要控制銷貨成本率。

　　接下來要估算資金缺口的重點就在資產負債表了，假設該公司的資產使用效率不變，資產週轉率仍然維持25%，為了要達到2016年銷貨收入達到12,000元，公司的資產就要增加為48,000元（12,000/25%）。

　　而該公司目前的資產僅有40,000元，為了因應2016年的成長，資產需要增加到48,000元，於是就需要再增加8,000元的資產。但是，在財務運作上，這8,000元並不是全部的資金缺口，還要扣掉自發性負債及內部融通，不足的部分才是公司真正的資金缺口。

　　自發性負債是企業營運上正常產生的負債，主要來自於供應商的短期融通，它會影響到的是公司資產負債表上的應付帳款。假設公司在2016年的銷貨收入要增加20%，在生產備料上所需的變動成本也會增加20%，如果供應商提供給創新公司的融通政策不變，我們可以預估2016年該公司的應付帳款也會增加20%，即1,600元，從2015年的8,000元增加為9,600元。

內部融通則是跟股東權益有關，當2016年的銷貨收入增加20%，在其他條件不變之下，假設分給股東的股利也增加20%，由2015年的200元增加為240元，於是，保留盈餘就變成960元。

↘ 表9-3　預估資產負債表

資產負債表

流動資產		流動負債	
現金	6,000	應付帳款	9,600
應收帳款	4,800	短期借款	4,000
存貨	7,200	流動負債合計	13,600
流動資產合計	18,000	長期負債	10,000
固定資產	30,000	**負債合計**	23,600
		股東權益	
		普通股	8,000
		保留盈餘	10,960
		股東權益合計	18,960
資產合計	48,000	**負債與股東權益合計**	42,560
		額外融資需求	5,440

配合公司2016年營收增加20%的目標，資產與負債、股東權益都會變動，在前面已經算出各個會計科目的變動情形，接著就把這些變動調整到資產負債表上，表9-3就是已經根據各項預估調整後的資產負債表。

從表9-3中，我們可以發現資產負債表的二邊並沒有平衡，為了達到公司在2016年營收成長20%的目標，需要的資產投入是48,000元，可是，目前由負債及股東權益可以提供的資金只有42,560元，二者之間還差了5,440元，就是額外融資的需求了。

▶9-1-3　填補資金缺口

當創新公司預估2016年的銷貨收入要成長20%時，就會產生了5,440元的資金缺口，如果公司的政策仍然是要達成20%的成長率，接下來經營者的工作就是要如何來填補這個資金缺口。

一、短期借款支應

從表9-1創新公司的資產負債表中，可以看出該公司目前的營運資金，在償還流動負債之後還有3,000元可以運用，為了填平2016年營運所需資金的缺口5,440元，一般經營者第一個會想到可以選擇的方案就是向銀行融通短期資金5,440元來支應。

短期借款固然可以使資產負債表的二邊達到平衡的效果，但是，風險是會造成營運資金的短少。以這個案例而言，向銀行融通來的5,440元會使資產負債表上的短期借款科目增加5,440元，造成當年度的流動負債增加到19,040元，而其當年度的流動資產只有18,000元，不足以支應流動負債，表示公司隨時可能會有周轉不靈的風險，亦即可能會有黑字倒閉（Bankruptcy from the Technical Insolvency）的情況發生，創業者應該要小心評估。

二、長、短期借款併用

為了避免短期借款造成黑字倒閉的可能性，在融資之前就要考量到營運資金的問題，假設公司仍然要維持3,000元的營運資金不變，就要先把短期借款的上限算出來，不足的部分就要考慮改用長期借款來支應。

公司在未來1年的短期借款上限為流動資產總額扣除淨營運資金及流動負債，以創新公司的案例而言：

> 短期借款上限＝1年後的流動資產－1年的淨營運資金－1年後的流動負債
> ＝18,000－3,000－13,600＝1,400

為了營運所需的資金3,000元，我們算出短期借款最多只能借1,400元，但是，公司還是有4,040元的資金缺口，這個時候就只能用長期負債來填平了。

對於微型創業者而言，採用長期負債來支應資金缺口，首先要面臨的風險是銀行願不願意借長期資金，接下來就要考量長期的利息支出，也就是未來的收入支應利息後，對稅後淨利的影響有多大，會不會使投資報酬率過低，甚至於造成虧損。

三、短期借款與自有資金併用

　　在營運資金維持不變的前提下，又不想提高公司的負債比率，為維持資產負債表的左右平衡，不足的4,040元另一個解決方案，就是從股東權益著手，股東權益對大公司而言，相對比較容易操作，例如發行股票。但是，對微型創業者而言，就沒有辦法做到這一點，微型創業者在股東權益的操作上，比較可行的做法只有以自有資金增資的方式，來填平這個資金缺口。

▶9-1-4　內部成長率評估

　　在9-1-2節中，我們算出創新公司在年度銷售成長20%的目標之下，會產生5,440元的資金缺口，需要透過融資管道來填補缺口，才能達成年度的營運目標。

　　但是，對於微型創業者而言，很多時候融資並不是那麼容易的事，在融資方案無法執行時，還有什麼可以解決的方式呢？所以，在這一小節中，我們換個思考方向，在外部融資無法滿足需求下，微型創業者如何利用自發性負債與內部融通的方式，讓公司維持成長，當然，這個成長率可能無法跟原來的預期成長相比，這是創業者先要有的心理建設。

　　我們已經知道：

> 額外融資需求＝資產增額－自發性負債增額－保留盈餘增額

　　其中：

> 資產增額＝資產總額×預估成長率
> 自發性負債增額＝應付帳款×預估成長率
> 保留盈餘增額＝稅後淨利×預估成長率×（1－股利率）

當微型創業者決定不對外融資時，即額外融資需求為0，可以反推回去1個資產增額、自發性負債增額及保留盈餘增額，在這個條件下的預估成長率，即是在沒有對外融資下，公司在2016年的成長率。

　　以創新公司為例，如果股利發放率仍然維持20%，在沒有額外融資需求下，我們可以列出下面的式子：

> 額外融資需求＝資產增額－自發性負債增額－保留盈餘增額
> ＝資產總額×預估成長率－應付帳款×預估成長率－稅後淨利×預估成長率×（1－股利率）
> ＝4,000×預估成長率－8,000×預估成長率－1,000×預估成長率×（1－20%）＝0

　　當額外融資需求為0時，我們解這個方程式，就可以算出預估成長率約為2.56%，也就是說，如果公司在不融資的情況下，下一年的銷售成長率約可達到2.6%。

9-2
營業損益

　　公司法第1條就規定：公司是以營利為目的，依照公司法所組織、登記、成立之社團法人。可見得公司經營的目的就是在營利，在本節中，將讓創業者知道公司在辛苦的經營了1個營業週期，到底有沒有賺錢？

　　企業經營的損益來自於企業的收益扣除成本與費用，如果收益大於成本跟費用，則會產生利潤，否則就會產生虧損。而評估企業經營損益的資料，就來自於損益表，接下來以某上市公司2015年的損益表為例，說明經營者如何可以從損益表中得知是否賺錢。

↘ 表9-4 某上市公司2015年損益表

損益表	
營業收入	4,213,172,321
營業成本	3,921,228,465
營業毛利	291,943,856
營業費用	148,752,445
營業利益	143,191,411
營業外收入及支出	30,928,961
稅前淨利	174,120,372
所得稅費用	41,638,550
本期損益	132,481,822

　　損益表所表達的是一段營業期間，企業經營的成效，它的內容不外乎是：營業收入、營業成本、營業費用、營業外收入、營業外費用等項目，收益包括營業收益及營業外收入，營業收入是企業主要營業所產生的收入，如從事製造業，銷貨是主要業務，所以，銷貨收入就是他的營業收入。營業外收入則是指企業非主要營業行為所產生的收入，如利息的收入、投資的利得、處分資產的收入…等。

　　營業成本是指企業從事經常性活動，銷售商品或提供勞務所花費的成本，因為跟營業活動有關，也稱之為直接成本，如生產線人員的薪資、材料成本…等。營業費用則是企業為了創造營業收入，而必須花費的支出，因為跟營業活動沒有直接關係，也稱做間接成本，又可以再分為：管理費用、行銷費用及研發費用。

　　管理費用為行政管理部門處理企業一般管理工作所發生的費用，如行政人員的薪資、辦公室租金、水電費…等，行銷費用則是為了產品銷售所產生的相關費用，如行銷人員的薪資、門市租金、廣告費用…等，研發費用則是企業從事新產品或新技術研發所投入的費用，包括研發人員薪資、研發材料費用…等。

營業收入減去營業成本就是營業毛利，它還不是真正的淨利，營業毛利還減去營業費用才是營業的淨利，計算到此的營業利益只是營業內的利益，要再加上（或扣除）營業外的損益，才是真正的稅前淨利。

　　同樣一個行為，在不同產業上所要歸屬的會計科目可能也會不一樣，以賣冰箱這個行為來說，如果是電器行賣冰箱，這個收入就列在營業收入中，如果是小吃店把多餘不用的冰箱賣給二手貨業者，則這個收入就是營業外收入。

　　相同的行為，在同一個企業內，因為目的不同，也可能會歸屬在不同的會計科目中，以糖果的包裝為例，如果是在生產過程中，需要把糖果裝於紙盒中方便運送、販售，這個紙盒就是成本的一種，如果是為了顧客便於攜帶，在賣場中把散裝的糖果裝在紙盒中，讓消費者方便帶走，則這個紙盒就要列在費用項下了。

成本控制是獲利關鍵

隨著小孩長大唸書，柳憶雲也從專職的家庭主婦再度走入職場，在某團膳公司的中央廚房擔任業務工作，為了快速的融入這個產業，除了日常的業務開發外，在回到公司之後，她也到廚房中跟著的阿姨一起切菜，以了解到其中的細節，俾在業務工作中可給予客戶適時的建議。

對於現有客戶的服務，她也不會因為客戶數量多而疏忽，總是會在供餐時間抽出時間，每天輪流不同客戶的餐廳關心出餐的狀況，同時聽取客戶對當中菜色的意見，適時的將資訊帶回，慢慢的她也掌握了營運的各種資訊。

在一個偶然的機會，她服務的團膳公司的老闆想要結束營業，而公司所服務的客戶晶技科技鼓勵她自行創業，接下該公司的團膳業務，柳憶雲衡量自己當時的財務狀況，覺得可能沒有辦法承接該項業務。晶技科技看好她的能力，願以免收場地租金及水電費方式，請她經營公司的團膳，柳憶雲在盛情難卻之下，開始了她的創業之路。

團膳所面對的客戶大多是公司內部的員工及少數洽公人士，市場相對較為封閉，可以省掉對外行銷的成本，但是這些員工也可以選擇不來員工餐廳用餐，公司只是會對來用餐的員工補貼伙食費，不會強迫大家一定要來這裏用餐，如何讓員工對餐點的內容感到滿意，進而願意每天都來用餐，對柳憶雲來說，就是件非常重要的事，因為這關係到公司的營收。

為了讓員工有個美好的用餐環境，柳憶雲除了要求桌椅、地板的清潔外，也佈置了一些小盆栽，以創造用餐的視覺效果。除了這些硬體設施外，柳憶雲也非常重視員工對於餐點的想法，她都會在用餐時間隨機與員工聊天，以蒐集員工的想法，做為改善的依據。

此外，她也會把每天的供餐內容與用餐人數做記錄，長期下來的資料再進行分析，以了解員工喜好，再推出受歡迎的餐點，以減少食材的耗損，間接提高的盈餘。

由於每人每餐的費用是固定的，而餐點內容又要能變化不能千篇一律，一天還要供應 4 餐，要有利潤的話，人事及材料成本的控制，對柳憶雲來說顯的特別重要，尤其是在親自到市場採買之後，更深深的體會到採購成本的重要性。

每餐要供應 600 多位員工的自助餐與風味餐，在人事上，柳憶雲把員工訓練成多工的有機組織，每一個人都有多種能力，平時在各人的位置上運作，出餐時段人手不足時，每個人都可以內外場兼顧，打團體戰在短時間內完成供餐的任務，對此，柳憶雲很自豪的說：我的會計都可以做外場的工作。

食材管制的良窳，對淨利的影響非常大，菜煮太多沒吃完，最後只能倒掉變成廚餘，成為成本的浪費，準備的太少，客人不夠吃則會有客訴，為了平衡這些問題，柳憶雲經過多方折衝也找到了解決方案。

由於員工是分批進餐廳用餐，而用餐時間都集中在 2 小時內結束，前二批用餐的菜必須是充足的，第四批用餐的菜量，將視第三批用餐的消耗而定，用餐其間主廚都會不斷出來觀察菜的消耗，來決定後續的出餐，以減少無形的損耗，藉以控制成本。

經過多年的營運，柳憶雲的團膳業務也已能穩定獲利，她也開始思考如何利用現有的廚房做為中央廚房，承接外送業務，目前已有附近的 1 家科技公司成為她的客戶，但規模做大之後，人員、食材等管理都相對複雜，自忖在現在狀況下不易達成，柳憶雲也利用晚上到南亞技術學院的餐飲廚藝管理系再進修，精進自己對於管理的能力，尤其是對於食材成本的控制，以有限的預算為客戶創造最優質的用餐品質。

9-3
損益平衡

　　成本是指為了達到某種目的，所需要消耗的資源，在會計學上常常會依產業及目的的不同，而有不同的分類，在製造業中，生產過程所產生的製造成本，就可以分為直接材料費、直接人工費及製造費用，在買賣業就不會這樣分類了，它的營業成本可能只有存貨成本。

　　在經濟學上，把成本以會不會與產品數量變化有關，分為固定成本（Fixed Cost）及變動成本（Variable Cost）二類，如圖9-2所示。固定成本指不會隨產品的生產（銷售）量改變而增加或減少的成本，如生產線上的機器設備，不管今天的生產量是多少，都需要一台機器運作，它的成本跟產品的生產量無關，在圖9-2中是一條水平線。

　　變動成本是會隨著產品生產（銷售）量改變而增加或減少的成本，也就是產品的產量愈大，變動成本就會愈高，材料成本就是一種變動成本，產量愈大、備料也愈多，因此，材料成本就會增加，表現在圖9-2中就是一條斜線。

　　小強在芒果盛產期想要賣情人果，於是到果園花了1,000元，買了50斤青芒果，回來又到隔壁雜貨店買了10斤糖、2斤鹽，合計花了200元，因此，這批情人果製作完成的材料成本就是1,200元。這批芒果做成情人果後，如果分成50包，則1包情人果的變動成本即為24元。

　　如果這包情人果1包賣50元，小強賺多少錢？名目上看起來他賺了26元，但是，實際上真的賺了26元嗎？如果小強一天的工資是2,000元，這50包的情人果花了他1個人天的時間，在不考量其他成本之下，每包情人果的人工成本是40元。因此，在考慮到固定成本與變動成本後，1包情人果的成本應該是64元，小強賣50元，看似賺了26元，實際上是虧了14元。

　　而企業的總成本就是固定成本與變動成本之和，對企業而言，即使今天沒有營業，還是有固定成本要支出，微型企業在營運初期，可能因為知名度不夠，也可能是競爭者很多，所以，收入可能比成本還低，也就是圖中左下方的損失，一直要到損益平衡點（breakeven point）之後，才會有利潤。

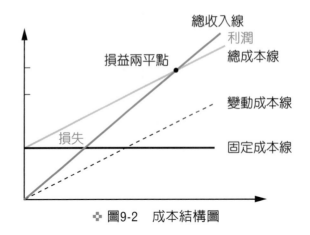

❖ 圖9-2　成本結構圖

　　由圖9-2中可以看出損益平衡點其實就是總收入等於總成本的那個點，也就是企業要評估要賣多少產品才能讓收支平衡，它可以從固定成本跟毛利率計算而來。毛利率是企業銷貨獲利的比例，它是由銷貨收入扣除成本後的毛利，理論上它已經含蓋了變動成本，損益平衡點要思考的是如何用銷售的毛利，來達成收支平衡，損益平衡點可以用下面的公式計算。

$$損益平衡點 = \frac{固定成本}{毛利率} = \frac{固定成本}{1 - \dfrac{銷貨成本}{營業收入}}$$

　　小蘭在忠貞市場開店賣水煎包，每顆賣10元，如果店租每月1.5萬元，雇用2人工作，每月薪資6萬元，水電瓦斯費每月1萬元，銷售成本占30%，營業時間為週二至週日、每天營業8小時，則小蘭每月需多少營業額才能損益平衡？每天要賣多少個水煎包才能損益平衡？

　　在本案例中每月的店租（1.5萬元）、人事費用（6萬元）及水電瓦斯費（1萬元）不管水煎包的銷售量多少，都需要支付的，即為固定成本，而水煎包的材料成本則會因為銷售量變動，視為變動成本。

$$損益平衡 = \frac{固定成本}{毛利率} = \frac{1.5 + 6 + 1}{1 - 30\%} = 12$$

由計算得知，小蘭每月的營業額需達12萬元方能達到損益平衡。

小蘭每週休1日，每月工作26天，將損益平衡的12萬元攤到每一天，每日的營業額約為4,615元，每個水煎包賣10元，所以每天約需賣462個才能達到損益平衡。

小蘭在興仁夜市設攤賣大阪燒，每份售價50元，成本30元，每年的固定成本為800,000元，小蘭要能損益平衡，需要多少銷售額？銷售量？

$$損益平衡點 = \frac{800,000}{1 - \dfrac{30}{50}} = 2,000,000$$

大阪燒每份成本30元為其所用的材料成本，包含了麵粉、各種配料食材…等，固定成本80萬則包括了場地租金、人事費用等跟銷售量關的成本。

小蘭的大阪燒要能達到損益平衡，每年的銷售額必須要達到200萬元，每份大阪燒賣50元，200萬元的營業額必須要賣4萬個（200萬/50）大阪燒方可達成。

個案研討

立志要翻轉世界的社會企業

臺灣的田園美景一直是我們小時的記憶，曾幾何時這個美好的記憶已經面目全非，在一次不經意的旅程中，許焌騰在觀音鄉看到了變色的河流，覺得臺灣美好的環境怎麼會變成這樣？自此之後，他開始關注環境的議題，發現我們生存的環境面臨的不只是河川污染的問題，連土地都被廢污泥污染了，他才開始驚覺事態的嚴重。

✚ 企業除了賺錢外，仍須善盡社會責任

在高科技公司擔任研發主管多年的許焌騰，一方面覺得工作挑戰性不足，一方面又看到我們生存環境的問題，於是開始思考如何解決這個問題，創業的種子在心中慢慢成長著。在接觸到社會企業這個議題時，他發現其實企業除了要賺錢外，還有一部分的社會責任要盡，成立一家社會企業來解決環境議題的這個構想，開始在他的腦海中浮現。

剛開始起心動念時，許焌騰也曾經懷疑過：企業不賺錢怎麼跟股東交待？社會企業要怎麼賺錢？它能不能賺錢？它是不是個非營利機構？經過多方研究，他發現其實社會企業在國外已經運作多年，諾貝爾和平獎得主尤努斯（Yunus）認為社會企業存在的目的是解決社會及環境問題，同時自負盈虧，100%的利潤要用於擴大企業影響力的規模，不作為股利發放給股東。

美國也通過了社會企業類法案，允許社會企業型的公司登記成立為低利潤有限責任公司（Low-profit, limited liability company, L3C），允許它可以為了最大化社會影響力而降低利潤。目前也有很多公司進行B型企業（Benefit Corporation）認證，不但自己成為B型企業，甚至於組成B型企業社群，希望能建立一個新的經濟體系，在這個體系中，拚的不是要成為世上最好的企業，而是對世人最好的企業。

　　經過了這些研究之後，許焌騰決定運用自己在微生物上的專業，離開原公司自行成立一家社會企業—允崴國際，來實現自己運用微生物解決環境污染的問題。由於目前的解決產業在生產過程中排放廢水及污泥的工法，都是在廢棄物產出後，再用化學藥劑來分離、沈澱，不但處理的產能有限，而且也未能治本。

　　許焌騰發揮他在研發上的專業，思考著如何才能從源頭來解決這個問題，於是，他開始試著利用最近幾年所研究的微生物方法，從源頭就讓廢棄物不產生，也就沒有後面處理的問題。

❖許焌騰希望利用微生物，從源頭解決環境污染的問題

　　經過多次的實驗、修正，終於研發出可以一種微生物菌的組合，可以在生產過程中，就能將廢棄物分解，最後所產出的已是乾淨的水。帶著研發出來的產品，許焌騰也看到市場對這個產品的需求，於是，開始主動出擊拜訪相關業

者，但是，大部分的廠商承辦人因為已經有既有的處理模式，即使有新的工法出現，也沒有很大的導入意願，在見不到決策人士的狀況下，許焌騰在業務推展上，始終無法順利拓展。

❖ 允崴國際利用微生物菌的組合來分解水中廢棄物，淨化工廠汙水

在營運遭遇瓶頸之際，許焌騰認為：企業沒有賺錢，怎麼去實現社會企業的目標？於是，他開始改變策略，積極去拜訪相關公會，透過公會的例會，推廣微生物污水處理的技術，期望藉此能將便宜又對環境有利的新工法讓老闆們知道，繼而能將此工法落實到產業，進而改變臺灣的環境。

即使面臨了產品推展的瓶頸，但是，許焌騰一直不改他一貫的樂觀思維，他還是笑著訴說著他的社會企業願景，名字是不是叫社會企業並不重要，重要的是，組織的存在本身解決了社會上既存、又沒有其他組織有能力或有意願去解決的問題，當一個組織在解決特定的社會/環境問題的同時，巧妙地創造出利潤來維持組織營運，他就是社會企業。

創業故事大省思

　　門店開張在營運初期，看起來每天都有營收進來，但是，小君、小文及小香都感覺好像沒有賺到什麼錢，總是覺得每天為錢在奔波，經過多次討論都沒有結論，不知道是哪個環節出了問題。

　　三人決定再去找司馬特老師討論，老師聽完她們的問題，先問了一個問題：妳們有沒有做日記帳？小君首先發難，她說：什麼是日記帳？要怎麼做？小香也跟著回應：我們沒有唸過會計，怎麼做日記帳？

　　司馬特老師笑著回答：妳們沒有日記帳，怎麼知道每天的收入跟支出狀況呢？哪些項目的支出會過高？必要的成本到底是多少？接著他又問了另外一個問題：妳們每顆水餃的成本是多少？一顆要賣多少錢？一顆水餃賺多少錢？

　　小文很快的回答了這個問題，我們每顆水餃的材料成本是5元，一顆水餃賣6元，每顆可賺1元，可是總是感覺沒賺到什麼錢！司馬特老師喝口咖啡，接著說下去，這顆水餃除了材料費用外，還會有什麼費用要攤？三人聽完這個問題，面面相覷不知如何回答。

　　司馬特老師娓娓道來，妳們剛剛說的每顆水餃5元是指製作水餃的材料成本，這是變動成本，它會跟水餃的數量有關，還有一種成本叫固定成本，它跟水餃的數量無關，即使今天開門沒有賣出任何一顆水餃，都要支付這個成本，像妳們三人的薪水、水電費、房子的租金…等，固定成本也要攤到每顆水餃的成本中，才能回收啊，妳們所謂的1元利潤看起好像每賣1顆水餃就賺1元，那只是毛利而己，固定成本並沒有攤進去。

　　其實日記帳也沒有妳們想像那麼複雜，不需要唸高深的會計學也可以做的出來，最簡單的做法是像記流水帳一樣，先不要去想什麼會計科目、借貸方…這些問題，只要先按時間順序記下每一筆收入及支出即可，到月底再來看看妳們的收支，就能找出問題在哪裏了。

　　三人聽完老師的說明，決定等一下就去找一本筆記本，從今天就開始記錄每一筆帳，一個月後再來檢視結果、找出問題。今天的討論會就在濃濃的焦糖瑪其朵香味中進入尾聲，三人心裏暗暗下定決心，下個月一定要更好！

問題

1. 在製作水餃的過程中，應該考量到哪些成本？

2. 你認為固定成本應該怎麼攤到每顆水餃中才合適？

商圈立地評估

本章架構

1. 了解商圈立地條件
2. 商圈立地評估方式
3. 商圈的競爭如何分析

本章個案

- 商圈立地是獲利關鍵因素
- 開一個不一樣的補習班

10-1
商圈

微型創業者由於資源及規模，可以選擇的產業不多，不是在家從事SOHO（Small Office Home Office）服務，就是開個小店營運，在家做SOHO族當然沒有店面的問題，如果要經營一個小店，店面的選擇就很重要，它攸關創業的成敗。

店面開發成不成功，商圈（trading area）調查與立地（location）評估，絕對佔了舉足輕重的地位。創業者透過商圈調查，可以預估門店座落地點可能交易範圍的住戶數、流動人口量、消費水準、營業額。透過立地評估，可以從門店立地的便利性、人的動線與流量、車的動線與流量、接近性、視覺效果等，判斷該點是否適合開店，才不致因為盲從而貿然開店，最後落得血本無歸。

▶10-1-1　商圈定義

商圈通常都是以自己的門店做為圓心，向外延伸一定距離，以這個距離為半徑，所形成的一個消費圈。不同的學者對於商圈有不同的定義，美國行銷學會的定義委員會（The Definition Committee of the America Marketing Association）定義商圈是一個有邊界的區域範圍，這個範圍的大小是由其邊界決定，在此區域內，每個銷售單位在銷售數量和成本上，能具有經濟性的收益。

Huff D. L.認為商圈是一個地理上所描繪出的區域，在此區域內包含了潛在的顧客，這些顧客會有大於零的機率，透過特定的商家或經由特定商家所凝聚成的聚落去購買特定的商品或服務。

王寶玲則認為商圈是消費者從事購買活動時，會優先選擇到該商店購物的顧客，其所分布的地區範圍，也就是指商店的勢力範圍。創業者在設定商圈時，就要考慮到商圈居民的生活型態、結構…等因素。

　　在周泰華、杜富燕的研究中，對商圈的定義為：商圈係指一家零售商店的顧客所來自的地理區域，在一地理區域的潛在顧客有高於零的距離率會前往購買產品，商圈的觀念是針對一家零售商店及其產品而來的。

　　在他們的研究中，把商圈又區分為主要商圈（primary trade area）、次要商圈（secondary trade area）與邊緣商圈（fringe or tertiary trade area）。

一、主要商圈

　　主要商圈係指一家商店大約七成的顧客所來自的地理區域。在這區域內，由於這家商店具備易接近性的競爭優勢，足以吸引顧客前往惠顧，形成非常高的顧客密集度，而且通常不會與競爭者的主要商圈重疊。

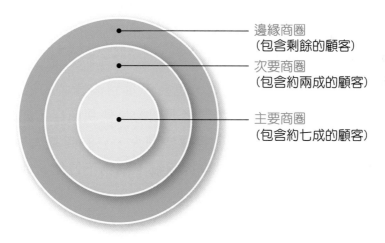

邊緣商圈
（包含剩餘的顧客）

次要商圈
（包含約兩成的顧客）

主要商圈
（包含約七成的顧客）

❖ 圖10-1　主要商圈、次要商圈及邊緣商圈

二、次要商圈

　　次要商圈指主要商圈在向外延伸的區域，包含大約兩成的顧客。一家商店對其次要商圈的顧客仍具有相當的吸引力，但是往往要與其他競爭者爭取相同的顧客，顧客也視這家為次要的商店選擇，寧可選擇距離較近而其他條件相同的商店。

三、邊緣商圈

邊緣商圈為商店剩餘一成顧客來源的所在，顧客或許是碰巧在商店附近，而臨時起意光顧這家商店，也很可能是對這家商店的忠誠度非常高，才可花較多的交通時間光顧較遠的商店。

Levy and Weitz將商圈的定義為：商圈是指一家商店之主要銷售和顧客所來自的地理區域。李青云於2008年引用Levy and Weitz的理論，進一步把商圈組成分為：一次商圈、二次商圈及三次商圈。

一次商圈是指以自己門店為中心，半徑約為3哩到5哩或10分鐘車程內區域，它對門店貢獻了約有60%~65%的消費額。二次商圈是指以自己門店為中心，把半徑擴張到3哩至7哩或15~20分鐘之車程區域內，這個區域可以貢獻門店約20%的消費額。三次商圈則是指機會性購買者，在大都會地區的範圍大約是半徑15哩，而郊區或偏遠地區的範圍則可以擴及50哩。

商圈的另一種定義是商業區域（business district），此種觀點是以顧客也就是消費者為出發點，強調的是2家或2家以上的商店所聚集的零售據點，消費者會前往購物之地理區域中的商店群。

商圈理論上是愈大愈好，但是，也要考量到消費者的心態、競爭者的位置及地理環境上的限制，例如創業者要開的是便利商店，如果這個門店開在市區，因為競爭者眾，消費者的選擇空間大，它的商圈大小可能只有100公尺，如果把門店開在鄉下地區，則因為鄉下購物不方便、缺乏競爭者，所以，商圈可能會達到1,000公尺，甚至於更大。

▶10-1-2　商圈分類

商圈分類的最終目的是為了設定一個特定的範圍，以方便業者進行商圈調查分析，因此，商圈可以依不同的條件因素來予以分類，如立地環境，所在位置、顧客來源、業種（kinds of business）分布、消費型態、交通動線…等。然而通常商圈並不容易以單一的分類法加以劃分，因為一個商圈往往兼具數種類型的商圈特質。以下說明幾種常見的分類方式。

一、依消費者屬性分

商圈依其消費者的屬性可分為：住宅區、文教區、工業區、娛樂區、辦公區及商業區。

1. 住宅區

住宅區商圈的消費者以商圈內住家為主，購買商品偏重於居家用品以及商品，且來客高峰時段常集中於早市時間與傍晚下班放學後。

2. 文教區

文教區商圈內之消費者以學生為主，年輕人的可支配金額度雖然有限，但他們對於金錢精打細算的能力卻也相對的低。一般而言，學生大都講求便利、舒適、追求流行、新潮以及重視品牌與格調，所以高知名度之休閒食品、飲料以及簡易之日常用品，在此類商圈之門市中便成為主力食品。但是，在這個商圈內以學生為主要消費者，寒暑假學生回家後，將會是業者的淡季，必須做好準備，以平衡淡旺季間的落差。

3. 工業區

工業區商圈內的消費者以商圈內工廠從業人員為主，該類消費者之可支配金額度較高，且因工作性質所需，對於提神飲品、清涼飲料、熱食以及菸酒之需求較大。

4. 娛樂區

娛樂區商圈內之消費者以休閒娛樂傾向為主，其商品種類以及產業型態較多樣化，以充分滿足消費者之需求。

5. 辦公區

辦公區商圈位於辦公大樓林立的地區，一棟辦公大樓內的員工人數可能超過一、二千人，辦公大樓內的上班族外食比例非常高。

6. 商業區

商業區是商業行為集中的地方，由於過路客的增加，形成各種商店聚集之處。

二、依人潮聚集方式分

經濟部把商圈依照人潮聚集方式分類，可以分為：百貨商圈、交通中心商圈、文教校園商圈及夜市商圈。

1. 百貨商圈

百貨商圈是以百貨公司為主導，藉著其強大之吸引力與集客力，帶動地方發展與塑造繁榮的商業氣息，並進一步吸引小型商店進駐。

2. 交通中心商圈

交通中心商圈是以交通運輸轉運站集結地區為中心，如臺北站前商圈就是以臺北車站為中心，所形成的商圈。

3. 文教校園商圈

文教校園商圈是以校園為中心的商圈，如台大商圈以及中原商圈，就是分別以臺灣大學與中原大學為中心，所形成的商圈。

4. 夜市商圈

夜市商圈是以夜市、市場或商店街為中心之商圈。如士林商圈、六合商圈，就是分別以士林夜市及六合夜市為主，所形成的商圈。

❖ 新光三越百貨商圈　　　　　　　　　❖ 臺北車站商圈

三、依所在位置分

經濟部依商圈所在的位置,把商圈區分為:都市中心型、副都市中心型、大地區中心型、地區中心型及鄰近中心型。

1. 都市中心型

都市中心型的商圈,其範圍包括整個都市的四周,交通及人潮流量來自四面八方,又稱都會複合型商圈,如臺北站前商圈以及忠孝東路商圈。

2. 副都市中心型

副都市中心型商圈是公車路線集結的地區,可以轉換車,形成交通輻奏地區,又稱全市複合型商圈,如臺大商圈以及士林商圈。

3. 大地區中心型

大地區中心型商圈是公車路線可以延伸到達的地區,又稱地區型商圈。

4. 地區中心型

地區中心型是指範圍大約1公里左右的商圈,又稱生活商圈,如內湖商圈。

5. 鄰近中心型

鄰近中心型的商圈是設定大約在半徑250-500公尺左右的商圈,又稱徒步商圈,如桃園市中壢的中平商圈。

❖ 臺大公館商圈　　　　　　　　　　❖ 士林夜市商圈

▶10-1-3　影響商圈發展的因素

　　商圈是因應消費者之需求而形成的商店聚落，影響其發展的因素主要有人口數、商業情況、交通運輸、公共設施及成本等5項。

1. 人口數

　　人口成長代表一個地區的發展狀態，人口數量之多寡直接影響到這個地區的商業消費能力。消費人口的多寡是直接影響市場發展之主要因素，其年齡結構、教育程度、戶數及地理分布等因素，都會影響消費商圈的商業設施種類、型態、規模及服務品質。以設在住宅區的門店而言，最好在商圈內要有1,000戶以上的住戶，才可能維持它的營運。

2. 商業情況

　　創業者開店的目的就是在追求永續經營及獲得最大利潤，所以，在決定店址時會針對其商品競爭力，選擇聚集效益成數高的地點。一般可由商店設施數、規模、使用土地面積及就業人口等情況等，得知商圈之型態與活力。

3. 交通運輸

　　由於汽車的普及率快速增加，使得一般家庭不僅擁有汽車，更習慣於使用汽車，這就意味著人們的移動速度會更快，而且移動距離會更遠。在這些條件下，商圈的發展就與交通距離、工具與道路之開闢息息相關。

4. 公共設施

　　公共設施的便利性是商圈聚集人潮很重要的因素，所以，創業者要尋找的商圈不僅應該要有便利的大眾交通運輸網，還要能提供大量之停車位。為使民眾購物、休閒之愉悅性，不僅應考量商店內部之陳設，更應注重整體之規劃動線，公共空間與公共設施之設計是創造商圈吸引力之一大要素。

5. 成本

　　Alonso and Scott提出都市地租理論，以地租競標之觀點說明不同產業之區域分布，在高地價路段，僅有少部分業種能支付高額租金，因此會產生排擠效應，而形成部分業種聚集在特定路段或區塊的現象。由此可知，包含租金、稅金…等成本都會直接影響到店家經營的利潤，成本影響到門店之經營，如果門店無法改善其獲利，又處於高成本下，為求生存，只有去找一個成本低的地方營運。

10-2
立地

立地指設立商店所需的地點條件，立地條件良窳，攸關開店甚鉅，而立地條件又取決於商圈的大小、當地的交通流量及客層。商圈是一個大的地理區域，而立地要做的事是在這個大的地理區域中，找出適合創業的店面。

▶10-2-1　立地條件

創業者在創業之初，選擇立地的地點是件很重要的工作，消費者易經過、聚集，且具有特殊設施之場所，如商業辦公大樓、圖書館、機關團體、經濟樞紐、交通要道、人口聚集地、大型社區…等，均為設店必須考慮之因素。

此外，新都市計畫的區域或人文景觀之變遷，對設店未來市場之潛力，亦會有所改變，因此對於設店地點的評估，務必要對未來可能發生的變化深入探討，包括異業介入之可行性評估、所屬商圈地域之變動、交通動向、公共設施以及商業娛樂中心等的發展狀況。

依據經濟部所做的調查顯示，開店失敗主要有三個因素：

1. 地點選擇失敗。

2. 評估人員作業不精準以致調查的資料與判斷不符。

3. 只為開店而開店，因此產生了許多失敗店。

可見得門店地點的選擇是件很重要的工作，尤其是零售店，門店的經營受立地因素影響非常大，因此，如果選擇具有市場潛力的立地，未來在業績上將具備先天優勢。

創業者在開店前，應該要先注意以下三件事情：

1. 對於位於新都會區的店面，如果預估未來之發展潛力，要一年以上方能達到損益平衡點，則這個地點顯然投資報酬率不好，就應該要早點放棄。

2. 立地的策略需考量經濟發展與企業整體的長期發展，因此在展開設店經營規畫時，要配合外在的市場環境與資金狀況。

3. 在開店時，要考慮本身立地及經營條件，並避免在已經飽和之區域開店，而與同業造成商圈重疊之競爭，致兩敗俱傷。如果在未達飽和之區域開店，即使與同業商圈重疊，有可能形成競合的狀態，亦即既競爭又合作，相互集客擴大商圈。

基於以上的考量，創業者在選擇立地時，需要考慮的事項包括：居住者的便利性、人車的動線與數量、視覺效果及接近性。

一、居住者的便利性

選擇立地條件，首先要考量居住者的便利性，有了購物的便利性，顧客才會願意來消費，因此，立地的點在消費者動線上就很重要，不能逆向而為。在車輛動線上，上班、上學的動線比下班、下課的動線差，因為上班時，一般人都忙著趕時間，過門不入的機率較高，故選擇的展店地點最好是在下班動線上，消費者才能有足夠的時間與心情進來消費。

其次要考慮的是日常生活的動線，門店最好能開在消費者日常生活就會路過的動線上，如家庭主婦買菜必經之路，則家庭主婦在買菜途中就可以順道進來消費，而不會因為要專程或繞路才能來，可以增加其來店的意願。

立地除了要在目標客群日常生活的動線上，同時還要是進出容易且容易停車的地方，消費者要求的是方便性，如果把餐廳開在小巷中，消費者進出不易，就不會想來消費。近年汽、機車普及，大家都不想坐大眾運輸工具，如果門店停車不易，除非消費者沒有其他選擇，否則他會選擇好停車的地點消費。

二、人的動線與數量

開店一定要有人流才行，雖說人流不一定會成為金流，但是，沒有人流一定不會有金流，根據經濟部的調查顯示，一個好門店立地的點，一定要在主動線上，而且在15分鐘內要有30人以上通行量，這裏所謂的通行量，是指有效的目標客群，即有可能上門且客單價在一定水準之上，才列入計算，不能隨隨便便就把路人算進去。

其次，門店立地商圈的住宅要在門店背後，門店的位置最好位於主要出入口上，因為住宅在門店背後，住戶回家時一定會看到，廣告效果佳，如果再加上停車方便，將可有效掌握流動客源。

門店除了要位於主動線上，如果商圈的動線有2條以上，則這2條動線的交會處，也就是三角窗的位置，是較佳的地點。如果是位於有坡度的道路，下坡路線較爲有利，畢竟駕駛都不喜歡上坡起步。

三、車的動線與數量

　　門店的立地也需要有車流，車流太多、太少都不好，根據經濟部的調查顯示，較佳的立地點，15分鐘內要有50輛以上的通行車輛，太多會造成擁塞的車流，太少則顯得冷清。

　　車輛除了商圈內的車輛外，最好還能有適當數量的外來車，商圈才顯得活絡，至於靠近路面的店，如果還有一些空間，讓消費者可以停車購物，則是比較理想的地點。

　　商圈的道路寬度應該要適中，讓不同向的車子亦可購物，人都是嫌麻煩的，道路太寬就會懶的過馬路，也會因爲不注意而過門不入，太窄的道路又會造成停車的困難，讓消費者不願意前來消費，常發生交通阻塞的道路，更是要避免在其附近設店。

四、視覺效果

　　視覺效果是指店舖的招牌在多遠的距離才能被消費者看到，尤其是在郊外的地點，其視覺性變的非常重要。門店的招牌儘可能要能在150公尺前，就可以很清楚的的被消費者看到，如果不能達到這個標準，至少也要在50公尺前就能被看到，否則當車輛駕駛看到招牌時，已來不及停車，就無法吸引顧客上門消費。

　　位於三角窗的門店，除了有2條動線交會外，它的廣告效果也較佳、視覺性也較理想。街道上的樹木、安全島、電線桿、天橋、大樓等，都可能阻礙到招牌的視覺效果，選擇門店立地都要特別注意。

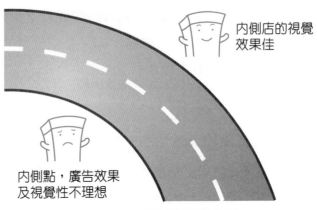

內側店的視覺
效果佳

內側點，廣告效果
及視覺性不理想

✤ 圖10-2　彎道的視覺效果

　　門店位置如果是在彎道上，曲線道路轉彎的外側位置，可以讓車輛駕駛在比較遠的地方就可以看到招牌，其視覺效果較內側好。

五、接近性

　　接近性指消費者用徒步、車輛、摩托車等方式來店所佔的比例，如果消費者大多是以車輛或摩托車來消費，則門店前面最好能有停車空間及位置，可使流動車輛方便停車購物。

▶10-2-2　選定店址

　　前一小節已經討論到立地的條件，本小節將討論如何選定門店的位置。

一、選址的理論

　　門店選址的理論很多，本小節介紹常用的3種方法：最小差異原則（the principle of minimum differentiation）、中地理論（central place theory）和競租理論（bid rent theory）。

1. 最小差異原則

Hotelling於1929年提出零售區位理論，認為門店選址必然會選擇銷售利益極大的店址，店址應該自由去設置，不要過度集中且彼此相接近。商店在選址時，會考慮消費者的旅行成本和本身售價與競爭對手售價的關係，如果雙方價格上相同，商家必然會採取緊鄰的方式形成群聚效應，而達成均衡狀態。

假設在一條筆直的海灘上有兩位賣冰淇淋的小販A、B，位置如圖10-3所示，其產品和成本完全相同，且顧客都平均分佈在線型的市場上，每位顧客的偏好一致，皆會選擇最近的供應者來購買冰淇淋，每次消費皆為一單位。

剛開始，A、B兩位冰淇淋小販，各佔據自己的位置，A小販賣給他左邊的所有顧客，B小販則賣給他右邊所有的顧客，在A、B之間的顧客則會選擇最近的小販購買冰淇淋。

當A看了當時的市場狀況後，認為如果他移到B的旁邊，他便能吸收許多原來向B購買的顧客，並且還能保有他自己原來的顧客，於是，他決定移至B的左邊。

這時，B也如法炮製移到A的左方，希望能吸引海灘左邊的顧客，相互競爭的結果，使得最後A、B都會移至海灘的中間，彼此平分市場，而市場也趨於穩定，A、B雙方都無法再利用移動店址獲取更高的利益。

Hotelling認為這樣會造成資源浪費，消費者的運輸成本會提高，所以主張商家應該平均分布在服務範圍內，才是對商家和顧客而言都是最佳的結果。

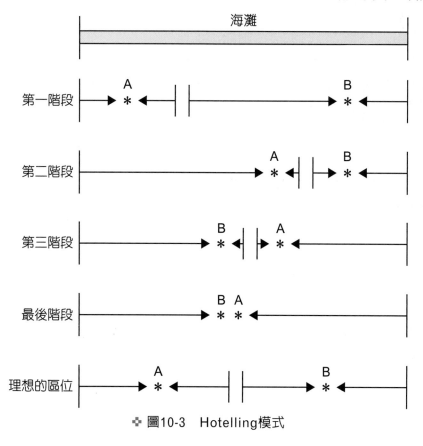

✤ 圖10-3　Hotelling模式

Boulding認為市場上有一種無形的力量驅使商家聚集在一起，而Hotelling的理論無法解釋市場上相同業種與業態（types of operation）的商家會聚集在一起的原因。於是，他提出最小差異原則，認為商家聚集是盡量使新進的業者會盡量使產品相似性提升，在空間上亦會取相同點。

2. 中地理論

德國學者Walter Christaller在1933提出中地理論，說明零售商店和它所存在的地理景觀之間的層級關係，他的基本假設是：

(1) 有一個沒有任何地形阻礙的平坦區域。

(2) 在這個區域上的人口平均分佈。

(3) 所有自然資源最後都會被分配完畢。

(4) 所有消費者的都具有相同的購買能力而且這種能力一直維持不變。

(5) 產品或服務的提供者無法獲得超額利潤。

(6) 在這個區域內只存在單一種運輸的方式，其運輸方式能無遠弗屆。

中地理論是利用各城市與鄉鎮所提供的商品種類與服務來滿足周圍地區民眾，由於考量距離與成本的因素，城市與鄉鎮的位置往往會在其所屬服務範圍的中心位置，因而形成所謂的中地概念。

但是，每個中地所能提供的商品和服務具有差異性，因此形成不同層級的中心性，中心性越高的城市所能提供的服務範圍越大。提供此商品種類與服務範圍亦越多，而較低階的中地則包含於高階中心的輔助地區內，如此一來各不同階層的中地，依照服務功能和規模便構成一個完整的中心體系。

3. 競租理論

競租理論是由Alonso在1964所提出的，土地的價格和需求因為其與商業中心區域的距離增加而改變，土地的使用者會和其他更靠近市中心的土地來比較。如果土地越靠近市中心，在考量利益極大化的動機下，土地的購買者會願意出更高的價格來購買相同的土地，因為越靠近市中心的土地，可接近性亦越高，能吸引更多的消費者，或交通便利性越高，而使土地的購買者願意付出更高的金額來取得該筆土地。

二、選址考量因素

門店位置的選擇因素，包括了所選商圈的地理環境與人口。

1. 商圈的地理環境

會影響到商圈的地理環境因素包括商圈的大小與形狀，而商圈的大小、形狀，又受到消費者接近度、競爭者的位置、河流、山川及高犯罪區域等因素的影響。

此外，交通也是一個影響商圈大小的重要因素，以前交通不便時，商圈大小可能只有數百公尺到數公里，如鄉間的小雜貨店，就只會服務村落人口，市區的百貨公司可服務的顧客範圍就較大。

隨著交通的便利，以臺北的101商圈為例，桃園、中壢地區都有客運在1個半小時以內都可到達，於是，它的商圈範圍即可擴大到50至60公里。至於義大世界的廣告主打坐高鐵來買都划算，把高鐵一日生活圈從高雄擴大到臺北，從臺北到高雄約1個半小時到2小時即可抵達，商圈的範圍就變成300公里。

2. 商圈的人口

為了分析未來顧客的需求，就需要瞭解商圈內的人口特性、人口多寡與密度，因此，對商圈內的人口需要詳細研究的內容包括以下幾點。

(1) 人口的年齡結構

由於消費者年齡不一樣，他的需求也會不同，所以，各種型態的商店想要成功的經營，就必須先對商圈內消費者的年齡資料做詳細分析。

(2) 兩性與婚姻地位的差別

商圈消費者的婚姻狀況跟年齡一樣，都會影響到業態及銷售額，最重要的是調查有沒有異常現象。例如商圈內的人口大部是有幼兒的小家庭，則該商圈內就會有嬰幼兒用品的消費需求。

(3) 人口的季節變動情形

商圈內的人口會不會因為季節而變動，也是影響到營收一個很重要的因素，如果所選定的商圈易受季節變動影響，這項資料就要詳細蒐集、評估。如在學校附近的餐廳、冷飲店…等，就會面臨學生寒、暑假客源減少的問題。

(4) 宗教派別、教育水準和國籍別

這些因素常與偏見、需要和感受的差異相關，在選擇門店的商圈時，也要評估其人口數，以事先做因應對策。

(5) 所得水準

商圈人口的所得水準會影響消費能力，其估計方法有多種，如行政院主計處所編的每人所得和家庭收支資料，每戶註冊的電話和汽車數，住宅的價值等統計資料。

(6) 自有住宅與公寓租戶

自有住宅與公寓租戶對於食品和服裝購買可能沒有顯著差異，但是，對於家庭用品和園藝工具的銷售影響可就大了，房客通常不會買太多家庭用品或裝飾性的產品。其次，新購住宅者與已有住宅者的購物差別也很大。

三、評估店址的方法

評估店址的方法有很多，考量創業者在創業初期沒有很多的資源與時間，本小節將介紹較爲容易執行的幾種方法，供創業者參考運用。

1. 經驗法

經驗法是利用綜合經驗、實際觀察和試誤的判斷方式，找出與銷售表現有關的因素，經由測試發現這些因素與銷售額有明顯相關性時，就成爲店址選擇的重要準則。

2. 檢核表法

檢核表法是將許多影響門店地點選擇的因素一一列出，包括了行人交通、汽機車交通、停車設施、運輸系統、商店組合、特定地點的考慮因素、進駐的條件等，給予各評估項目1到10分的分數，再在商圈內進行有系統的對潛在店址進行比較，以評估出一個地點的相對價值。

3. 類比法

類比法是Applebaum在1968年所提出的，首先要找出最有發展潛力的地點，再來找出與該點相類似條件的商店，此商店稱爲類比店。調查類比店對不同距離下對顧客的吸引力，來劃分消費者的分布範圍，用其來估算潛在地點的服務範圍和銷售額，估算績效最佳的地點則爲新商店的建議店址。

創業 小故事

商圈立地是獲利關鍵因素

在車水馬龍的平鎮中豐路上，一個不起眼的水果市場旁，FB 上的我是中壢人社群發現了一個有風格、設計感的小店，裏面賣著古巴三明治、3.2oz 的美式漢堡及義式帕尼尼，除了 FB 社群多次的直播報導外，這家小店也受到知名美食部落客的多次報導。

章銓在規劃要創業時，就決定開一個不一樣的店，在尋找門店的過程中，發現南勢這個客家小庄還沒有人開過美式漢堡店，章銓在做過市場調查後，考量現場的車流及附近平鎮工業區的上班人潮，決定把他創業的第一家店就開在中豐路上。

為了要讓產品具有獨特性，並與坊間的早餐店都用現成的漢堡肉做市場區隔，章銓決定要自己做漢堡肉，為培養自己在研發上的專業能力，他在創業之前就先到勞動部勞動力發展署桃竹苗分署接受職訓，學習西餐的做法，奠定自己爾後可以自行研發菜單的能力。

正式營業後，章銓每日做收支記錄，不斷的檢討客人的消費習慣，藉以改變自己的營業方式，這期間他也發現早餐的客人都是要趕著去打卡，而他的漢堡及帕尼尼都是要現做，時間上往往不能滿足客人的時間，於是，他開始慢慢的調整客群，開始開發上班族之外的客人。

營業後不久即有著名的部落客前來消費，並撰寫報導文，章銓看到之後立刻針對部落客所提到的缺點，對食材的製作及配方加以改善，很快的改善了部落客所提到的缺點。

在門店業務上軌道之後，章銓開始了他的擴點計畫，挑戰到夜市去開店，第一個點設在龍潭大廟前的夜市，在多次評估人潮後，選定了廟前的騎樓，跟店家租下騎樓設置自行設計的餐車，並與隔壁的飲料店異業結盟。

在合約到期後，有了經營夜市的經驗，章銓決定給自己更大的挑戰，經過多次評估，於是轉戰八德的興仁夜市，並將產品集中在帕尼尼上，為了因應夜市的人潮，他利用店內下午的營運空檔先把帕尼尼做成半成品，到夜市只要再加熱即可食用，以減少客人等待的時間。

在經營上，章銓也跟上現在潮流在社群媒體上做行銷，除了在 FB 上建立自己粉絲頁，也利用 LINE@ 官方帳號做各種的促銷活動。同時也提供自己的場域給南亞技術學院餐飲廚藝管理

系的學生做課程的實習，希望把自己的經驗傳承給學生，積極培養後進不遺餘力。

有了門店與夜市的不同營運經驗，章銓也開始思考未來的展店計畫，他分析了現有門店在經營上的優缺點，規劃著未來展店後的營運模式，也思考下一個門店的位置，在這幾次的經驗中，他發現商圈立地的選擇對一個創業者來說，是件非常重要的事。

10-3
商圈立地評估

　　商圈立地的評估，理論上是要先做商圈評估，再做店址選擇，但實務上往往是二者一起進行。本節中將先介紹決定商圈地點的因素，再討論立地資訊從哪裏可以取得，最後提供微型創業者一個可以用來評估商圈立地的評估表。

▶10-3-1　商圈地點的決定因素

　　由於經濟的高度成長與國民所得的提升，在消費意識與生活水準上產生了極大的變革，羅斯托（W.W.Rostowd）在成長起飛論中指出，經濟發展到成熟階段，是一個充分消費的時代，而這個階段也將是零售業蓬勃發展的時代。

　　在林子修等人的研究中，將產業結構與消費需求的變化，分為三個階段如表10-1，對於生活上量與質的要求，是由充實化而漸漸轉向個性化與多樣化，為了滿足消費者的需求，整個產業在流通結構上自然就會產生變化。

⤵ 表10-1　產業結構與消費需求變化

區分	第一階段	第二階段	第三階段
食衣住行	量的擴大	質的充實	充足
生活環境	不定	質的充實	充足
閒暇	不定	量的擴大	質的充實
生活意識	（消費者）食衣充足化	慾求顯著化	個性化
生活型態	食衣住為中心	（消費者）安全舒適為中心	（生產者）生活價值為中心

　　為了因應消費者需求產生的產業變化，業者開始將國外的經營技術、商品陸續導入國內市場，同時，國內的生產技術、流通結構也開始轉型，進而導致市場的競爭與流通體系的重組與開發，所以，整個產業市場上所呈現的是業種與業態的多種組合與開發。

未來在零售市場上存在的將是與食、衣、住、育、樂等有關的業種，透過經營主體，商品蒐集幅度、店舖經營規模、銷售方法、附加服務、價格政策、店舖設施等業態因素，以各種不同的經營風格與販賣方式提供給消費大眾。

　　因此在面對這些消費趨勢的變化與流通結構的轉型，經營者在規劃各項營運的措施時，就必須掌握此一趨勢。在選定商圈地點時，就要考量以下因素：

1. 良好商業區的吸引力，以及各個商店各自的吸引力。

2. 較好且大的商圈規模。

3. 充足的停車場設備。

4. 較佳的交通（徒步和車輛）流量。

5. 適當的商店間數、種類、大小、品質以及服務的效率。

6. 簡明具體的地方法令條例，以及區域的規則。

7. 座落地點。

　　在這樣的思維下，創業者在決定商圈時，就要考量商圈的人口特徵、經濟因素、就業狀況及影響生活品質的因素。人口特徵包括：年齡的結構、教育層次、自己擁有房子的比例、政治態度、人口成長率、性別、社會階層、次文化。經濟因素包括：勞工的供給、可任意支配的收入，勞工供給影響到日後門店員工的雇用，可任意支配收入直接影響到消費能力，間接影響門店營收。

　　就業狀況包括：季節性顧客的出入量、稅賦、商業型態、整個零售業的銷售情形。而影響生活品質的因素有：公共交通、運輸、人民團體、天氣、消費者組織、信仰、空間的發展型態、公園以及其他休閒區域、公立學校、道路、戲院。

▶10-3-2　門店立地的決定因素

　　創業者在決定商圈位置後，接著要面臨的是要如何在商圈內選定自己的門店位置，根據經濟部的研究顯示，門店立地要評估的條件包括：居住者、交通及吸引力。

一、居住者條件

居住者條件代表基本客戶的來源，它所要蒐集的是門店周圍的人口特性資料，包括以下幾項：

1. 設店地點之都市現況。

2. 設店地點的人口數、密度以及家庭戶數等。

3. 該商圈的人口增加率、外流情況，以及將來可能的人口數或家數。

4. 該商圈內人口的年齡及職業結構。

5. 該商圈內的所得及消費習性。

6. 該商圈的產業結構。

7. 住宅建設的狀況及分布位置。

8. 未來的建設計畫。

二、交通條件

交通條件影響到顧客來店的意願，要思考的問題包括：

1. 道路發展的狀況，如高雄鐵路地下化計畫、輕軌計畫及臺中捷運等計畫開發完工後及運作中，可能帶來的變化。

2. 公車的路線。

3. 主要車站每日上、下客及出入人數。

4. 各車站牌的位置。

5. 道路的相關作業，如紅綠燈的增加、道路的拓寬、交通規劃等。

三、吸引力條件

吸引力條件所關注的是門店位置、消費金額、競爭環境…等，可否吸引客人來店，有了人潮才有可能會有錢潮，創業者要蒐集以下資料加以判斷，才能讓業績成長。

1. 學校分布狀況，而且要把公立與私立分別標明。

2. 各學校學生人數及零用金狀況。

3. 白天人潮及夜間人潮。

4. 同業的競爭能力及其影響力。

5. 異業是否可達到互補作用。

6. 租金、停車設施及相關法令。

　　上述資料都是創業者在創業前做調查時，應詳細蒐集的資料，蒐集越清楚，則開店成功的機會將大為增加，切不可憑著感覺開店，或人云亦云。

▶10-3-3　商圈立地的評估

　　前面已經對商圈及立地評估的方法做介紹，想必創業者還是有不知從何著手的感覺，本小節中，將提供一些表單供讀者參考調整成自己需要的。

　　商圈調查的方法有很多，本書參考李華隆的研究，把它分成質化調查與量化調查2類，質化調查著重於現況的敘述、評估，不涉及數量，如表10-2所示。

　　量化調查則是把調查結果以數字來表現，據以評估各個可能門店地點的優劣，如表10-3所示。

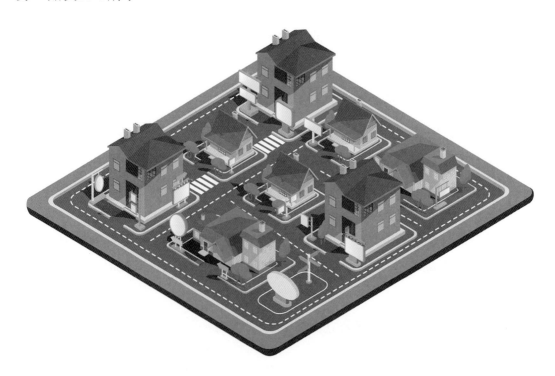

↘ **表10-2　商圈立地質化調查表**

<table>
<tr><td rowspan="17">立地調查</td><td colspan="2">開店地點附近商圈狀況</td><td>□熱鬧　□普通　□冷清</td></tr>
<tr><td rowspan="3">設立店鋪有利條件</td><td>公司企業或辦公大樓</td><td>□10家以上　□10家以下　□無</td></tr>
<tr><td>人潮聚集</td><td>□大量　□普通　□少量</td></tr>
<tr><td>車站或公車站牌</td><td>□有車站或站牌　□無車站或站牌</td></tr>
<tr><td rowspan="2">設立店鋪不利條件</td><td>類似產品、價格的競爭店</td><td>□無　□3家以下　□3家以上</td></tr>
<tr><td>附近建築工地</td><td>□無　□有</td></tr>
<tr><td rowspan="3">設立店鋪交通條件</td><td>行人動線方向</td><td>□我方多　□差不多　□對面多</td></tr>
<tr><td>車輛動線方向</td><td>□我方多　□差不多　□對面多</td></tr>
<tr><td>門市前停車方便性</td><td>□門前可停車　□附近可停車　□無</td></tr>
<tr><td rowspan="3">設立店鋪其他條件</td><td>招牌能見度</td><td>□能見度高　□普通　□能見度低</td></tr>
<tr><td>店面寬度</td><td>□4公尺　□5公尺以上　□3公尺以下</td></tr>
<tr><td>500公尺內社區規模</td><td>□1,000戶以上　□500戶以上　□500戶以下</td></tr>
<tr><td rowspan="16">商業調查</td><td rowspan="4">競爭店調查</td><td>競爭店數量</td><td>無　□2家以下　□2家以上</td></tr>
<tr><td>競爭店距離</td><td>□遠　□無競爭店　□近</td></tr>
<tr><td>競爭店營業實績</td><td>□差　□無競爭店或不詳　□好</td></tr>
<tr><td>競爭店的商品及促銷狀況</td><td>□差　□無競爭店或不詳　□好</td></tr>
<tr><td rowspan="2">競合店調查</td><td>商店數目及大小</td><td>□3家以上　□3家以下　□無</td></tr>
<tr><td>綜效評估（是否有利營運）</td><td>□有利　□普通　□沒有幫助</td></tr>
<tr><td rowspan="8">客流量調查</td><td rowspan="4">店鋪前主要時段人流量</td><td>平日白天
□60人以上　□30人　□30人以下</td></tr>
<tr><td>平日晚上
□60人以上　□30人　□30人以下</td></tr>
<tr><td>假日白天
□60人以上　□30人　□30人以下</td></tr>
<tr><td>假日晚上
□60人以上　□30人　□30人以下</td></tr>
<tr><td rowspan="4">店鋪前主要時段人潮種類</td><td>平日白天□婦女　□上班族　□學生</td></tr>
<tr><td>平日晚上□婦女　□上班族　□學生</td></tr>
<tr><td>假日白天□婦女　□上班族　□學生</td></tr>
<tr><td>假日晚上□婦女　□上班族　□學生</td></tr>
<tr><td colspan="2">店面租金條件評估</td><td>□低於預算　□符合預算　□高於預算</td></tr>
</table>

↘ 表10-3　商圈立地量化調查表

項次＼分數		1	2	3	4	5	6	得分
家庭戶數		8,000戶	9,000戶	10,000戶	11,000戶	12,000戶	12,000戶以上	
集客設施		無	1處	2處	3處	4處	4處以上	
動線種類		巷弄內	單行-逆向	單行-順向	行人專用	雙向陰面	雙向陽面	
人潮通行量/15min		20人	40人	60人	80人	100人	120人	
視覺辨識性		5m	25m	50m	100m	150m	200m	
接近性	公車站牌	無	100m	80m	50m	20m	門口	
	阻隔物的距離	50m以內	50m	100m	150m	200m	無	
競合程度	競爭店	4家（含）以上	4家	3家	2家	1家	無	
	互補店	無	1-2家	3-4家	5-6家	7-8家	8家（含）以上	
	互斥店	4家（含）以上	4家	3家	2家	1家	無	
位置構造	流暢度	凹進去	無騎樓	騎樓被占用	騎樓流暢尚可	雙向流暢	三角窗	
	停車	紅線/禁停機車	紅線/可停機車	黃線	門口有停車格	附近有停車場	門口可停車	
店鋪構造	坪數	20坪	25坪	30坪	35坪	40坪	50坪	
	店面寬	3m	3.5m	4m	4.5m	5m	三角窗	
以店鋪半徑　公司為評估範圍							立地總合評價	

10-4
商圈的競爭分析

古人告訴我們：知己知彼、百戰百勝，創業者在創業前除了要做商圈立地分析外，還要對所選定的商圈，同、異業的競爭分析，由於創業者的各項資源都有限，因此，本書不在這裏談Porter的五力分析，而是採用比較實務的方法，讓創業者可以很快的做好競爭分析，了解自己的處境，以擬訂立地策略。

▶10-4-1 商圈內的競爭

創業者所要面臨的市場，就是一個血淋淋的競爭環境，面對著嚴酷的優勝劣敗的淘汰法則之下，各業種、業態的經營者無不彈精竭慮的籌謀競爭對策，以期立於不敗之地。

而競爭店的強弱，對自己的營業額都會產生或多或少的影響，因此，創業者選擇商圈、立地條件時，就要先了解商圈內競爭店的型態、規模、商品構成、產品差別化、主力商品群、消費層定位、便利性、服務水準、販促企劃、企業識別系統、明確化等重要因素，才能再逐一抽絲剝繭，訂定有效策略，迎戰競爭店。

商圈內的競爭者包含了同質業態的競爭與不同質業態的競爭，業態指的是經營型態，同質業態的競爭指的是經營相同產品業者之間的競爭，如夜市中有很多攤位都在販賣鹽酥雞，這些攤販之間的競爭就是同質業態的競爭。

不同質業態的競爭則是來自不同業態，以便利商店而言，它的競爭業態指的就是量販店、超市、大賣場…等。面對不同質業態的競爭，創業者要先確立自己的定位，提出差異化的策略，才有可能勝出。

一、商圈出現競爭者的條件

商圈的潛力及變化、榮枯興衰，是可以用科學方法調查及預測的，創業者在開店之初就應已詳細評估，一旦確定適合展店後，就要及早據點為王，先佔先贏。開店後，商圈的變化或消費市場的擴大，造成商圈未飽和，競爭店出現的機率也越大。

一般造成商圈改變或消費市場擴大，最常見的原因有：

1. 交通因素

新設站牌、捷運系統的出入口、道路拓寬、交通動線更改、市區重劃，都會因為人潮促使新店面產生。

2. 其他行業的介入或移轉

特種行業、電動玩具店或大型醫院等行業展店，會使相關業者進駐附近。

3. 公共設施的興建

學校、公園、觀光據點或政府機關等公共設施的興建，會為商圈帶來人潮。

4. 新社區的成立

新社區成立會產生新的人潮，造成新店面的出現。

5. 外來人口的增加

在有限的消費人口中，出現競爭店分一杯羹的情形，也越來越普遍。如果是良性競爭，將可刺激消費者擴大消費，營業額不至下滑太多，就怕是惡性競爭，而陷入價格混戰。

在商圈未出現競爭店時，平時經營就應注意客情的建立、形象的維護、商品價值的提高等，隨時保持危機意識，紮實經營，一旦面臨競爭時，才不致慌了手腳。競爭店遽然出現，首要之務是，先進行了解其立地條件優劣、客層結構經營理念、來客數、營業額、商品結構、坪效、房租、生產力等，了解越詳細越能提出最佳的因應對策。

二、評估競爭店的方法

門店的獲利來源是營業額，營業額=來客數×客單價，一般來說，客單價變化不大，所以，最重要的參數就是來客數，也就是顧客會不會上門來，於是，來客數就變成評估競爭店影響程度的主要指標。

創業者在評估影響程度時，不能只算門店或競爭店全天的來客數，應按各銷售時點分析，比較影響時段來客數增減的比例程度，經過定期或不定期分析後，依影響最大的時段來客數，逐一提出因應對策。

對同異業競爭店的調查方法，常用的有：商圈評估法、客層分析法、商品分析法及來客數估算法。

1. 商圈評估法

商圈評估法應適當考慮交通動線如大馬路、安全島阻隔、地下道或地形地物的影響，實際商圈以簡圖標曲線是呈變形蟲狀。根據商圈大小，可以計算出商圈人口及預估營業額，而商圈客層的重疊，可能是來客數減少、營業額下降的原因。

同質業態的競爭店出現時，由於競爭店的出現，擴大商圈及刺激消費者購物意願，營收的改變，並不是以原來營業額各分一半來計算，至於業績受影響程度，就要看商圈重疊大小、雙方立地條件優劣勢及競爭實力強弱，而有不同。

2. 客層分析法

評估競爭店商圈重疊後，進一步應了解競爭店購買客層的結構。例如便利商店的主要客層來源為住宅區、上班族區、學校區、商業區或特種娛樂區，所以顧客層次分布較廣較散，不像超市的客層50%皆是家庭主婦。在分析客層結構時，所掌握的客層資料越詳細越好，才能針對某一客層流失提出因應之道。

再進行顧客來店的頻率分析，調查出顧客每週來店次數與比例，或平均多久來店一次，固定顧客到店購買的習性尤應深入了解，以吸引其習慣性入店購買，對其他游離客層的入店購買，也應用心掌握分析其特性。

3. 商品分析法

掌握競爭店與自己門店的客層分析後，接著就要了解競爭店的商品結構及坪效。商品過多會導致商品陳列凌亂，坪效降低，商品陳列品項太少，顧客買不到想要的商品，次數一多，顧客入店購買率自然下降，而且也會降低顧客衝動性購買的機會。若競爭店的來客數多，賣場商品很齊全，不但品項豐富，而且又不缺貨，就可預知將面臨強勢的競爭對手。

商品分析的另一個目的是做客層的市場區隔，即在賣場陳列差異畫及富有特色的商品，以吸引特定的客層入店購買，面對競爭的趨勢，適者生存，服務性商品佔有關鍵性的地位。

4. 來客數估算法

門店營業額跟來客數息息相關，了解平均來客數，大概也就相去不遠了。常用來估算來客數的方法，有發票購買法、計數器法及顧客情報法。

(1) 發票購買法

發票購買法通常會在競爭店剛開門時去購買店內商品，取得1張發票，並於當日結束營業前再去買1件商品，取得1張發票，由於發票號碼是連號的，所以，2張發票的發票號碼相減，就是該店當天所開出的發票數，連續統計數週後，即可求得該月平均來客數。

但是，發票購買法也會有相當的誤差，創業者在使用時也要注意及調整，如店內可能會有2台收銀機，在尖峰期同時啟動，就不容易調查出發票數，而且這個方法也不易估算出客單價。

(2) 計數器法

用計數器測量某個時段的來客數及入店人次，再計算入店購買率（入店購買率=來客數÷入店人次）。來客數與入店人次兩個值越接近，表示消費者入店購買所需商品的滿足度越高。

(3) 顧客情報法

顧客入店購買產品時，店內職員如能用心觀察及詢問，將會獲得一些意想不到的策略、消費者對促銷內容的接受度、對服務商品的需求對店觀的感覺等等，皆可蒐集彙整提供經營者參考。

三、競爭者評價分析

以上所說的方法論，對一個微型創業者而言，同樣的囿於資源，不容易執行，本書提供一個簡單的評價分析表，如表10-4所示，讓創業者可以比較容易的自己做競爭者分析。

↘ 表10-4　競爭者評價分析表

評價項目	自店	競爭店A	競爭店B	競爭店C	競爭店D
設施利用性（停車數、人車動線、店鋪吸引力）					
內、外裝（美觀、演出力、色彩、招牌、視覺性、吸引力）					
通路、配置（店內動線規劃、空間配置、賣場迴遊性）					
店內設備（收銀機數、包裝台、休息空間、待客設施）					
商品組合（豐富性、新鮮度、季節性、新產品開發力）					
商品陳列（商品關連搭配性、照明效果）					
價格（便宜性、價格組合力、價格線）					
販促活動（廣告宣傳、特賣、服務措施、資訊提供）					
待客服務（應對禮儀、待客措施、收銀應對、專業知識					
營業條件（營業時間、日數）					
合計得分					
競爭力係數（合計得分/平均得分）					

個案研討

開一個不一樣的補習班

在科技研究機構擔任多年研究人員的 Michael，一直期待能將原本所學，用於演算法與動態系統的程式開發，然而，在研究機構的人力安排上，Michael長期被定位在行政規劃的業務上，而這種工作的特性就是「穩定的專案工作與一份糊口的薪水」，加上機構是固定上下班制，正是「小確幸」的行業。

這看似「小確幸」的工作，完全按照年資升遷與加薪，但是Michael的內心總是擔憂，研究機構平均年紀大約50歲，工作穩定但創新不足，長期仰賴政府投注資源的狀況下，政策性功能遠大於創新獲利，自主研發的功能相對降低，雖然當時機構內重視「技術移轉與衍生企業」，但僅只有概念，沒有行動。因此，看到這樣的發展情況，更覺得這不是自己要走的路，因此萌生創業的念頭。

有了創業的念頭之後，Michael思考自己的專業與興趣，決定從事不同於傳統方式的美語教學，創業方向確定之後，開始進行商圈立地的調查，為因應少子化的問題，人口數就成為當時Michael研究的重點之一。

在將臺北市、新北市與桃園市各鄉鎮市的人口數字做比較分析，發現桃園市蘆竹區連續五年的人口淨移入均超過2萬人，並且直逼當時的「市」的等級。經實地觀察後，發現蘆竹區以中正路區分為上南崁與下南崁，而上南崁的南崁國小、國中與高中，不但學區完整，而且年年招滿，甚至有學童無法進入就讀的現象，根據這個調查結果，Michael將上南崁地區做為發展的根據地最優先選項。

上南崁地區以文理補習班與安親班較多，占地已久有一定的生源，部分補習班採取全科包套優惠，採取削價競爭模式。同時，Michael也發現補教業的特性是：學生的學習自主性升高，較重視自己是否喜歡，自己想要補習，家長會願意付費，但是如果學生不想要補習，家長也不會勉強。

經過市場分析後，Michael將補習班定位於專業的美語補習班，成立「方象美語補習班」，成為上南崁地區唯一專業品牌美語補習班，以與一般附設安親班的美語班區隔，一方面向家長強調本身的專業性，包括講師素質、學生成績等；另一方面與學生建立共識，並且尊重學生對於補習的選擇，並期待能與家長共同協助建立學生學習的自主性，朝向自主學習，擺脫補習為長期目標。

創業1年後Michael對營運方向做了微調，以「教學數位化」與「成果數據化」做為策略重點，導入「多媒體聲光互動」教學方式，並添購電子白板，逐步將教學過程記錄下來，將上課的內容板書記錄，提供學生回家複習，同時也成立粉絲專頁，做為成果展示與活動通知的平台，讓成果說話。

雖然補習班經營這麼多年，已初見規模，Michael笑著說：「其實創業過程還真是面臨很多意想不到的事，包括：人、錢、事」。在創業初期，Michael曾經天真地以為大家都想要一起努力，然而實際上，大家對於英文與創業的熱情不一定跟他一樣。

✤ 運用電子白板進行數位化的教學方式

老師的不穩定，造成學生家長認為補習班專業度不夠，為此，Michael決定將補習班的薪資提高為別人的10%並且每年提供紅利的福利措施，讓優秀的老師留任，並且建立制度，汰換不適任的老師，目前有2位外師（1位學士、1位碩士），4位碩士中師與4位學士中師。

資金往往是創業者最大的痛苦，家人雖然支持，但是事前的資金估算，畢竟與現實存在著落差，看到以月為單位的虧損，Michael也會擔憂，在創業1年半時，差一點付不出薪資，最後終於靠著青年創業貸款，讓補習班的資金可以更加活絡。Michael笑著說：「這段時間學到資金規劃，以後每年都會針對次年的收入與支出預先規劃，並將預備金持續準備至可以支應半年開銷。

在內部管理上，Michael逐步將「事務例行化」，將例行事務建立一套SOP流程，讓新進人員有所依循，而非例行性的工作，則慢慢累積經驗，再將其例行化，使補習班的事物逐步上軌道。

經過這段時間的努力，Michael強調：目前已經將補習班與家長測試會談的過程「數據化」，透過測試題目的進行，家長可以完全了解到孩子在之前的學習中不足的地方，並且產生一個具有孩子個別特色的報表，讓家長可以清楚地明瞭學生的不足之處。

在Michael看來，創業能夠成功是非常偶然的，除了自身的努力之外，還有一些運氣的成分。尤其是創業過程中，能遇到適合的人才進入團隊，這更是非常不容易的。如果要說成功，不如說，是上天給予我們一個服務的機會，也許哪一天老天爺就把這個機會拿走了。

創業故事大省思

在小君、小文與小香三人努力經營下，水餃生意日益興隆，從原來透過親朋好友的關係行銷，到每日顧客絡繹不絕，三人開始思考是不是要有一間門店實體販售。

司馬特老師聽到她們生意興隆，心中也為她們高興，對於要開門店一事，他還是很擔心的問：門店的位置跟妳們的客群息息相關，未來如果妳們還是採取關係行銷，在客源未擴大之下，門店是否必要？值得考量，畢竟門店一開，裝潢、租金都是一大筆開銷。

門店的位置跟妳們的客戶定位有關，首先，妳們要先討論水餃要賣給誰？賣給上班沒時間做飯的人？家庭主婦？還是住在外面的學生？決定目標客戶之後，妳們才能去找適合的地點。

小文聽到這裏提出她的疑問：這有什麼差別嗎？司馬特老師喝口咖啡笑著說：這差別大囉！妳們的客戶如果定位在上班沒時間做飯的人，就要開在辦公區附近，下班人潮會路過的地方，這樣下班的人就會順便買回去。如果要賣給學生，就要開在學校附近，學生才會來買。

決定了開店的商圈之後，還要到現地去做調查，看看市場是不是妳想的那麼美好，也要看看有哪些競爭者，更要了解到人潮的動線，妳選的點一定要在動線上，否則人潮不易聚集。

其次，妳們的營運模式要不要做改變？妳們原來只賣生的水餃，開了門店以後，要不要賣熟食，如果要賣，工作的複雜度就會提高，妳們有沒有辦法應付？這些都是在開門店之前要先思考好的。

小君接著問道：商圈調查要怎麼做比較好？司馬特老師喝口咖啡繼續說：為了避免在做商圈調查時掛一漏萬，可先把要調查的項目做成表格，再到現場去看、去填，而且，商圈調查是一項長期的工作，不是一、二天就可以的，短期的調查只能看到一個點，我們要的是全面的結果。

小香這時愈聽愈迷糊了，什麼是點？什麼是面？司馬特老師笑著繼續說：我們只做一、二天的調查，只能看到當時的狀況，如果這個狀況是短暫的異常現象，我們就不知道正常現象是什麼？就好像有的商圈週末人特別少，我們不能看到人特別少，就下結論說這個商圈沒人，學校的商圈大多在寒暑假時人少，我們也不能說這個商圈沒人。

　　如果我們採長期的調查，我們可能會發現商圈的週期性行為，例如週間上班的人潮特別多，週末的人反而少。這些資訊都會影響我們在做決策時的判斷，在立地前蒐集愈多的資訊愈有利於決策。

問題

1. 如果你是她們三人，你會把門店開在哪一種商圈？
2. 針對你要展店的商圈，試著做一份商圈調查表，以便進行調查。

企業網站經營

本章架構

1. 免費的部落格
2. 運用免費網路空間建置自己的網頁

本章個案

• 頂香饌—小資女孩創業夢

由於網際網路的成熟與普及，不論是實體公司，或是線上公司，沒有網站就很難讓人認識您的公司。微型企業主在創業初期，受限於時間、成本與自己的電腦能力等，要自己建置、管理屬於自己的網站，可能力有未逮。

其實，除了自己建置官網外，也可以利用部落格（Blog）或是免費的網頁空間，讓自己的企業在虛擬世界中曝光，在本章中，將介紹一些常用的部落格及免費的網頁空間，創業者可自行利用。

11-1
部落格

部落格曾經風迷一時，自從有了微網誌（Microblog）、臉書（Facebook）之後，寫部落格的人數變少，但是，它仍然是一種行銷自己的工具，目前免費的部落格還是很多，內容也大同小異，在選擇的時候，最好選擇人氣比較高的，才能讓您的門店訊息有較大的曝光機會，本節中將提供幾個目前較常用的部落格。

▶11-1-1　Google

Google的部落格只要有Gmail的帳號就可以使用，登入後選擇Blogger，畫面如圖11-1，上方有個「建立網誌」的按鈕，按下後就可以先為你的部落格取一個好記又響亮的名字了。

❖ 圖11-1　Google部落格登入畫面

進到部落格後，先在圖11-2的中間為你的部落格取好名字，按「下一步」後再給它一個網址，畫面如圖11-3。最後再確認一次你的部落格的名字就大功告成了。

✤ 圖11-2　為部落格取名字

✤ 圖11-3　為部落格取網址

✤ 圖11-4　新增文章

取得部落格的網址後就可以開始寫你的部落格了，在圖11-4的左上方有個新文章的按鈕，按下後即可以開始你的第一篇部落格文章了。

　　圖11-5的上方有標題區，每篇文章都要有個標題，才能吸引讀者點閱，下方則是文章區，我們把要介紹的產品、服務內容寫在這裏，也可以貼照片上去，讓讀者可以文圖對照。

　　由於部落格具備文章分類的功能，所以，我們可以把要賣的產品或服務加以分類，讓網友上到網站比較容易找到他的需求，文章分類的功能就在右邊文章設定中的標籤，事先就要把標籤的類別，配會我們的產品或服務先定義好。

✤ 圖11-5　撰寫文章

　　圖11-6是一個用Google提供的工具所製作的部落格，左邊方塊中的文章分類就是版主在撰寫文章時，所賦予的標籤，右邊按日期分類是Google自己會給的分類，由圖中我們可以看到圖文並茂的部落格內容。

　　除了在部落格中提供內容分類的功能之外，Google的部落格工具也提供友站連結的功能，如圖11-7的右下角所示。當然，它也可以自行決定位置、大小，內嵌Google的Adsense，Adsense所提供的動態廣告是配合網站的內容，它被使用者點擊的收入，網站也可以分配，對創業者而言，這也是一點收益。

✦ 圖11-6　Google部落格的範例1

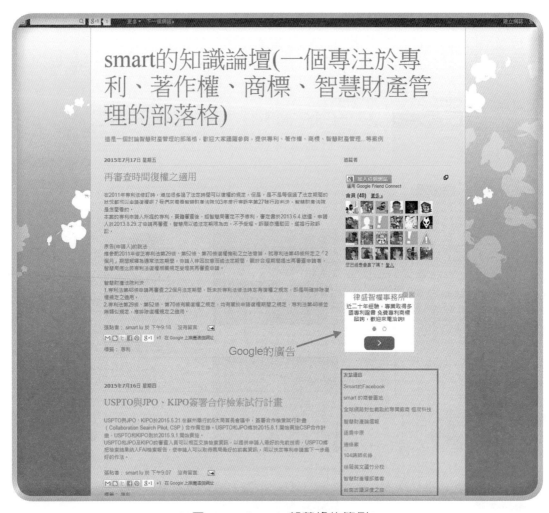

✦ 圖11-7　Google部落格的範例2

▶11-1-2　痞客邦Pixnet

　　痞客邦部落格的首頁網址是：https://www.pixnet.net/，需有帳號才能登入，註冊程序也很簡單，可以用Facebook做簡易註冊，也可以直接填寫線上表單做一般註冊，填妥資料啟動帳號後，就可以使用痞客邦的部落格了，登入位置在首頁的右上方，如圖11-8所示。

❖ 圖11-8　痞客邦部落格首頁

　　痞客邦的部落格跟其他部落格一樣，也提供分類的功能，讓使用者可以較容易的檢索需要的內容。同時，也可以加入Google Adsense的廣告，讓版主可以獲得廣告收入，位置也是可隨版主的需要自行放置。

　　眼尖的讀者可以發現，Adsense會隨著所放置的網頁，配合網頁內容，動態提供相關廣告，在圖11-8中嵌入的Adsense廣告，因為所在的網頁內容是跟智慧財產有關，所以，它提供的是律師事務所的廣告。而圖11-9因為主題是美食，所以，它所提供的廣告內容也是跟旅遊有關，讀者將來做網路廣告時，也可以考量選擇這樣的動態廣告。

❖ 圖11-9　痞客邦部落格範例

▶11-1-3　隨意窩Xuite

　　隨意窩部落格首頁的網址是：http://xuite.net/，需要註冊才能登入，註冊的方式很多元，可透過手機及e-mail，也可以用中華電信、Facebook、Yahoo、Google、MSN的帳號登入，登入的位置在網頁右上角小人圖處。

✤ 圖11-10　隨意窩部落格首頁

　　隨意窩的部落格跟其他部落格不一樣的地方是它可以自動產生一個短網址，讓版主可以放到自己的DM或者名片上，方便使用者記憶，但是，它有個很大的缺點，就是每次開啓網頁的時候，都會自動推播廣告，這對企業官網來說，不見得會讓來訪者接受。

◆ 圖11-11　隨意窩部落格範例

11-2
免費的網頁空間

　　要建置一個屬於自已公司網頁，所要的成本不少，如果您會電腦，您可以自己在家架一個網路伺服器、寫網站，對外再租用寬頻網路，就可以做到，您所面臨的問題是網路不能斷線、電源不能短缺，電源的問題可以透過加裝不斷電系統來解決，但網路斷線的問題，創業者就不易解決。

　　比較好的解決方案可以租代管主機，但是，代管主機的業者有很多存取限制，創業者既要解決經營上的問題，又要處理網路問題，在創業初期勢必心力交瘁，二邊都顧不好。

　　網路上免費的網頁空間很多，但多多少少有些限制，像中華電信就提供他的ADSL、光纖用戶免費的網頁空間，但是前提是要有Hinet的信箱。也有的免費網頁空間會要求用FTP上傳，或要求使用者替它做廣告，如Bon.net、B-City。

　　當然，也可以找電腦公司幫忙客製化建置、維護一個網站，但是，這個網站日後的編修可能都要受限於人，而不易隨時的異動。為使不會寫程式的創業者，也可以很快的建立一個屬於自己的官網在，本節中將介紹Google所提供的免費網頁，讓創業者可以自行建立自己的網頁。

　　創業者在建置網站前，要先規劃網站的內容及架構，把每一頁的內容在線下先想好，到時候上線才不會亂掉，做出來的網頁才有結構性，日後維護才容易。Google的協作平台網址是：https://sites.google.com/，可以直接鍵入網址，用Gmail帳號登入。

　　Google協作平台的首頁如圖11-12所示，左上方有個「開始建立新網頁」的按鈕，按下後即可進入後台做網頁編輯。

✤ 圖11-12　Google協作平台首頁

在建立網頁的內容前，如果不知道網頁要怎麼排列，可以先選擇喜歡的範本及圖樣（如圖11-12上方），或者選最左邊的空白頁面，自己再加工。接著要為您的協作平台取個名字，這個名字就是未來會出現在網頁上的名稱，也就是日後使用者在搜尋引擎上打入關鍵字會找到的名字。

✤ 圖11-13　建立協作平台

如果事先已經規劃好網站的架構，就可以很快的把每一個網頁開設出來，並按它的位置有層次的放在位置上，每一個網頁都要給它一個名字，才能做連結。

　　我們也可以視網頁間的關係，建立子網頁，在首頁之下又有公司簡介的子網頁，代表在首頁之下會有一個超連結，連結到公司簡介的網頁。

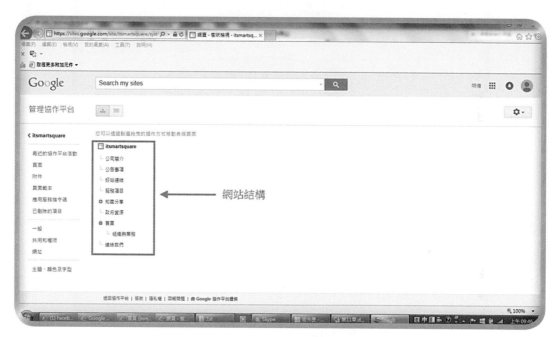

❖ 圖11-14　建立網站結構

　　當您已經規劃好網站的內容之後，就可以開始建構自己的官網了，網頁編輯的畫面右方有各種編輯網頁所需的工具選項可用來幫助我們建置網頁，您可以選擇想要的方式，如圖11-15。

❖ 圖11-15　開始建立網站內容

　　選好網頁的配置方式後，接著就可以開始來填內容了，可以用表格及格式來調整文字大小、位置，也可以插入圖片、超連結、Google的工具等，讓網頁更具美觀及視覺性。

　　透過這些工具，創業者就可以把自己的產品或服務，利用照片及圖片在網頁上介紹給消費者了，但是，網頁建置到此，只是業者單向的廣播，消費者如果有問題，要如何才能互動呢？

　　Google已經把它的服務整合在一起了，要在網站中建立與使用者的互動，可以利用Google所提供的表單功能，先在雲端硬碟中建立要讓使用者輸入的資料，在建立表單的同時，會產生一個試算表，將來如果有人要跟我們連絡，在表單上輸入的資料，就會記錄在試算表中，Google的雲端硬碟位置請見圖11-16。

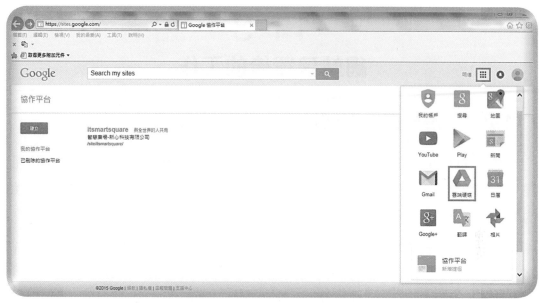

❖ 圖11-16　Google的雲端硬碟

　　當我們把要讓使用者填寫的表單設計好存在雲端硬碟後，就可以回到頁面編輯的畫面，選擇連絡我們的頁面，選擇左上方下拉式功能表的插入，再從雲端硬碟中點選剛剛完成的表單，就可以把表單嵌入網頁了。

❖ 圖11-17　與使用者互動

11-3
網站建置後的工作

▶11-3-1 建置自己的網址

當您在Google的協作平台上建置完成自己的網頁後，您會發現它的網址很長，不易讓客戶一下就記住，如果能有個長的像：http://www.xxx.com.tw之類的網址，不就更完美了嗎？

沒關係，這個問題是有解的，首先，您要先決定這個xxx要取什麼名字，這有很多種取法，您可以用公司名稱的縮寫，如IBM、HP，也可以取全名，如acer、colatour，也可以取很多字的組合，如luxgen-motor、coco-tea。

不管用哪種方式取名，都是要取一個容易讓消費者記住，而且跟自己有關又不能跟人家一樣的名字，名字取好之後，就要去註冊一個http://www.xxx.com.tw的網址，註冊好之後，再到域名伺服器（Domain Name Server, DNS）上去設定轉址到您的Google協作平台上，如此一來，當使用者在瀏覽器上打入您註冊的網址，就會自動的導入到協作平台上。

▶11-3-2 短網址

Google協作平台的網頁完成後，因為網址很長，除了不容易讓人記住外，用手機傳送時也可能會因為網址被截斷，而造成連結錯誤，如果暫時還沒有去申請屬於自己的網址，也可以將網址轉成短網址，目前很多網站都有提供轉短網址的服務，本小節將介紹幾個常見的提供短網址服務的平台。

一、McAf.ee

McAf.ee是著名的防毒軟體業者McAfee所提供的短網址服務平台，它結合了母公司的特色，主打安全的短網址，號稱具有掃描原來的網址是不是個安全的網站的功能，注重資訊安全的業者，可以使用這個短網址服務。

McAfee短網址服務平台的網址就是：http://mcaf.ee/，畫面如圖11-18所示，在網頁上的對話框中輸入原來的網址，它就會產生一個短網址，不需要註冊會員就可以使用。

✤ 圖11-18　McAfee的短網址服務

二、Bit.ly

　　Bit.ly的短網址服務是由Bitly所提供，其網站為：https://bitly.com，將原來的網址輸入在圖11-19的中間，就會產生出短網址。

✤ 圖11-19　Bitly的短網址服務

三、Reurl.cc

Reurl.cc也是一個免付費的短網址服務，不需要登入就可以使用短網址服務，但是，如果想知道網站的使用短網址的成效，則需要登入才看的到。

❖ 圖11-20　Reurl.cc的短網址服務

▶11-3-3　二維條碼（QR Code）

除了短網址外，配合行動載具的普及，二維條碼已是一個不可或缺的工具，創業者在建置網站後，也要配合著行動載具的需求，提供二維條碼。可以產生二維條碼的工具也有很多，前一小節中的Google短網址產生後，在統計分析的頁面中也會產生一個二維條碼，LINE@官方帳號建置後，也會產生一個二維條碼。

網路上有很多能產生二維條碼的工具，讀者可以到網站任選一種來用，但是，網路上很多免費資源隨時可能會被下架不見，為避免讀者日後有需要時，上網找不到資源，本書特介紹Google的免費資源。

以Gmail的帳號登入Google後，到雲端硬碟上開一個試算表，在A1欄中輸入要做成QR Code的網站網址，接著在A2欄中輸入：=image("https://chart.googleapis.com/chart?chs=150x150&cht=qr&chl=" &A2)，就可以自動產生QR Code，其中150X150是QR Code的長、寬，可以自行調整，A2是要產生出條碼的網址所在的位置，讀者也可以自行調整。

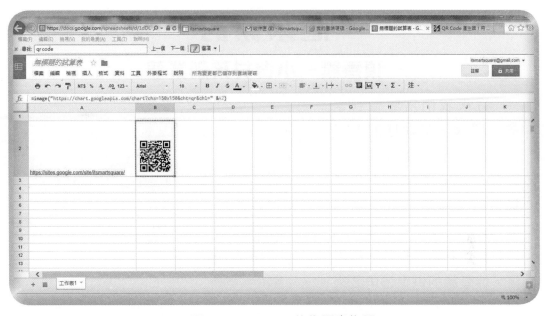

❖ 圖11-21　Google的條碼產生器

個案研討

頂香饌—小資女孩創業夢

近來我們常會看到素食、環保、救地球的廣告語，這顯示素食將成為綠色環保的重要產業，素食產業是以參與素食的原物料生產、加工製造與銷售服務等商業活動所聚集的一個產業。從產業的供應鏈角度來看，其上游涵蓋農業蔬果及素食原物料的生產、中游涵蓋素食產品之加工製造，下游包括素食產品的銷售服務。

❖頂香饌希望研發素食或葷食者都能喜好的素食

根據學者的研究，到2020年時，地球上約有一半的人會以素食為主要飲食，要擴大素食產業規模，唯有產業的創新活動，包括產業科技的研究開發、加工製造等生產活動的創新改善、甚至商業模式的創新設計，而真正關鍵的是銷售服務如何普及與方便的創新設計。

郭素玲是位靦腆害羞的女孩，中性的裝扮下隱藏著堅毅與內斂，她把一生最精華的11年時間奉獻給了國軍，在脫下了戎裝的時候，她開始想著未來的人生路何去何從？

就在她退伍後感到茫然之際，在一個偶然的機會裏，碰到一位好友張秀玉，她做的素食連郭素玲這位葷食者都讚不絕口，於是，二人開始研究素食創業的可能性。由於素食不能加蔥、韭、蒜等辛香料佐味，要料理的好吃真是不容易，在創業初期就由這位好友負責產品的研發，郭素玲負責行銷，目標除了研發素食者滿意的素食外，還要能讓葷食者也愛上它。

經過二人的評估之後，考量到現代人因為工作忙碌，無暇料理三餐，如果能投入於食品口味提升，讓消費者透過線上訂購，就可以吃到好吃的美食，就算上班很忙，回到家只要打開冰箱，直接加熱或拆袋就可以吃到好吃又方便的食物，即使半夜肚子餓了，也不用出門找東西吃。最後二人把公司定位為：利用她們對食品研發及創新能力，研發出各項口味獨特的產品，製成冷藏、冷凍的美食食品。

❖郭素玲認為人生是不斷的學習、成長，創業的過程中須不斷的投資自己

但是，理想與實際終究還是有差異的，決定創業開始營運後，才是問題的開始，網站架設、文宣包裝、衛生法規、會計稅務…等都是以前沒有想過的事，需要一一克服。

為了解決這些問題，郭素玲開始去上課，像海綿一樣不斷的吸取新知，以解決所面臨的問題，除了上課之外，也積極的參與社團活動，以擴展自己的人脈。加入實體的商務引薦平台後，她開始思考不再單打獨鬥，而是利用外部資源，如何把平台內夥伴的產品與自己的產品結合、共創雙贏。

同時也加入了shop.com的網路平台，有效提升了頂香饌的曝光度，也提升了自己的業績。在2015年中以異業合作的方式導入商務引薦平台夥伴的黑豆茶，並在網路上任shop.com會員免費索取黑豆茶試喝包，一開始馬上就被索取了數百包，心中也曾小有金錢壓力，曾茫然不知發那麼多試喝包會有生意嗎？結果這個活動除了帶起她自己的業績，也讓黑豆水在1個多月狂銷超過1,000多包，真是出乎意料之外。

回想起創業那年的7月是全年業績最慘淡谷底的時刻，照推算隔年7月應該不會好到哪裡去，誰知在改變經營策略後，營業額卻在原本應該最慘淡時刻來到史上最高峰，超過了去年同月業績的6倍。

經過這一次的網路操作，郭素玲開始掌握網路行銷及藉力使力的技巧，也有許多商務引薦平台的夥伴注意到她，開始主動尋求與郭素玲合作，希望透過不同產品的組合，提升雙方的銷售業績。

　　人生是不斷的學習、成長，郭素玲在創業的過程中不斷的投資自己，即使在公司還沒有賺錢的時候，她也不吝於花錢買書自我學習及上課向大師學習，她知道唯有投資腦袋，提升腦容量，改變思維模式，並透過團隊合作，才可能會成功，現在看起來一切理所當然的事，都是當初學習的累積。

　　小君、小文與小香在設立門店之後，想要再為自己做一個網站，可以在上面做產品介紹，經過多方詢價，各家所提供的功能都不同，唯一相同的是報價都要數十萬元，這對小本經營的三人，可是一個沉重的負擔。

　　於是三人又去找司馬特老師諮詢，老師在聽完她們的問題，直接問她們：建立網站的目的是什麼？要不要在上面賣東西？小香回答了這個問題：我們想建立網站只是要在上面介紹我們的產品，暫時還不會在上面賣東西，因為水餃的網購需要冷凍宅配，目前還有一些問題沒克服，暫時還不會做網購。

　　司馬特老師聽完需求，就給了她們建議：如果妳們只要做企業的形象網站，其實不需要花那麼多錢，在創業之初，資金不充裕的狀況下，形象網站有很多種方式可以做，坊間也有很多免費的工具可用，最常見的是用 FB 建個粉絲頁，直接在上面做產品的介紹。

　　如果覺得 FB 的粉絲頁不太正式，也可以用部落格，雖然目前因為社群網站的興起，讓部落格的用戶減少，但是，它還是一個很好的媒體，妳們可以利用它來介紹自己的產品，它上面的文章也可以分類。目前提供部落格的媒體很多，妳們可以自己去選擇一個合適的，或者是習慣的來用。

　　不過，免費的部落格通常都會自行插入廣告，讓妳們的網頁一看就知道是部落格，為了避免這個問題，也可以用 Google 的協作平台，它也可以做成網頁形式，而且不會像免費部落格一樣有惱人的廣告。

　　妳們可以利用這些平台工具，來建立妳們的形象網站，它們都可以寫文字、貼圖片，有的還可以提供 Youtube 影片的崁入，而且文字的大小、顏色也都可以調整，讓妳們的網頁更加豐富化。

小文又想到另一個問題：這些部落格或者 Google 的協作平台，它們的網址都會涵蓋他們的公司網址在前面，不止很難記，而且一看就知道是用免費的。司馬特老師笑笑回答：其實妳擔心的問題也是可以解決的，妳們可以去中華電信註冊一個自己的網址，再用 DNS 轉址的方式連到妳們的部落格，這樣妳們只要告訴人家自己的網址就好，但是，中華電信的服務要收費。

　　小君聽到要收費，立刻想到成本又要增加了，趕緊問老師：有沒有不收費的方法，老師笑著回答：如果不想花錢也有辦法，現在很流行短網址，有很多平台都有提供短網址轉換的免費服務，所以，妳們就把部落格那一長串網址改成短網址就可以了。第二個辦法也很簡單，現在每個人都有手機，把妳們的網址變成 QR Code 放在名片或 DM 上，客人用手機一掃就可以連到網頁。

問題

1. 如果你是他們，你會選用哪一種方式來建立自己的企業形象網站？
2. 試著上網找可以製作 QR Code 的工具。

12

網路行銷

本章架構

1. 從傳統行銷到網路行銷
2. 免費的網路行銷資源
3. LINE@ 官方帳號操作實務

本章個案

• 不加一滴水的鼎太公紅麴滷味

12-1
行銷基本概念

　　行銷這個名詞，早在1950年美國行銷學會就為它下過定義，當時的定義是將生產者的物品與服務帶給消費者或使用者的商業活動。1995年時它重新定義，認為行銷是針對創意、產品與服務所進行的概念化、訂價、推廣與配銷的規劃與執行程序，透過這種程序，創造出一個能滿足個人與組織目標的交換活動。

　　隨著時代的改變，到2004年，行銷的定義又修正為創造、溝通與傳送價值給顧客，及經營顧客關係，以便讓組織與其利害關係人受益的一種組織功能與程序。

　　現代行銷學之父Philip Kotler認為行銷是個人和團體透過創造，提供價值出售或交換，以獲得自己所需的東西的一種社會及管理過程。從以上的定義，我們可以發現行銷的重點，不外乎就是：創造自己產品或服務的價值、滿足客戶的需求和慾望。

▶12-1-1　行銷的4P

　　在1980至1990年間，各界在探討行銷策略時，最常用的就是美國行銷學者Jerome McCarthy在1960年代中對行銷策略所提的4P概念，4P指的是產品（Product）、通路（Place）、價格（Price）及推廣（Promotion），它是行銷人員創造、維持一個滿足客戶需要的行銷組合。

一、產品

產品是指任何可以在行銷活動中，提供用來交換的標的物，它的範圍廣泛，包括物品、服務、品牌、地點、售後服務…等，也是個人或企業提供給市場的商品、服務、保證的所有集合。

產品以滿足特定客戶需求為目標，它可以是單一產品，也可以是多品項的產品線（product line），它是行銷活動中最重要的元素，沒有產品，也就沒有後面的定價、通路、推廣的議題。

二、通路

通路是指如何將產品在正確的時間、地點，送到客戶手上的的決策與行動，也就是產品銷售的管道，它包括了客戶購買的地點、存貨的地點、運輸方式…等，企業在制定通路策略時，不管是採取經銷、代理，或者是自有通路，最重要的應該是要思考哪一種通路才是客戶最容易取得的通路，唯有客戶容易取得，才會上門消費。

三、價格

價格是行銷組合中攻擊性最強的工具，它是企業在銷售產品或服務時，可以取得的利潤來源，除了市場售價外，也包括了折扣價、經銷商價、量販價…等，價格的訂定需考量自己的品牌形象、市場定位、行銷目標…等因素。

四、推廣

推廣是將產品或服務告知目
標客戶，並說服其購買的一系列
活動，它可以是只有單純的告知
目標客戶自己產品的訊息，也可
以是為了改變客戶態度，所採取
的各種活動，如廣告、促銷、展
覽…等。

4P的理論在行銷界，長期以來一直被大家視為是標準，因為它把複雜的行
銷活動簡單化，產品供應者只要找到合適的產品、合適的價格，再透過合適的
通路及促銷活動，就可以達到銷售的目的了。

從以上這一系列的活動來看，4P其實是從產品的角度去思考問題，產品
供應者/生產者從市場的需求、變化，以產品導向的角度，提供行銷策略的規
劃，在以前單純的市場環境下，它不失為一個好的方法，但只是站在生產者的
位置看市場，能不能被消費者接受，又是另一件事了。

▶12-1-2 行銷的4C

隨著市場行銷活動愈來愈複雜，資訊傳遞、行銷工具都在快速改變，消費
者行為也快速的在改變，傳統行銷的4P已經開始捉襟見肘，因為它沒有把消費
者的因素考慮進去，而偏偏消費者行為又是影響最大的因子，因此，行銷的4P
慢慢的沒有辦法掌握市場變化。

Robert Lauterborn為了彌補傳統4P的不足，於是從消費者的觀點，在1990
年提出的4C的理論，把行銷的焦點從企業轉移到客戶身上，將行銷活動從產
品導向的引起客戶關注，轉變為消費者導向關注客戶需求、建立互動關係，4C
指的是顧客（Customer）、成本（Cost）、便利性（Convenience）及溝通
（Communication）。

一、顧客

企業要先了解客戶的需求，從消費者的角度去思考、設計、生產商品，依
不同的市場區隔，滿足其消費需求，在擬訂行銷策略時，需先針對不同市場區
隔做調查，以求能貼近消費者需求。

二、成本

提到成本大家會想到的就是生產成本，但是，這邊的成本，不只是生產成本，還要把消費者購買的成本一併列入考量，購買成本除了錢之外，還有時間成本、體力成本、風險成本…等，消費者在做完整體評估後，所願意付出的金額，如果在產品或服務的售價之上，雙方的交易才能成交。

三、便利性

便利性包含多個面向，包括：客戶可以透過哪些便利的方式來購買你的產品、你的產品可以替客戶帶來多大的便利、能用哪些便利的方法來使用產品，在這樣的思維下，我們以前想的是通路地點好不好，現在則是要思考，除了有形的通路外，還有什麼無形的通路可以更便利的讓消費者拿到產品。

四、溝通

4P中的促銷是一種單向的溝通，它只是供應者/生產者對消費者的單向宣傳，其實溝通應該是雙向的，透過整合行銷，與客戶互動、溝通，才能找到最容易讓客戶接受的行銷模式，進而達到雙贏的目的。

當行銷的軸線由產品端翻轉到消費者端，企業在行銷上著重的不再是要怎麼生產產品、如何制定價格、怎麼做廣告宣傳、到哪裏去鋪貨，反而要去思考：客戶要的到底是什麼、客戶願意付出多少代價來買我們的東西、客戶要透過什麼方式才能最方便的拿到我們的產品、如何跟客戶溝通。

12-2
網路行銷

隨著資訊科技的發展日趨成熟，對商業模式也造成改變，同時，行銷方式也隨著資訊科技的發展，也要有不同的思維，網路具有即時性、互動性、全球性、快速性，可以運用多媒體又沒有時間限制，對傳統的行銷帶來了劃時代的衝擊。

網路行銷是透過網際網路，以網路用戶為標的，利用各種方法去從事行銷的行為，Nisenholtz與Martin在1994年的研究中，就認為網路行銷是企業運用網際網路進行廣告活動，且配合電子郵件從事企業與客戶間的雙向溝通。

1996年Quelch及Klein則認爲網路行銷不只是取代直接郵寄或在家中購物的行銷方式，同時也可以在全球市場上進行品牌認同、雙向訊息傳遞，有助於跨國企業產生行銷優勢。

▶12-2-1 網路行銷的4P

隨著網路行銷的發展，行銷思維也跟著改變，傳統的行銷4P也慢慢演變成新的4P，把客戶的需求與行銷的目標合而爲一，強調要以快速、及時的方法，達到訊息溝通與交流的目的，並滿足客戶多樣化的需求。

傳統的4P是以產品爲導向，以企業的利潤爲出發點，但是，新的4P則是要同時兼顧客戶及企業的利益，並讓客戶具有市場的控制力，因此，4P就演變爲：廣納資訊（Probing）、明確定位（Positioning）、愼選市場（Partitioning）及衡量輕重（Priority）。

一、廣納資訊

以市場行銷爲基礎、客戶需求爲中心，利用有系統的方法，將產品資訊做整合、記錄，以提供客戶有價值的資料，並在客戶取得資料時，與企業能有互動，透過互動及網路監控，配合系統回應，可以快速取得客戶資訊。

二、明確定位

依據企業的核心優勢、獲利來源及市場定位，再評估客戶對產品的需求程度，找出企業具有競爭力、獨特的市場定位，才能讓產品能在市場上占據最有利的地位。

三、愼選市場

考量市場的差異性及客戶需求的差異，以有系統的方法將市場加以區隔，讓每一個市場區隔中都有近似需求的客戶，才能針對消費者需求給予最好好的服務。

四、衡量輕重

企業不可能滿足所有層面的客戶，只能根據自己的優勢與能力來經營，所以，先要確定市場區隔，當企業決定了市場區隔後，就要評估要以哪個市場區隔優先發展，或是要以哪個市場區隔的客戶為重，決定之後，才能在有限的資源之下，做最好的配置。

當我們把行銷的觀念做適度改變，傳統的行銷4P就有了新的意義，以往我們從產品與企業切入時，我們思考的是產品、價格、通路及推廣，在意的是市場占有率。但是，在網路行銷上，我們以企業與顧客切入，我們就會廣納資訊、明確自己的定位、依我們的優勢慎選市場，並能根據資源配置選擇市場，這時，我們所在意的事就從市場占有率變成顧客占有率。

✦ 圖12-1 行銷4P的演變

▶12-2-2 網路行銷的4C

行銷的4C是以顧客為中心，這點在傳統的行銷與網路行銷中都是一樣的，所不同的只是網路行銷的4C更強調了與顧客的溝通和連結，讓企業和客戶間的關係維持的更緊密。

✦ 圖12-2 行銷4C的演變

在網路行銷中，企業透過4C與客戶建立長期關係，這個4C也是以客戶導向所建立的：顧客經驗（Customer Experience）、顧客關係（Customer Relationship）、溝通（Communication）及社群（Community）。

一、顧客經驗

顧客在與公司接觸過程中的每一次經驗，都會影響到他對公司的滿意度，接觸的過程中包括網路諮詢、銷售前、銷售時及銷售後，每個階段的互動，如果感覺都是正面的，就會提升其對品牌的好感度，進而提升其忠誠度。

二、顧客關係

在顧客關係上，企業應建立一個能與客戶溝通的平台，在這個平台上，企業可以對客戶的資訊進行深層的分析，才能更加精準的掌握客戶的需求。

三、溝通

在傳統4C上的溝通是透過整合行銷，與客戶互動、溝通，來找到最容易讓客戶接受的行銷模式，網路時代4C中的溝通，則是透過網路讓每個人都可以表達意見，把意見整合起來，產生客戶對產品的需求。

四、社群

社群網路是以人脈將有共同喜好的人聚在一起，已經是目前不可忽視的力量，包括部落格、FB，也可能是論壇，它能提供消費者一個交流、分享、溝通的園地，企業經由社群網路可以更加接近目標客群。

12-3
網路行銷趨勢

▶12-3-1 數位行銷的典範轉移

網際網路對於企業的行銷活動，除了可以解決現在的問題，更帶來了新的機會，在盧希鵬的研究中，依商業機會的類別，將網際網路帶來的改變分為4個空間：資訊空間（virtual information space）、交流空間（virtual communication space）、市場空間（virtual space）及社交空間（virtual society space）。

一、資訊空間

在網際網路未普及時，資訊處於不對稱的狀態，控制權在企業手上，也就是由企業決定要給消費者什麼資訊。現在的時代中，由於數位資訊很容易的切割、儲存，因此，在資訊空間中的典範轉移趨勢有：

1. 由讀到寫

在Web 1.0的年代中，資訊是由企業單向寫給消費者看，到了Web 2.0的年代，消費者也可以在網路上寫下自己的資訊，在這樣的環境中，在行銷上，企業關切的不再只是廣告被人看到的次數，更在乎的是消費者的參與，因此，真正有說服力的言論，不再是以前的官方說法，而是其他人怎麼說。

2. 由封閉到開放

在網路世界中，資訊都是公開而且透明，內容都是網友所提供的，在行銷上，企業關心的不再是資訊不足，而是資訊太多，如何才能在茫茫網海中讓消費者找到自己。

3. 由選單到超連結

以前的網路資訊是以選單的方式展現，現在則是由超連結所掌控，消費者漸漸沒有目錄、頁數的概念，思考方向不再是直線、順序的方向，而是隨時可以透過超連結跑到別的地方。

4. 由原子到位元

數位時代的銷售模式也在改變中，以前我們買歌曲都要買整片CD，現在已經可以單首的買了，圖書業也面臨這個衝擊。

5. 由內容到情境

過去交易重視的是內容，網路世界裏，消費者開始在意情境，內容往往會因為產品間的差異性不大，而被忽略，情境反而變成消費者記憶的重心。

6. 由服務到經驗

體驗是消費者實際消費後所得到的經驗，不是企業能掌控的，企業只能掌握自己產品的品質，卻不能控制消費者的談話內容，社交網路正在影響我們消費的體驗。

二、交流空間

在傳統行銷中，企業與消費者間的溝通不易，但是，在網路世界中，溝通相對容易，在溝通順暢之後，企業也面臨到另一種趨勢的挑戰。

1. 由一對多到多對多

傳統行銷的溝通模式是一對多，社交網路則是一種多對多的溝通，消費者不再是單純的資訊接收者，更是資訊的參與者，未來任何企業都無法控制社交網路，只有參與一途。

2. 由大眾到小眾、個人化

實體市場上所銷售的產品，都是由工廠量產出來的，規格統一、適合大眾需求，網路上的商品，可以做出客製化的產品，尤其是數位產品，個人化不是企業所創造出來的，而是消費者藉由參與所感受到的。

3. 由被動到主動

傳統行銷活動，消費者總是被動的收到訊息，在被動洗腦的過程中，讓人產生潛移默化的結果，網路行銷則是由消費者在有了需求之後主動去找的，因此，在行銷上也該有不同的做法。

4. 由彼此獨立到建立社會網路

以前的消費者都只是單一的個人，網路把這些個人連結起來成為一個社會網路，產生更大的影響力。

三、市場空間

社交網路其實就是一個新興市場，也讓我們要對4P重新定義。

1. 從尋找新客戶到經營老客戶

過去企業很難掌握客戶資訊，所以，每次的行銷活動都是在找新客戶，到了Web 2.0的時代，除了透過網路尋找新客戶外，還藉由網路來提高舊客戶的粘著度。

2. 從工廠經濟到酋長經濟

以前資訊的取得成本高，企業的生產採計畫生產，數量都是經過計算，現在利用網路則可以做到接單生產，企業不再是市場的觀察者，更是參與者，而消費者也因為網路，而可以做到團購，提升議價能力。

3. 從促銷到分享

以往的促銷活動都是由企業發起，到了Web 2.0的時代，網路行銷活動變成由網友來做，因為同儕間的信任度遠大於企業的廣告，因此，企業要了解的不只是客戶的需求，更要去了解客戶分享的動機。

4. 從大量行銷到一對一行銷

過去因為市場資訊不易取得，因此，企業對產品的訂價方式大多採固定售價，在資訊取得較為容易之後，彈性定價成為一個趨勢，價格不再是供需所造成的，而是一種行銷工具。

四、社交空間

商業活動可以看成是一種社交對話的過程，網路對於對話模式也造成了改變。

1. 來自市場的聲音

人們對於同儕的信任感，遠勝於官方說法，網路變成一個試水溫的地方，如果網民們對於某一產品有興趣，廠商再開始生產，這樣可以生產出貼近需求的產品。

2. 個人媒體的發展

小眾媒體可以創造出物以類聚的效果，個人也可以掌握媒體，甚至於可以跟出版商相抗衡，像很多美食部落客，他們擁有的讀者數量，或者說他們可以影響的人數，都到了企業不敢忽視的地步。

3. 提供社會網路上的弱連結

俗話說物以類聚，人們喜歡跟自己熟悉的人在一起，老客戶對企業而言是強連結，新客戶對企業而言則是一種弱連結，這二種行銷的策略是不一樣的，網路讓企業可以建立弱連結、開發新客戶。

4. 不在乎身份、只在乎內容

在實體世界中，說話者的身份，代表著他說話的影響力，同時這也讓某些人，失去了話語權。但是，在網路世界裏，只要觀點能引起共鳴，即使是默默無名的人，都可能成為意見領袖。

5. 對話需要熱情

隨著網路社群的數量增加，言論的主控權慢慢的轉到消費者手上，在Web 2.0時代，官方資訊不再是資訊的唯一來源，來自市場的資訊，需要消費者的熱情，熱情才會產生感染力，我們要思考的是自己的產品能不能誘出消費者的熱情。

6. 新的服務管道

最了解客戶需求的人，不是產品供應商，而是消費者自己，在Web 2.0的時代，由客戶主導市場結構，售後服務不一定要由賣家負責，許多熱情的網路專家就會無怨無悔的投入。

▶12-3-2　Web 2.0

一、Web 2.0的核心概念

Web 2.0的概念是O'Reilly Media的總裁Tim O'Reilly與Industry Standard前主編John Battelle在第1屆Web 2.0研討會中所提出的，在會中，他們提出了7個Web 2.0的核心概念。

1. Web成為新的平台

隨著網際網路技術的進步，新的服務與應用都將會以Web為平台，未來，使用者不再倚賴自己的電腦，只需取得任一個安裝了網頁瀏覽器的電腦與網際網路使用權，就可以悠遊在網路世界，甚至於處理各項工作。

2. 彙集群體智慧

由於網頁技術的大幅進步，使用者不再單純地只是扮演資訊接收者的角色，藉由ASP、PHP、JSP、JavaScript…等網頁程式語言，網站與網頁提供了各式各樣的介面，讓使用者可以在Web上進行問題回報、客服聯絡、評論、回應、檔案上傳等各式回饋性的行為，透過集體的智慧，讓網站內容更加完整。

3. 網站的內容是關鍵

隨著部落格與維基百科的風潮，網站內容的發布已不再侷限於網站擁有者，每個使用者都可以在網路上發表或回應問題，藉由部落格板主所發佈的文章、維基百科系統上的頁面內容編輯，以及隨之而來的引用與回應，內容將成為引導使用者瀏覽或參與回應、討論與貢獻的驅策力。

4. 終結傳統軟體開發模式

傳統的軟體發佈模式分為Alpha（內部測試版）、Beta（公開測試版）與Release（正式發行版）等3個階段，網際網路相關技術日新月異，不斷地導入新技術與提出新的應用模式，使軟體與網站服務的內容與功能變動愈來愈頻繁，敏捷式開發（agile development）成為新的軟體開發趨勢。

5. 輕量化的程式開發模式

目前市面已有許多Web的API，網際網路服務開發者可以藉由這些API的來實現概念、展現創意，成為創新的服務。除了Web API外，軟體與服務開發者亦可採用Web Services或SOA的架構，導入可信任的第三方所發展與散佈之可重用模組（reusable module），來建構新軟體，讓程式開發變的比較容易。

6. 軟體跨越裝置

透過Web API、Web Services、SOA與網際網路，單一裝置的應用範圍變得更加廣泛。

7. 豐富的使用者經驗

社群網站的興起，讓使用者能夠即時地參與網站內容的增、修，而愈多使用者提供自己的經驗，參與網站內容的修訂，網站的資料愈形豐富，內容與功能的正確性愈高，涵蓋面也愈廣。網站管理者不必再耗費大量的資源便能讓網站的功能變得愈來愈完備，而使用者亦藉由經驗與知識的分享獲得原本不了解的知識，得到未曾接觸過的經驗。

二、從Web 1.0到Web 2.0

在Web 1.0時代，資訊由網站管理者發布，使用者只能透過瀏覽器單純的瀏覽網頁內容，進入Web 2.0後，是以使用者為中心，使用者可以自己產生出豐富的內容，這個內容可能是一篇網誌、一張圖片、一部影片…等，而不再像以前只能看HTML的網頁。

與Web 1.0相較，Web 2.0更在乎使用者之間的連結與溝通，期望能把使用者能夠串連起來，同時，也利用更強大的技術、工具，讓使用者更方便的使用，它的特點包括：眾多使用者一起參與、可讀可寫可編。

在Web 2.0中，每位使用者都可以提供內容，也可以對別人的內容提供意見或補充說明，藉由使用者的共同參與，讓內容更豐富、多元。以往網站的內容都是由站長或版主提供，使用者只能閱讀，現在，網路的使用者都具有管理員的權限，可以隨時發表內容，並刪除或編輯自己的內容。

✤ 圖12-3　從Web 1.0到Web 2.0

三、Web 2.0帶來的影響

1. 從n^2到2^n

對於傳統的網路效應，麥卡夫法則（Metcalfe's law）認為一個網路的價值等於該網路內的節點數的平方，而且該網路的價值與聯網的用戶數的平方成正比。

也就是說，一個網路中的用戶數愈多，整個網路及網路中的電腦的價值就愈大。麥卡夫法則可以用圖12-4表示，如果網路中有n個節點，其連線數為 $\frac{n(n-1)}{2}$ ，其成長級數為2^n。

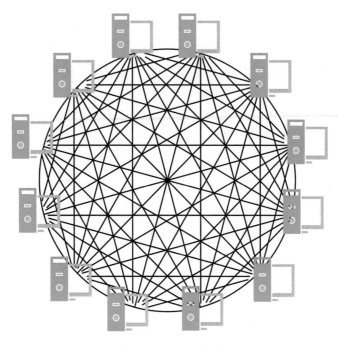

✤ 圖12-4　麥卡夫法則

在Web 2.0的網際網路新世代之下，導入了網路虛擬社群，連線數目的計算不再單純地只考量使用者與使用者之間，群體之間與群體內部的連線都應該要納入計算，而麥卡夫法則並沒有考量到群體之間與群體內部的連線。

Reed在1999年及2001年分別提出社群聚合網路（Group Forming Network, GFN）及Reed's law的理論，社群聚合網路可以讓網路的使用者，針對有共同興趣、話題和目的的社群，以多方向進行互相溝通，包括：從聊天室、主題社群、網路拍賣服務、使用者社群，到市集…等。

因此，Reed's Law把群體的概念列入考量，於是，在有n個節點的網路中，其連線數就變成2^n-n-1，成長級數變成了2^n，如果網路下的每一條連線都能產生貢獻，透過Web 2.0的網路效應，將可使社會的整體利益大幅成長，這也間接影響到現有的商業模式。

2. 從80/20到長尾

義大利學者Vilfredo Pareto觀察到19世紀英國人的財富和受益模式，發現大部分的財富流向少數人的手裡，於是在1897年提出80/20法則（Pareto principle），這個法則套用到行銷上，就成了日後著名的行銷定理：80%的營收來自最熱門暢銷的20%商品。

然而，隨著網路時代的來臨，學者對美國的企業組織如eBay、Google、Amazon…等的研究與觀察，發現80/20法則已經無法再解釋目前所有的市場現象。Chris Anderson研究商業組織的運作，在2006年提出長尾理論。

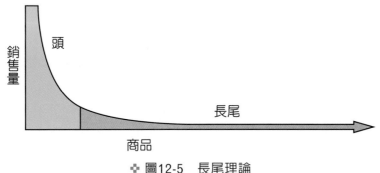

❖ 圖12-5　長尾理論

當我們把固定期間內的銷售獲利作為縱軸，商品暢銷排名作為橫軸，就會獲得一個新型態的市場曲線如圖12-5所示。很明顯的，依80/20原則，圖中前20%的暢銷商品的確可以提供企業80%的營收，但Anderson也發現，這條曲線的尾端不會迅速降到0，並形成了一條非常長的尾巴。

而這些在尾巴端的商品亦成了企業的利基，所以在暢銷商品之外，這些位於尾端的商品就成為企業的利基商品（niche products），如果能整合這些在尾端的利基商品，將會讓企業創造出另一個商機。

▶12-3-3　社群媒體

在Web 2.0的技術和環境中，社群媒體（social media）是一種可以讓使用者創造、分享與交換內容，並以網際網路為基礎的眾多應用程式，目前大家耳熟能詳的社群媒體包括了Facebook、MySpace、YouTube、BBS等。

社群媒體不只是一個媒體，它也是一種服務，一種可以用來跟朋友連繫的服務、一種可以用來拓展人際關係的服務，簡單的說，使用者可以透過社群媒體，來擴大自己的社交範圍。

當然，社群媒體也不只是一種服務，它也是傳播科技的整合，具有無縫接軌（seamless linkage）的傳播功能，為了達到隨時溝通、連結訊息的目的，使用者不一定要透過電腦的瀏覽器才能連上社群媒體，藉由手持式裝置也可以隨時連上社群媒體。

根據財團法人臺灣網路資訊中心在2020年提出的臺灣網路報告顯示：國內的12歲以上個人的上網率約83%，其中行動上網率已超過79%，約83%是用手機上網。家戶上網率約83%，其中99.9%是以寬頻上網。

整體網路購物的比率約60%，每月平均消費金額3,217元，男性大多以桌機或筆電上網，女性用智慧型手機上網的比率較男性高。在行動支付的使用上，以Line Pay的使用者最多，約占58%，其次是Apple Pay及街口支付，市占率分別為42%及18%。

12-4
免費的網路行銷資源

▶12-4-1　Google Trend

Google趨勢（Google Trend）是Google所提供的工具，藉由網路搜尋引擎的搜尋結果，監測和分析全球用戶每天的網路搜尋狀況，包括檢索之內容、標的、數量、時間、城市、國家與使用語言等。

它是一個免費的工具，微型創業者在資源有限的情況之下，利用Google Trend可以了解市場趨勢，甚至於可以做為行銷的輔助工具。Google Trend的網址是：http://www.google.com/trends/，畫面如圖12-6所示。

✦ 圖12-6　Google Trend

接下來就是重頭戲了，我們要怎麼探索我們要的資訊，在首頁的探索主題中輸入探索的關鍵字後，可以看到新增字詞的按鍵，按下去就可以輸入要探索的關鍵字，一次最多可以輸5個。

案例一

桃樂莎開了一家義大利餐廳，想利用社群媒體做廣告，但不知道哪一個社群媒體的曝光度比較高，於是就到Google Trend上去看看。其結果如圖12-7所示，在過去12個月裏，Line被查詢的次數最多，其次是Facebook。

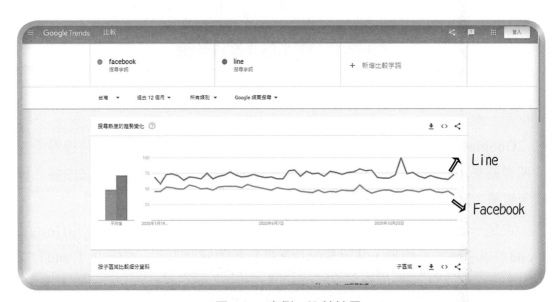

❖ 圖12-7　案例一比較結果

案例二

桃樂莎想自行創業，她想以加盟的方式開一家冷飲店，因為坊間的冷飲店眾多，她不知如何做市場調查，於是想到用Google Trend來看看這些加盟店在搜尋引擎上被查詢的次數。

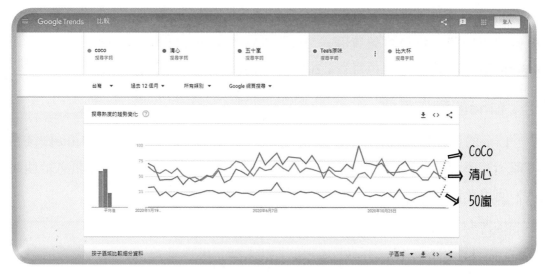

❖ 圖12-8　案例二比較結果

　　於是她實地走訪市場，找了5家比較常看到的品牌—COCO、清心、五十嵐、比大杯、迷客夏，回到家就把它們輸入Google Trend中比較一下，比較結果如圖12-8所示，由Google Trend的統計發現在過去的12個月裏，清心與COCO是在網路上被查詢最多次的品牌，其次是五十嵐。

▶12-4-2　LINE@官方帳號

一、官方帳號

　　Line可說是國內手持式裝置中，市占率最高的軟體，從媒體的統計資料中，可以知道目前國內Line的用戶已經超過2,100萬人，以全台2,300萬人計，Line的普及率也達到92%，年齡層幾乎含蓋了15歲以上所有年紀的使用者。

　　Line為了經營企業客戶，早在2012年第3季就啟動官方帳號的服務，但是，官方帳號收費非常的不親民，所以，只有大企業才能成為他們的會員，如統一超商、國泰世華銀行、太平洋SOGO、Yahoo奇摩購物中心…等。

　　Line看準中小企業服務的缺口，於是推出LINE@官方帳號新服務，讓店家可以下載LINE@的app，申請免費的服務帳號，透過LINE@，擁有一次發送大量訊息的群發功能，也能進行一對一即時溝通，並可進入後台數據資料庫，方便客戶管理，對於資源有限的微型企業，是一個很好的行銷工具。

LINE@官方帳號自2020年3月1日起調整收費模式為3種方案：輕用量的用戶依然不收費，每月可免費發送500則訊息，中用量用戶月費840元，可發送4,000則訊息，高用量用戶月費4,200元，可發送25,000則訊息。

二、Line的運作概念

Line的運作概念如圖12-9所示，店家可透過手機版或網頁版的Line做後台管理，管理者透過授權的帳號，可隨時發送文字、圖片、影音…等訊息給使用者，使用者也可以將訊息回傳給管理者，進行雙向溝通。

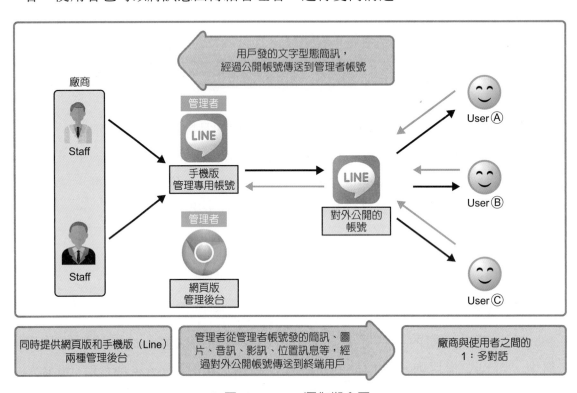

✤ 圖12-9　Line運作概念圖

雖然看起來LINE@官方帳號是個很簡單的B2C行銷工具，但是，在使用之前還是先要有行銷規劃，否則隨意而行是不會有效果的。萬事起頭難，LINE@官方帳號靠Line帳戶的群組把訊息推播出去，所以，行銷的第一件事就是要讓你的好友名單人數增加。

LINE@官方帳號的基本功能如圖12-10所示，囿於篇輯無法一一詳述，讀者可自行探索，本書以下所提供畫面亦為編輯時的系統頁面，因系統不定時會更新，可能名稱或位置會有些異動，請讀者自行調整。

❖ 圖12-10 LINE@官方帳號基本功能

二、募集好友

　　增加好友數的方法可以從實體通路及虛擬通路雙管齊下，當LINE@官方帳號的帳號申請後，系統就會給一個專屬的QR Code，這個QR Code可以印在店家的廣告文宣上，也可以印在店家的名片、海報上，讓消費者可以透過掃描QR Code的方式加為好友。

　　在虛擬通路上，可以把QR Code放在自己的網站上，讓到訪的網友自行掃描，也可以利用Line將QR Code傳送給目標客群。有了客戶的名單後，接下來就可以進行行銷活動了。

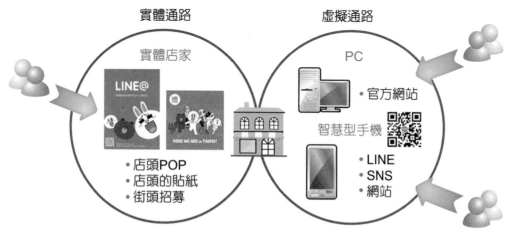

❖ 圖12-11 LINE@官方帳號募集好友的方式

三、LINE@官方帳號後台管理

申請好帳號後，登入LINE@官方帳號看到後台的畫面如圖12-12所示，後台的功能表在網頁的左側，首先到帳號設定的功能下，把公司的基本資料輸入，下方有自己的QR Code，可以把它存下來，將來印到海報文宣上，或者印在自己的名片上。

✤ 圖12-12　LINE@官方帳號後台首頁

四、發送訊息

公司資料輸入完畢，就可以開始準備發送訊息了，點選訊息按鍵後，會出現2個子功能─投稿內容一覽及建立新頁面，我們在建立新頁面的功能，就可以輸入要傳送的訊息。

在圖12-13中有3個區域，上面是用來設定訊息要傳送的時間，可以選立即傳送，也可以設定在某一個時間才傳送。中間的區域是用來設定這則訊息要不要同步傳送到Line的主頁，使用者可以視需要點選。

最下面就是重點了，有5個選項—文字、貼圖、照片、宣傳頁面及調查功能，前3個比較單純，就是傳送文字、貼圖、照片。選擇宣傳頁面，可以把在內容管理功能的宣傳頁面中所設定的優惠券或一般宣傳資料傳送出去。選擇調查功能，可以把放在內容管理功能的宣傳頁面中所設定的調查問卷發送出去。

✤ 圖12-13　發送訊息

五、建立優惠券及活動

　　透過宣傳頁面及調查功能就可以開始LINE@官方帳號的行銷活動，宣傳頁面可用來發送一般訊息及優惠券，其頁面如圖12-14所示，優惠券又可以分為發給所有用戶的優惠券及透過抽獎方式的優惠券，使用者可以視需要自行決定發哪一種。

✤ 圖12-14　宣傳頁面

1. 宣傳頁面

系統畫面內訂為發送一般訊息的宣傳頁面，按畫面右上方建立新頁面的按鈕即可進入，進入宣傳頁面的畫面如圖12-15所示，上方標題欄可以視宣傳內容輸入合適的標題，並上傳代表的圖像。

　❖ 圖12-15　一般的宣傳頁面

接著可以選擇這個宣傳內容的有效期限，在連結的欄位中可以輸入2組超連結，包括網址、電話及電子郵件，這裏就可以放入您的門店訊息，下面的圖片欄也可以放上您店面的照片，如果有影片的廣告，也可以輸入Youtube的網址，同時也可以在說明、使用方法及注意事項等欄位中，介紹您的產品、營業…等資訊，這些資訊都可以設定在客戶第一次加入時，讓新客戶都可以看的到。

最下面一欄的分享，提供2個選項可以讓使用者點選，第1個是可連結的畫面，第2個是不是要在動態消息、聊天室中分享，因為我們用LINE@官方帳號的目的就是在為自己的商店做行銷，因此，建議這2個選項要勾選誰都能閱覽、使用分享功能。

頁面的左上角有預覽的功能，可以透過預覽介面，事先看到要發出去的訊息內容，預覽畫面如圖12-16所示。預覽後如果覺得沒有問題，預覽畫面的右上方有儲存的按鈕，可以把做的宣傳頁面存起來，將來透過訊息發送給會員。

✤ 圖12-16 宣傳頁面的預覽功能

2. 優惠券

(1) 全體優惠券

選擇全體贈送的優惠券，將來透過訊息發送，就會發給所有的會員，它的介面如圖12-17所示。

首先要輸入優惠券的標題、類型及使用期限，優惠券類型可分為：折扣、免費、贈品、現金回饋及其他等5種選項。

✤ 圖12-17 全體優惠券

當我們在建立優惠券時,優惠券序號如果選不顯示,則將來在優惠券上就不會顯示序號,如圖12-18中的A圖。如果優惠券序號選擇顯示,則系統會要求使用者輸入序號,將來這個序號就會顯示在優惠券上,當我們輸入的是AA01,優惠券編號就會顯示AA01,如圖12-18中的B圖所示。

A

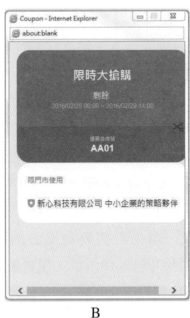
B

✣ 圖12-18　預覽優惠券

優惠券發送時,還可以選擇讓客戶使用的次數,如果選擇僅限一次,優惠券上會有一個按鈕,讓店員可以把這張優惠券註銷,如圖12-18中A的中間框線處,就是店員專用的按鈕。如果選擇不限次數,就不會出現這個按鈕,如圖12-18中的B就沒有這個按鈕。

當優惠券選擇了分享功能,拿到優惠券的人就可以把它分享給親朋好友,在優惠券的下方就會出現分享的按鈕,供優惠券的使用者做分享,如圖12-18中的A上方就有分享鈕,圖12-18中的B就沒有分享的功能。

(2) 抽獎優惠券

對全體發送的優惠券是通通有獎,為了增加趣味,也可以發送抽獎的優惠券,發送時可以限定中獎的張數及機率,也可以只限機率不限張數,完全視需要決定。

❖ 圖12-19　抽獎優惠券

3. 調查功能

調查功能可以提供使用者做市場調查之用，但是，在使用上Line公司也有些限制必須遵守，用戶除了不得發布以取得個人資料爲目的之問卷調查外，以下資訊也不可以列爲調查項目：

(1) 關於思想/信條及宗教。

(2) 關於種族/民族/家世/籍貫（和居住地相關者除外）/身體精神障礙/犯罪前科/其他可能造成社會歧視等相關事項。

(3) 關於勞工團結權、團體交涉權/其他團體行動之行爲。

(4) 關於參加集體示威行爲/行使請願權及其他政治權利。

(5) 關於醫療保健及性生活。

在建立問卷調查資料之前，要先選擇問卷內容排列的格式，共有4種可以選擇的方式，如圖12-20中藍框所示。

❖ 圖12-20　調查功能首頁

選擇問卷的排列方式後，就可以開始設計問卷了，編輯調查內容的頁面可以分為二部分，上半部是要投票的基本資料，包括投票的主題及投票期間，投票主題是要讓收到訊息的人看到這則訊息目的的資料，投票期間是這次調查的時間設定。

頁面的下半部是建立投票的頁面，包含了：投票基本資料、其他顯示內容設定、投票者屬性及謝禮設定等4個頁籤。投票基本資料中要填的是本次投票的選項，可以把候選答案逐項輸入，最後可以設定是單選題還是複選題。

在其他顯示內容設定的頁籤中，可以設定是否要顯示剩餘時間、是否可以分享、是否要連結影片或照片，並且可以對上傳的資料做說明。投票者屬性的頁籤可以設定投票者的性別、年齡、居住地等資料是否要公開。最後，我們還可以在謝禮設定中決定投票者在填完問卷後，我們要不要提供優惠券做為謝禮。

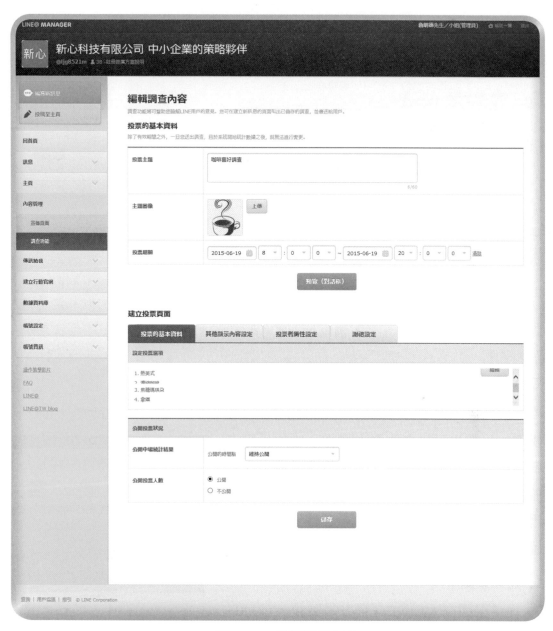

✤ 圖12-21 編輯調查內容

六、統計分析

LINE@官方帳號提供了統計的功能，可以讓使用者很容易知道優惠券發送及使用情形，從圖12-22中可以看出這張優惠券一共發送了30張，使用過1張，收到優惠券的人分享出去3次。有了這些資料，我們就可以調整後續的行銷策略。

✤ 圖12-22　優惠券統計分析

七、集點卡

LINE@官方帳號自2016年1月起推出集點卡的功能，初期只能在手機上操作，目前也可以在電腦上操作，它的集點卡就像實體的集點卡一樣，只是放在手機上，對於業者而言，可以省掉印紙本實體集點卡的費用，消費者也可以避免出門忘了帶集點卡的困擾。

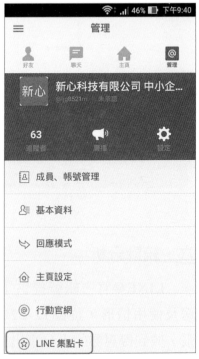

1. 建立集點卡

從手機版登入LINE@官方帳號後，就可以在管理頁面上看到Line集點卡的功能，點選Line集點卡，就可以進到該功能。

進到Line集點卡後，看到如圖12-24所示的畫面，點選下面的建立集點卡按鈕，就可以逐步建立自己的集點卡了。

✤ 圖12-23　LINE@官方帳號管理頁面

點選建立集點卡後，就可以開始建立自己的
集點卡，因為畫面很長，因此把它切割成3
個畫面如圖12-25所示。先選定集點卡的款
式，共有3種款式可供選擇，再決定集點卡
的要收集的點數及集滿點數的優惠，並且設
定有效期限及提醒功能，最後，當完成所有
設定，就可以點選公開服務，集點卡就會出
現在LINE@官方帳號了。

✦ 圖12-24　Line集點卡

✦ 圖12-25　建立集點卡

在建立集點卡的流程中，還有一件重要的事，就是設定消費者在集點完成
後，可以享受什麼優惠，這個功能在圖12-25中間那張圖的框線處中。點選
設定優惠後，就可以看到圖12-26的畫面，逐欄填入即可，最後可以預覽優
惠券的內容，如果沒有問題，按下預覽畫面最下面的按鈕就完成了。

❖ 圖12-26　建立優惠券

2. 使用集點卡

當集點卡設定完成，按了公開服務之後，加入LINE@官方帳號的好友/客戶就可以看到通知，如圖12-27所示，點選左邊畫面下方紅色按鈕後，會出現中間的畫面，按確定就會得到一張空白集點卡。

❖ 圖12-27　集點卡通知訊息

當客戶達到商家要求的集點條件時，只要按下集點卡右下方紅色圓鈕，就可讀取商家所提示的QR Code，系統就會在集點卡上蓋章，如圖12-28所示，如同我們在實體集點卡上蓋章一樣。

3. 製作集點QR Code

由於客戶集點時需要讀取商家的QR Code，所以，商家在推出集點卡前要先製作QR Code以方便現場作業之需。建立QR Code有2種方式，一種是在智慧型手機上顯示，客戶可以直接掃瞄或透過藍芽傳送，一種是印製成紙本讓客戶現場掃瞄，如圖12-29所示。

❖ 圖12-28　集點後的集點卡

❖ 圖12-29　集點行動條碼設定

(1) 在智慧型手機顯示

當點選於智慧型手機畫面上顯示行動條碼這個選項時，系統就會產生一個一次性的QR Code供消費者現場掃描，由於每次掃描後都要產生一個新的QR Code，在作業上比較複雜，當門店生意很忙時，可能會顧此失彼。

(2) 印製行動條碼

為避免每次都要拿著手機產生新的QR Code，LINE@官方帳號提供另一個選項，就是由商家事先把QR Code印出來，放在櫃臺中，當客戶符合集點條件時，由店員交給他該點數的行動條碼來掃描，客戶即可成功集點。

❖ 圖12-30　智慧型手機用的QR Code

點選印製行動條碼，會先出現印製用行動條碼設定的頁面，如圖12-31左圖，點選上面的製作印製用的點數贈送行動條碼，系統會進入製作印刷用行動條碼的頁面，如圖12-31右圖，逐一填入內容，按儲存設定並列印即可儲存。

✤ 圖12-31 印製行動條碼

　　當行動條碼設定完成後，即可印出，LINE@官方帳號提供了3種樣式，如圖12-32，供商家依需求列印使用。

✤ 圖12-32 集點行動條碼樣式

4. 統計分析

(1) 點數贈送記錄

透過後台的點數贈送記錄，商家可以依時間或顧客別，統計集卡點點數發放情形，選擇依時間統計時，輸入統計期間後，系統就會依日期順序，統計在不同時間的點數發送情形。如果選擇依顧客別統計，就會依個別顧客，統計其集點的時間及點數。

❖ 圖12-33　點數贈送記錄

(2) 統計管理

後台的集點卡統計管理資料，Line於每天的凌晨才會更新當天的資料，商家透過後台提供的管理資訊，可以知道集點卡發送的張數、點數、優惠券的使用率及集點數量分布圖等資訊，以了解活動情況。

❖ 圖12-34　統計資料

▶12-4-3 自媒體行銷

一、自媒體

　　傳統的行銷文案要先找廣告公司拍攝影片，再透過平面媒體、網路平台、有線電視系統…等媒體，投放到閱聽大眾的眼前，所耗成本極大，但成效有限，且不易隨時上架新廣告文案。

　　隨著資、通訊科技的進步與普及，推動了自媒體的興起，當每個人都可以當直播主、廣告主時，傳統媒體的單向傳播訊息功能開始式微，新的商業模式與內容，靈活的打造了具互動性、雙向溝通的生產方式，以往廣告要交由專業的廣告公司處理，拍攝、上架都需要時間，現在，使用者除了負責廣告內容的生產外，還具有廣告商的身份，能即時與消費者互動。

　　自媒體有2大特點，首先是門檻低、運作方便，以往製作影片需要具備攝影機、剪接設備，現在有電腦、智慧型手機就搞定了，因此，每個人都可以經營自媒體。其次，自媒體的形式多樣化，它的內容包括了：文字、影片、音樂、圖片等，甚至可以把直播都放進來，完全看你的專長來決定內容。

　　接著我們要思考的是創業者如何利用自媒體來做自己產品的行銷？本節將介紹如何利用免費的工具製作你的行銷影片，在Youtube上建立你的專屬頻道，並將你的影片上架到你在Youtube上的專屬頻道。

二、前置作業

（一）行銷故事

　　行銷影片必須把產品的特色融入，以吸引消費者的興趣，因此，不能隨興的拍攝、上架，好的行銷影片最好有吸引人的故事。鐵路內灣線上的合興站，曾經是臺灣鐵道上少見的折返式車站，極盛時期有15位員工，台鐵一度打算廢站，1999年改成無人招呼站後，一對老夫妻出面認養，以他們的愛情故事讓合興站重生，成為有名的愛情火車站。你準備好你的產品故事了嗎？

❖ 圖12-35　合興火車站的愛情故事

（二）影片內容規劃

　　行銷影片的製作可以分為3個階段：前期規劃、拍攝階段及後期製作，在前期規劃階段，要先選擇影片主題，同一個產品針對不同客群也會有不同的主題訴求，也就有不同的故事，主題決定之後，就要按故事寫劇本、製作分鏡腳本、規劃旁白。

　　拍攝階段則是根據所規劃的劇本、分鏡腳本，準備道具及演員，到現場拍攝所需要的影片、照片，拍攝前要先進行場勘，以確定現場狀況，必要時要準備輔助器材，如延長線、收音用麥克風等。

　　影片、照片是素材，現場拍攝後，要回到工作室內進行後製工作，目前市面上有很多種可以後製、剪輯的工具，如威力導演、小影等，可以利用你熟悉的工具剪輯、配音、上字幕。

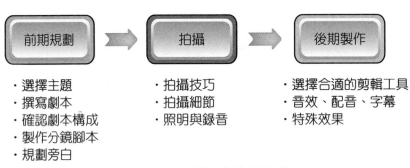

❖ 圖12-36　影片製作的流程

（三）拍攝程序表

　　為了掌握拍攝進度、後製流程，可以先根據影片中所要表達的訴求，規劃整個拍攝的程序表（run down），把整個場次的順序、時間、旁白內容寫下，以便在工作中可以隨時控制進度。看到這裏，讀者應該已經規劃好自己的行銷故事，寫好劇本、分鏡腳本，可以準備去拍攝了。

三、行銷影片製作

　　拍攝好的影片、照片回到工作室，就要進行後製工作了，坊間剪輯軟體很多，這裏介紹微軟提供Win 10中內建的影片編輯器，點開電腦桌面左下角的開始鍵，往下拉就可以找到影片編輯器。

（一）建立專案

打開微軟的影片編輯器後，左上角有一個「新的影片專案」的按鈕，見圖12-37所示。點選後會有個對話框出現，在對話框中輸入你的專案名稱即可，存檔前要記的你存的路徑，以免日後找不到檔案。

❖ 圖12-37　建立新專案

影片編輯器的工作區如圖12-38所示，可分為3大區域，左上方為素材區，按左上方的「新增」鈕可以從資料夾中把剛剛拍好的影片、照片新增到素材區來。當素材新增到素材區後，就可以按照拍攝程序表的順序，把素材放到下方的分鏡腳本中，準備進行編輯作業，右上方黑色的區塊就是分鏡腳本素材編輯區。

❖ 圖12-38　影片編輯器的工作區

（二）編輯照片

1. 製作標題卡

影片開始時通常會有個標題，讓人一目了然，知道影片的主題是什麼，這個畫面可以用照片，也可以製作1個標題卡來說明影片的主題。按下分鏡腳本素材編輯區下方的「新增標題卡片」的按鈕，在下方分鏡腳本素材中就會出現一張藍色的標題卡片，按下「文字」鈕就可以輸入文字，如圖12-39所示。

標題卡預設是藍色的，不喜歡的話可以按上面的「背景」頁籤自行選擇喜歡的顏色。輸入文字後，也可以從下方的選項中選擇自己喜歡的文字樣式及出現的位置，最後，利用下面的拉桿可以調整字幕出現、消失的時間。

✤ 圖12-39　製作標題卡

2. 建立分鏡腳本

接著我們要依據拍攝程序表的順序，把照片放到分鏡腳本中準備編輯，先點選照片右上角，然後按「放到分鏡腳本」的鈕，被選中的照片就會到下方的分鏡腳本中了，如果要調整順序，可以直點選再按滑鼠左鍵，就可以直接移動。

✤ 圖12-40 建立分鏡腳本

3. 編輯文字

點選分鏡腳本上要編輯的照片,照片就會在右上方的編輯區中出現,編輯區下方有一排工具列,點選「文字」鈕就可以編輯文字了,如圖12-41所示。先在右上方輸入文字後,再到下面選擇字型與出現的位置,最後在下方設定字幕出現及結束的時間。

✤ 圖12-41 編輯照片

4. 設定動畫

為了讓照片出現時生動活潑，微軟的影片編輯器也支援動畫的功能，照片在編輯狀態時，按上方的「動畫」鈕，就進入動畫設定模式，如圖12-42所示，右邊有各種動畫模式可供選擇。

❖ 圖12-42　設定動畫

5. 3D效果

微軟的影片編輯器也提供了3D動畫的功能，可以讓使用者在適當的時機運用，照片在編輯狀態時，按上方的「3D效果」鈕，就進入3D效果設定模式，如圖12-43所示，右邊有各種3D模式可供選擇。

❖ 圖12-43　3D效果

（三）剪輯影片

1. 影片剪接

首先把要剪接的影片從素材區移到分鏡腳本中，用游標點選分鏡腳本中影片上的時間，影片就會到編輯區，如圖12-44所示。影片下方有2個控制棒，分別表示影片的起始點與終止點，移動這2個控制棒的位置，就可以留下需要的畫面了。如果需要加字幕的話，按影片上方的「文字」鈕就可以為影片上字幕了。

❖ 圖12-44　剪輯影片

2. 調整影片速度

在編寫劇本時，可能會視需要調整影片的速度，有時候會想要快轉、有時候希望放個慢動作。點選分鏡腳本的影片，在編輯區下方有個「速度」的按鈕，按下後調整拉桿的位置，就可以調整影片的速度。

❖ 圖12-45　調整影片速度

3. 去除背景聲音

影片在拍攝的過程中，有時候會有意外的雜音，如路過的車聲、講話聲…等，有時候該段影片會有旁白，不希望原來的背景聲音干擾，這些需求在後製時都可以去掉。後製時點選分鏡腳本中影片右下方的喇叭，就會出現拉桿，調整拉桿的位置，就可以控制聲音的大小。

❖ 圖12-46　去除背景音

（四）匯出影片

1. 加背景音樂

影片製作完成，希望在播放時不要太單調，通常會加上配樂，建議讀者不要隨便用流行音樂做爲配樂，因爲音樂有著作權，未經授權就重製、公開播送或公開傳輸，都是侵害著作權的行爲，一旦被告有損自己的商譽。

微軟的影片編輯器提供了內建的背景音樂，在編輯區的上方有個「背景音樂」的按鈕，按下後有各種音樂可以選擇，也可以透過下方的拉桿調整音量。

❖ 圖12-47　加背景音樂

2. 影片匯出

影片編輯完成，按下編輯區上方的「完成影片」鈕，命名後就完成了你的行銷影片了，還是要提醒讀者，存檔時要記得存放的位置，才不會事後找不到檔案。

✤ 圖12-48　影片匯出

四、影音平台的選擇

行銷影片完成後，它的大小通常會有數百MB，這麼大的檔案不容易在社群平台上傳送，通常會考慮放到影音平台上，影音平台的好處是曝光率高，以網址就可以傳播。

當你的行銷影片製作好，接著就準備放到網路的影音平台上，目前坊間的影音平台很多種，讀者可以選擇自己習慣或常用的平台，本書選擇目前使用人數最多的Youtube平台，一步步教大家如何把行銷影片上傳。

首先你要先去申請一個gmail的帳號，有了帳號後登入Youtube，右上方有個攝影機的圖像，按下圖像後點選「上傳影片」就會有一個上傳影片的對話框出現，如圖12-49所示，把要上傳的檔案拖曳到對話框的圓圈處即可將影片上傳。

✤ 圖12-49　上傳影片到Youtube

影片上傳後，依對話框的指示，陸續輸入影片的詳細資訊、目標觀眾、瀏覽權限…等資訊，就完成了，系統可以讓影片馬上公開，也可以在你選擇的時間公開，而且Youtube也會提供1個影片的短網址，用這個短網址就可以把你的行銷影片貼到不同的社群媒體上了。

五、建立自己專屬的頻道

每個Google的用戶都會有1個Youtube的頻道，可以放自己的影片，但是，為了讓自己的頻道跟公司的頻道有所區隔，我們可以再設定1個屬於公司行銷專用的頻道，以免干擾自己的生活。

登入Youtube後，從左邊功能表中進入「設定」的功能，就會看到中央有個「新增或管理你的頻道」的按鈕，點進去後點選「建立新頻道」，即可建立1個屬於你自己的行銷頻道了。

❖ 圖12-50　新增Youtube頻道

個案研討

不加一滴水的鼎太公紅麴滷味

在陳云聆的記憶中，馬祖人在冷冽的冬季，家家戶戶都會開始釀造老酒，悉心存放在陶製酒甕裡，等到春節時再開罈品嚐，特別是釀造老酒後所提煉出來的酒糟（紅糟），更是冬季馬祖人驅寒家常菜的佐料及馬祖婦女坐月子、補身體的絕佳聖品。

陳云聆從小耳濡目染，40年前與紅麴結緣，10歲時就跟在母親身邊學做紅麴釀，幾天隔著棉被就聞到濃濃的紅麴酒香，至今仍記得當時那種雀躍的心情。馬祖老酒與紅糟，一直是馬祖戰地最膾炙人口的佳釀，也是對馬祖人的深厚意義與特殊情感，從糯米蒸煮、落罈、加入紅麴發酵、攪拌、壓榨、澄清，一直到裝罈後可以入口，需要50到60天左右。

31歲那年，因家庭經商失敗，她轉行開餐廳，生意門庭若市長達8年，但最後卻無法挽救婚姻，離婚時身上只剩76元，好不容易重新出發，自己當老師教授烹飪，千辛萬苦存到的68萬元，卻被詐騙集團騙走，讓她心情跌到谷底。

經過這些挫折後，陳云聆並沒有被打敗，她選擇讓自己的人生沈澱、歸零，身為廚藝教師的她，看到市售滷味多加人工色素，吃多了讓人口乾舌燥，想到以前所熟悉的紅麴，決定就從紅麴滷味重新出發，經由勞動部的微創鳳凰計畫的協助，好不容易取得了80萬元的創業貸款，投入研發紅麴養生滷味。

於是在2008年於桃園市八德區廣隆街巷子裏成立了鼎太公食品，她希望所生產的每一樣產品，從第1鍋到第100鍋，都有相同的品質、相同的感動，開始的前3個月每天只睡3個小時，在自己的廚房裡3個月不曾出門，每天10鍋滷製不斷的嘗試，也每天不斷丟棄失敗品。

❖鼎太公設立在桃園市市區巷弄內，在先天環境限制下，陳云聆努力將作業標準化

在不斷嘗試失敗的同時，也明白這世間有一個定律：一個問題的背後，一定有一個答案。秉持著這個座右銘，不斷的超越每個滷製配方的衝突與妥協，堅持不加一滴水滷製的技術，終於做出純汁濃郁鮮香的紅麴滷味，並且把每個製程都予以標準化。

產品做出來之後，隨之而來的問題就是要怎麼賣？剛開始是請員工在自家附近賣，單日業績只有1,000~2,500元，後來決定自己出去夜市擺攤，但是，依然出師不利，好不容易把攤車佈置好，第一天營業就碰上傾盆大雨，整夜沒有客戶，最後只好自己花了200元買了自己的滷味，以示今天開張，結束開業慘淡的第一天。

家人勸她：「妳明明是一顆珍珠，好好的講師不當，何必糟蹋自己？」她卻認為：「鼎太公是我生的孩子，我寧願做一搓泥土，也要讓所有人把我踩成一條路……。」咬牙下來自己推銷，3個月後日營收達8,000元，第5個月單日業績翻至雙倍。

❖陳云聆樂觀好學，鼎太公網站與行銷文案都由她一手包辦

但是，微型創業者面臨的人手不足問題，陳云聆也無可避免會碰到，在廚房、攤位兩邊難以兼顧之下，2013年她決定把通路轉向網路宅配。這個決策下了之後，接下來的問題就是自己對電腦一竅不通，毅力過人的她買了電腦補習班的終身白金會員。

　　陳云聆事後笑笑的說：「補習班的每一套軟體都學了，但每一套都不記得，Photoshop學了5次才勉強懂。」，但是，從最初陽春網站，到現在行銷、文案一手包辦，她樂觀的說：「凡事遇到就面對，挫折可以買到很多財富。」

　　經過這些年的努力，陳云聆獲得2014年微創鳳凰楷模獎，鼎太公也陸續獲得中華民國消費者健康安全—國家品質金牌獎、桃園市亮點計畫輔導等殊榮，也獲得各大媒體的報導，鼎太公對陳云聆而言，可以說是她的第三個孩子，她也時時在思考未來要如何讓她更茁壯。

　　為了解決生產人力的問題，她深深感覺微型企業在人力、成本的限制下，唯有將作業標準化，才是可長可久之計，於是，她把每樣滷味的製作過程，都簡化為3個步驟，不僅可以讓新進員工可以很快的上手，沒有交接問題，更沒有技術被員工掌握的問題。

✿鼎太公在這些年來陸續獲得許多殊榮，圖為2014年微創鳳凰楷模獎

　　鼎太公不只在生產流程予以標準化，連清理程序都有標準作業程序，讓廚房每天都能保持著乾淨的地板、光亮的滷鍋，甚至於網路分享文都加以標準化，在這樣的標準化流程中，連廚房的阿姨都可以在短時間內產出200多篇網路文章。

　　網路帶給了鼎太公一個快速發展的機會，但是，也對鼎太公的產能造成衝擊，陳云聆現在面臨了二難，一方面擔心網路帶來的訂單，目前人力產能無法消化，若1天滷上十多箱雞爪，人力搬運負荷不了，必須即時規劃半自動機器設備，以減輕人力搬運的困境，廚房雖小卻能做到廚房極大的滷製吞納量，一鍋一鍋的大滷鍋及滷製的動線外，廚房的空間已不多，若要添增半自動化機器設備，空間上又顯不足。如果因為要滿足訂單而擴廠，又因只有一個人，所以只好暫時還是守住最保守的住家中央廚房工廠，待孩子畢業後才考慮擴廠。

　　對於鼎太公未來的營運，陳云聆已經開始規劃她心中的藍圖，開設門市一直是她夢想，把滷味變成簡單的料理，也是她想做的，所有想法都受限於只有一個人而無法達成，藉由產線標準化，可以減少她在生產上的投入，她也期待學商的兒子畢業後回來協助鼎太公做網路行銷，讓她有更多的時間去完成她的理想。

　　在經營一段時間後，小君想要配合母親節辦一個顧客回饋活動，於是三人開始製作廣告文宣，並利用休息時間到外面發放廣告文宣，忙了快一個月，終於把活動順利辦完。

　　在事後的檢討會中，小文認為廣告文宣做好，一直很擔心活動當天下雨怎麼辦？文宣印了也發了，要改期可能很難，這點會是未來辦活動時需要克服的。小香也說，活動辦的很成功，如果能縮短前置作業時間，就可以不用這麼累了。

　　三人妳一舌我一嘴的講完，還是沒有發現比較有效率的方法，只好又來找司馬特老師，老師聽完她們的問題，也表同感，認為辦活動需要前置時間，文宣發了之後又擔心天氣的影響，是不可避免的，而且，前置時間愈長，不確定性愈不容易掌握。

以往我們都是發實體的 DM，因為要提前發送，對辦活動來說，風險比較大，現在大家都有智慧型手機，我們可以利用社群平台來做宣傳，以降低這個風險，而且活動可以辦的更有彈性。

　　例如，我們可以透過 FB 的粉絲頁做活動的宣傳，如果遇到天氣不好，也可以立刻在 FB 粉絲頁上發布新消息，調整活動時間或內容。Line 也有推出一個可以做行銷的工具，叫做 LINE@ 官方帳號。

　　LINE@ 官方帳號除了可以推播活動與產品的訊息之外，還可以適時的推出優惠券來吸引客戶，也可以利用集點卡來凝聚消費者的忠誠度。由於 LINE@ 官方帳號的控制權在妳們身上，妳們可以隨時辦個活動，推出優惠券，吸引客人前來。

　　小君聽完感到非常有興趣，但又不知道怎麼操作，司馬特老師喝口咖啡，慢慢的以例子來解釋，例如說，妳們推出了一個新口味的水餃，想要辦試吃來看看消費者的反應，以往要發 DM 或隨機在門口辦試吃，現在，利用 LINE@ 官方帳號，妳們可以在辦法動前一、二個小時發訊息通知妳們的老顧客，邀請他們來試吃。

　　為了促銷，也可以順便用 LINE@ 官方帳號發一個優惠券，試吃之後就可以買回家先吃為快，這樣的活動立刻會有績效出來，當然，還可以利用集點卡，讓客人為了集點，不斷的回購，提高忠誠度。三人聽完這麼好的工具，都想著趕快回去規劃一下，期望利用這些免費的工具，來提高自己的營業額。

問題

1. 如果你是她們三人，你會利用哪種工具來進行你的行銷？
2. 如果你打算推出集點卡，你會規劃多少錢可集 1 點？

創意保護

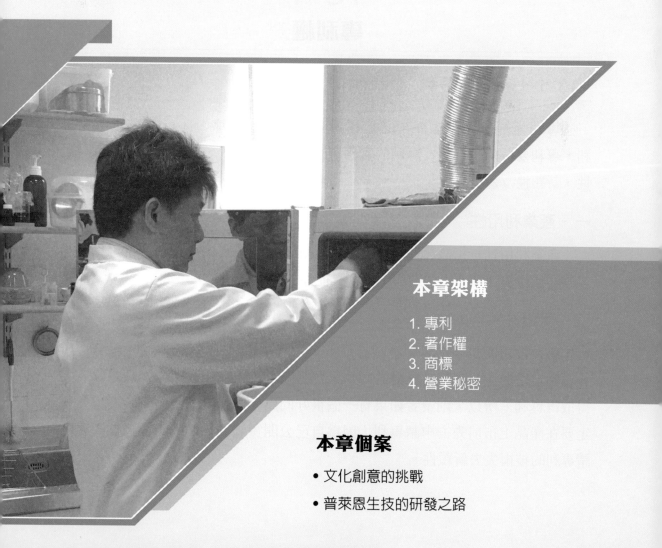

本章架構

1. 專利
2. 著作權
3. 商標
4. 營業秘密

本章個案

- 文化創意的挑戰
- 普萊恩生技的研發之路

在創業的過程中，創業者有很多創意的點子及創新的構想，都是很寶貴的無形資產，但是，因為它是無形資產，沒有實體的東西，看不到、摸不著，所以，很容易就會被仿冒，本章將介紹如何透過智慧財產權來保護我們的創意。

13-1
專利權

▶13-1-1　專利要件

專利權是一種排他權，必須經過嚴謹的審查程序，才能賦予發明人權利，專利要件的審查是在專利的實體審查程序中進行的，它包括了：產業利用性、新穎性及進步性。

一、產業利用性

產業利用性是指該發明可以在產業上加以實施、利用，也就是說，專利的客體必須能夠在產業上製造與使用，且能產生積極的利益。

二、新穎性

新穎性指的是申請專利範圍必須不是先前技術（prior art）的一部分，申請專利之標的，在申請前已見於刊物、已公開實施或已為公眾所知悉者，皆不得取得專利。所以，創業者如果有一個很好的點子，或是一個創新的技術，一定要在產品上市前先去申請專利，因為自己公開實施的行為，也會讓自己要申請專利的技術失去新穎性。

三、進步性

　　一個具有新穎性的技術才會接著審查是否具備進步性，如果一個申請案不具備新穎性，就不需再審查進步性。當申請案的整體（as a whole）是所屬技術領域中具有通常知識者依申請前之先前技術所能輕易完成時，則將會被認定不具進步性。

▶13-1-2　發明

　　發明專利是利用自然法則之技術思想之創作，由定義可以知道，發明必須要具有技術性（technical character），也就是說，發明所解決問題的手段必須是涉及技術領域的技術手段。因此，自然法則本身、單純的發現、違反自然法則及非利用自然法則等，都不屬於發明的範圍。

一、物的發明

　　物的發明其標的一定是具有空間、大小的東西，又可以分為物質及物品，物質指的是化學的化合物或者是醫學上用的藥品，如阿斯匹靈（Aspirin），物品則是具有一定空間的產品、機具…等，如光碟片（Compact Disc, CD）。

案例一

　　高爾夫球長期曝露在高溫中，容易喪失其原來的性能特徵，為了使高爾夫球曝露在高溫中仍然維持其性能，NIKE申請了一個多層實心高爾夫球的專利，如圖13-1所示，它是由球心、中間層及覆蓋物所組成，球心是一種熱塑性材料，中間層是一熱覆性材料，能讓高爾夫球在50℃的環境8小時以上，仍能維持其原特性。

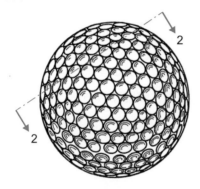

透視圖　　　　　　　　　　　　截面圖

✤ 圖13-1　I490014多層實心高爾夫球

二、方法發明

方法發明顧名思義是一種方法，又分為物的製造方法及無產物技術方法，物的製造方法是指物質或物品的製造方法，如阿斯匹靈或光碟片的製造方法，無產物技術方法則是該發明的技術，不會產生實體產品，如檢測空氣中二氧化碳濃度的方法，最近電子商務方興未艾，許多商業模式（business model）的專利都是屬於無產物技術方法的發明專利。

 案例二

現行的遊戲點數卡、電信預付卡等卡片商品，多為供應商設定固定的面額後，再將所製成的卡片商品送至通路端以供消費者選購，造成消費者與供應商雙方的不便。於是全家便利商店提出一種彈性購買點數之方法，使消費者可以彈性地依照己身之需求，指定所要購買的金額，其流程如圖13-2所示，其儲值方法如圖13-3所示。

輸入卡片商品之資料至通路端之電子裝置。

輸入消費者所指定之購買金額至電子裝置。

電子裝置會連線至一物流伺服器，物流伺服器在確認電子裝置所輸入之卡片商品之資料與消費者之指定購買金額，生成一組儲值密碼，並將儲值密碼回傳至通路端之電子裝置。

利用與電子裝置相連之印表機，列印具有儲值密碼與卡片商品資料之紙張予消費者。

✤ 圖13-2　I490800號專利的彈性購買點數方法

輸入卡片商品之資料至電子裝置。

輸入消費者之指定購買金額至電子裝置。

電子裝置與物流伺服器連線，以確認卡片
商品之資料與輸入之指定購買金額。

物流伺服器依據卡片商品之資料與指定的
購買金額，經運算後生成一組儲值密碼。

儲值密碼再傳送至一驗證伺服器，以確認
此儲值密碼之唯一性。

驗證伺服器生成對應於此次購
買內容之一管理編號。 儲值密碼與管理編號再傳送至
一管理資庫中儲存。

經認證後的儲值密碼可再回傳至通路端
的電子裝置。

利用與電子裝置相連之印表機列印具有
儲值密碼之紙張予消費者，並結帳。

消費者輸入使用者帳戶及密碼，以登入
卡片商品之服務介面。

於服務介面中輸入儲值密碼。

❖ 圖13-3　I490800號專利的儲值方法

三、用途發明

用途發明指的是物品或物質的新用途,物質的新用途包括已知物質的新用途及新物質的新用途,如威而剛(Viagra)原來是治療心血管疾病的藥,後來意外發現它可以用在治療性功能障礙上,即是一種新的用途。

▶13-1-3 新型

新型專利是指利用自然法則之技術思想,對物品之形狀、構造或組合之創作。我國的新型專利自2004年後即採形式審查,創作人可以較快取得專利,但是,也因為新型專利未經實體審查,所以也具有相當程度的不確定性。

 案例三

傳統的咖啡,不外乎是直接將咖啡置於容器內部來提供給消費者飲用,或是在咖啡上倒入牛奶、糖份藉以調和其甜度、味道。為了要把適當的食材來搭配設置於咖啡中而又不使食材沒入咖啡中,且能保有食材原本的口感與原味,讓消費者分別品嚐、享用到咖啡與食材的不同滋味。

於是,個人創作人莊志文藉由飲料、承載層及顆粒層的分層結構來提供消費者於飲用時之層次分明的多重口感,並藉由設置頂端之香草類植物所散逸於空氣中之特殊的芳香氣味來提供消費者一種美好的嗅覺體驗與感受,進而帶出消費者之愉悅、歡樂的用餐情緒或談話氛圍,更可間接達到刺激食慾的作用,因而提出了一個飲品結構的專利,如圖13-4所示。

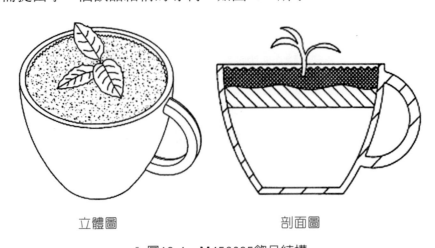

立體圖　　　　　　　　　　剖面圖

✚ 圖13-4　M456095飲品結構

▶13-1-4　設計

設計係指對物品之全部或部分之形狀、花紋、色彩或其結合，透過視覺訴求之創作，應用於物品之電腦圖像及圖形化使用者介面，亦得申請設計專利。

案例四

香碼公司設計一個臺灣造型的點心，點心上還有一個仿果實造形的立體形狀。

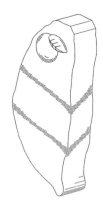

✤ 圖13-5　D191096點心食品

案例五

禾多移動多媒體設計一個由一代表影音播放的節目影像加上播放圖標、一橫列的功能書籤，及代表對應之功能書籤下的多數個條列的節目列表構成的介面，每一列節目列表包括並排的兩欄，設計簡明、清晰，帶來耳目一新的視覺效果，申請設計專利如圖13-6所示。

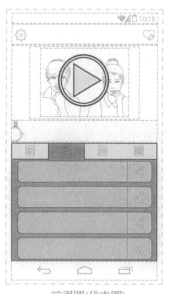

前視圖(代表圖)

✤ 圖13-6　D168593顯示面板
　　　　　之影音播放介面

 案例六

　　偉眾資訊設計一人樣跨坐於一香蕉船上，且在該香蕉船漂浮於一水面上時，另有一海豚由一側破水而出。圖像的整體輪廓係由數條圓滑曲線巧構而成，具有獨特造型美感，並可藉由微笑表情的點綴，進而呈現出紓壓、圓潤、美觀、多層次的視覺效果。申請專利如圖13-7所示。

✤ 圖13-7　D168598顯示螢幕之圖像

　　同一人有二個以上近似之設計，得於原設計專利公告前，申請設計專利及其衍生設計專利，但申請日不得早於原設計之申請日。

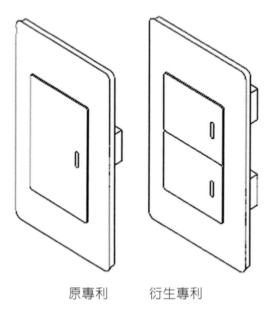

原專利　　　衍生專利

✤ 圖13-8　D165715開關與其衍生專利

設計專利還可以申請部分設計,即就物品之部分的外觀申請設計專利,部分設計的申請案中,實線部分係專利權人主張設計的部分,虛線(broken lines)部分則是專利權人不主張設計的部分。

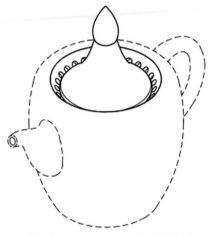

✦ 圖13-9　D168238茶壺之部分

對於二個以上之物品,其是屬於同一類別,且習慣上以成組物品販賣或使用者,也可以申請成組設計的專利。

✦ 圖13-10　D159764一套之餐具

▶13-1-5　權利與期限

一、專利的權利

發明專利權人及新型專利權人,專有排除他人未經其同意而實施該發明/新型之權。設計專利的專利權人,也專有排除他人未經其同意而實施該設計或近似該設計之權。

發明專利包括了物的發明與方法發明，物的發明之實施，指製造、為販賣之要約、販賣、使用或為上述目的而進口該物品之行為。方法發明之實施，則是指使用該方法及使用、為販賣之要約、販賣或為上述目的而進口該方法直接製成之物。新型專利的標的不包含方法，所以，新型專利的實施，亦是指製造、為販賣之要約、販賣、使用或為上述目的而進口該物品之行為。

二、專利的期限

專利的期限，依專利類型不同而不同，起算時間都是從申請日開始，發明專利的專利期限為自申請日起20年、新型專利的專利期限自申請日起10年、設計專利則是自申請日起12年。但是，專利權都是自公告日起才有，未公告前是沒有專利權的。

13-2
著作權

著作權最原始的目的，是在阻止對於印刷品逐字照抄的行為，也就是賦予權利人得以將某項著作加以複製的權利，後來除了在阻止他人逐字照抄的行為外，同時也可以禁止他人模仿及改編的行為。

為了防止他人對於著作權人的作品非法的抄襲、模仿，著作權人對於他的著作有二種權利：一種是保護著作權人財產利益的權利，另一種是保護著作權人人格利益的的權利，前者稱為著作財產權，後者稱為著作人格權。

著作權主要保護的是作品的表達（expression），而不保護它所隱含的思想、觀念（idea），我國的著作權目前是採創作保護，著作人在完成著作時，就具有著作權。

▶13-2-1　著作權保護的標的

著作權所保護的標的僅及於該著作之表達，而不及於其所表達之思想、程序、製程、系統、操作方法、概念、原理、發現。只要符合條件且具有創作性的表達，都受著作權的保護。

著作權保護的標的有：語文著作（oral and literary works）、音樂著作（musical works）、戲劇、舞蹈著作（dramatic and choreographic works）、美術著作（artistic works）、攝影著作（photographic works）、圖形著作（pictorial and graphical works）、視聽著作（audiovisual works）、錄音著作（sound recordings）、建築著作（architectural works）、電腦程式著作（computer programs）。

著作權不保護的著作有以下幾種：

1. 憲法、法律、命令或公文。

2. 中央或地方機關就憲法、法律、命令或公文等著作作成之翻譯物或編輯物。

3. 標語及通用之符號、名詞、公式、數表、表格、簿冊或時曆。

4. 單純為傳達事實之新聞報導所作成之語文著作。

5. 依法令舉行之各類考試試題及其備用試題。

▶13-2-2　著作權

一、著作人格權

著作人格權係用以保護著作人的名譽、聲望或其他無形的人格利益為標的的權利，它是專屬於著作人本身，不能讓與也不能繼承。著作人死亡或消滅者，關於其著作人格權之保護，視同生存或存續，任何人不得侵害。

著作人格權的內容，可以分為：公開發表權（right of publication）、姓名表示權（right of paternity）及同一性表示權（right of integrity）。

1. 公開發表權

公開發表權係指著作人就其著作，擁有可以自行決定是否要公開發表的權利，以及要如何公開發表的權利。

2. 姓名表示權

姓名表示權是指著作人對於著作之原件或其重製物上或於著作公開發表時，有表示其本名、別名或不具名之權利。

3. 同一性表示權

著作的同一性表示權在蕭雄淋的研究中又稱為禁止醜化權，它的目的在防止損害著作人人格利益的行為，並避免著作人的著作因遭受到違反其意思的刪、改，而損及著作人的名譽或聲譽。

二、著作財產權

著作財產權在著作權法中規定計有：重製權（reproduce）、公開口述權（public recitation）、公開播送權（public broadcast）、公開上映權（public presentation）、公開演出權（public performance）、公開展示權（public display）、改作權（adaptation）及出租權（rent）等權利。

1. 重製權

重製是指以印刷、複印、錄音、錄影、攝影、筆錄或其他方法直接、間接、永久或暫時之重複製作。重製權是著作財產權中一項重要的權利，因為著作唯有經過重製以後，才能實現它的經濟價值。

2. 公開口述權

公開口述是指以言詞或其他方法向公眾傳達著作內容，公開口述權只限於語文著作才有這項權利，其他的著作不太可能以公開口述的方式展現。

3. 公開播送權

公開播送指基於公眾直接收聽或收視為目的，以有線電、無線電或其他器材之廣播系統傳送訊息之方法，藉聲音或影像，向公眾傳達著作內容，語文著作、音樂著作、視聽著作及美術著作等都具有公開播送權。

4. 公開上映權

公開上映指以單一或多數視聽機器或其他傳送影像之方法於同一時間向現場或現場以外一定場所之公眾傳達著作內容，公開上映權只限於視聽著作。

5. 公開演出權

公開演出指以演技、舞蹈、歌唱、彈奏樂器或其他方法向現場之公眾傳達著作內容。以擴音器或其他器材，將原播送之聲音或影像向公眾傳達者，亦屬之。

6. 公開展示權

公開展示指向公眾展示其著作的內容，著作人專有公開展示其未發行之美術著作或攝影著作之權利，所以，只有未經發表的美術著作或攝影著作的著作人，才具有公開展示權，享有向公眾展示其著作之權利。

7. 改作權

改作係指以翻譯、編曲、改寫、拍攝影片或其他方法就原著作另為創作，除表演著作外，著作人專有將其著作改作成衍生著作或編輯成編輯著作之權利。

8. 出租權

出租係指將著作物或其重製物給他人使用而收取租金的行為，著作原件或其合法著作重製物之所有人，得出租該原件或重製物，但錄音及電腦程式的所有人，不可以將其所擁有的錄音或電腦程式著作予以出租。

▶13-2-3 著作權的期限

著作權的目的在保護人類的文化發展，如果保護期限沒有限制，可能會妨礙文化發展。所以，在著作權法中對於保護期限的規定，分為自然人與法人，自然人所創作的著作物，其著作財產權存續於著作人之生存期間及其死亡後50年，至於共同著作之著作財產權，則是存續至最後死亡之著作人死亡後50年。以法人為著作人之著作，則是以著作的公開發表為基準，其著作財產權存續至其著作公開發表後50年。

文化創意的挑戰

　　吳文雄在創立膜潮文創工坊之初，即組成自己的創作團隊，以宗教信仰為主軸，設計出一系列跟神明有關的圖像，再列印在薄膜上，讓授權商幫客人貼在手機外殼上。

　　經過一年的行銷推廣，已成功的將業務推展到全省各地，在產品成功的曝光後，隨之而來的就是仿冒抄襲的問題，他在陸續接到消費者請求確認真偽後，驚覺他的創作在市場上已有贗品出現。

　　由於貼膜是平面設計，很容易透過掃瞄器就重製，於是，他從設計著手，在設計上做了一些改變，讓真品跟贗品有所區隔，但這些小改變依然無法阻止坊間的仿冒者。

　　在接獲舉報後，吳文雄就到保智大隊報案，與員警一同前往搜證、提告，在搜證的過程中，他也深深體會國內創作者要保護自己的智慧財產是多麼不容易的一件事，由於仿冒者的貼膜是在接單後才從印表機印出來，所以，要找到庫存幾乎是不可能的事，而業者通常又不會開發票。

因為貼膜需要時間，客人不會馬上拿到手機，通常業者會在貼膜前開工單，工單也就成了唯一的證據，在搜證的過程中，吳文雄拿到了工單，但，一個小時後回到店裏，業者卻告訴他沒貨，這也意味著物證就沒了，千辛萬苦的跑到臺中，這趟旅程就成了虛功，只能現場告訴他不能侵害著作權，結果反被告恐嚇取財，最後侵害著作權的案子還沒開庭，他卻先收到恐嚇取財的傳票。

同業間會仿冒外，自己的授權商也會仿冒自己的產品，吳文雄就發現二支到同一家授權商貼膜的手機，一支手機貼的是真品，另一支手機貼的卻是業者自行重製的贗品，他去詢問授權商，授權商不承認有重製的行為，為避免日後再發生類似事件，吳文雄決定壯士斷腕，立刻終止該業者的授權。

除了實體店面的仿冒，夜市更是一個賣仿冒品的地方，吳文雄就曾與警方到南崁夜市抓到賣仿冒品的攤家，隔沒幾天就有黑道到店裏來協商，最後，還是和解了事。

經過了這一連串的事件，吳文雄深深的體會到國內創作環境的不友善，業者視著作權如無物，任意的重製著作物，而法律對著作權人的保護也有限，證據都要自己去搜集，而搜證本身就是件非常困難的事，這也造成了明明有違法事實，卻很難定罪的結果。

雖然，在創作領域上遇到這麼多的挫折，但是吳文雄仍然不放棄，他決定不斷的讓自己進化，使抄襲者永遠追不上，2017年他跟霹靂布袋戲取得授權，要把布袋戲玩偶的圖像創作成貼膜，在簽約的過程中，他也跟霹靂布袋戲提到自己被仿冒的事，霹靂布袋戲也告訴他相關的因應作為。

吳文雄除了繼續努力的保護自己的著作權外，他也去申請商標，也試圖把技術申請專利，希望透過更週密的方式，來保護自己的創作，回首看著創業的這二年，他有感而發的說：創業前很多事都不懂、也想不到，創業之後經過各種事件，也愈來愈能領會到創業的辛苦。

13-3
商標

　　商標是由文字、圖形、記號、顏色、立體形狀、動態、全像圖、聲音等，或其聯合式所組成，同時應足以使商品或服務之相關消費者認識其為指示商品或服務來源，並得藉以與他人之商品或服務相區別。

▶13-3-1 商標的要件

一、積極要件

　　商標的積極要件是要具備識別性，足以使商品或服務之相關消費者認識其為指示商品或服務之來源，並得藉以與他人之商品或服務相區別。

二、消極要件

　　商標的消極要件有15項，落入消極要件的商標是無法註冊的。

1. 僅為發揮商品或服務之功能所必要者。

2. 相同或近似於中華民國國旗、國徽、國璽、軍旗、軍徽、印信、勳章或外國國旗，或世界貿易組織會員依巴黎公約第六條之三第三款所為通知之外國國徽、國璽或國家徽章者。

3. 相同於國父或國家元首之肖像或姓名者。

4. 相同或近似於中華民國政府機關或其主辦展覽會之標章，或其所發給之褒獎牌狀者。

5. 相同或近似於國際跨政府組織或國內外著名且具公益性機構之徽章、旗幟、其他徽記、縮寫或名稱，有致公眾誤認誤信之虞者。

6. 相同或近似於國內外用以表明品質管制或驗證之國家標誌或印記，且指定使用於同一或類似之商品或服務者。

7. 妨害公共秩序或善良風俗者。

8. 使公眾誤認誤信其商品或服務之性質、品質或產地之虞者。

9. 相同或近似於中華民國或外國之葡萄酒或蒸餾酒地理標示，且指定使用於與葡萄酒或蒸餾酒同一或類似商品，而該外國與中華民國簽訂協定或共同參加國際條約，或相互承認葡萄酒或蒸餾酒地理標示之保護者。

10. 相同或近似於他人同一或類似商品或服務之註冊商標或申請在先之商標，有致相關消費者混淆誤認之虞者。但經該註冊商標或申請在先之商標所有人同意申請，且非顯屬不當者，不在此限。

11. 相同或近似於他人著名商標或標章，有致相關公眾混淆誤認之虞，或有減損著名商標或標章之識別性或信譽之虞者。但得該商標或標章之所有人同意申請註冊者，不在此限。

12. 相同或近似於他人先使用於同一或類似商品或服務之商標，而申請人因與該他人間具有契約、地緣、業務往來或其他關係，知悉他人商標存在，意圖仿襲而申請註冊者。但經其同意申請註冊者，不在此限。

13. 有他人之肖像或著名之姓名、藝名、筆名、字號者。但經其同意申請註冊者，不在此限。

14. 有著名之法人、商號或其他團體之名稱，有致相關公眾混淆誤認之虞者。但經其同意申請註冊者，不在此限。

15. 商標侵害他人之著作權、專利權或其他權利，經判決確定者。但經其同意申請註冊者，不在此限。

▶13-3-2　商標的類型

一、文字

　　文字商標是常見的一種商標形式，主要是由中文字、英文字、數字或字母組合而成。

✤ 圖13-11　文字商標

二、圖形

圖形商標的圖形可能是一個像太陽、月亮、動植物…等具體的圖形。

✤ 圖13-12　圖形商標

三、記號

記號商標是指文字、圖形以外的符號,如注音符號或簡單的線條、幾何圖案。

✤ 圖13-13　記號商標

四、顏色

顏色商標指單純以單一顏色或顏色的組合申請註冊的商標,而該單一顏色或顏色組合本身已足資表彰商品或服務來源者而言,不包括以文字、圖形或記號與顏色之聯合式商標。

✤ 圖13-14　顏色商標

五、立體形狀

　　立體商標是指以三度空間具有長、寬、高所形成的立體形狀，並能使相關消費者藉以區別不同商品或服務來源的商標。可能的態樣包括：商品本身之形狀、商品包裝容器之形狀、服務場所之裝潢設計及立體形狀標識（商品或商品包裝容器以外之立體形狀）。

✤ 圖13-15　立體商標

六、動態

　　動態商標指連續變化的動態影像，而且該動態影像本身已具備指示商品或服務來源的功能，僅就該動態影像的整體取得商標權，並未就該變化過程中所出現的文字、圖形、記號等部分單獨取得商標權。

✤ 圖13-16　動態商標

七、全像圖

　　全像圖商標指以全像圖作為標識的情形，而且該全像圖本身已具備指示商品或服務來源的功能。全像圖是利用在一張底片上同時儲存多張影像的技術（全像術），所以可以呈現出立體影像，可以是數個畫面，或只是一個畫面，而依觀察角度不同，有虹彩變化的情形。全像圖常用於紙鈔、信用卡或其他具價值產品的安全防偽，也被利用於商品包裝或裝飾。

| 主圖 | 圖一 | 圖二 |
| 圖三 | 圖四 | |

❖ 圖13-17　全像圖商標

八、聲音

　　聲音商標指單純以聲音本身作為標識的情形，係以聽覺作為區別商品或服務來源的方法，聲音商標可以是音樂性質的商標，例如一段樂曲或一段歌曲，也可能是非音樂性質的聲音。

❖ 圖13-18　聲音商標

九、聯合式

由文字與圖形或記號所組成的聯合式。

✛ 圖13-19　文字圖形聯合式

▶13-3-3　證明標章

用以證明他人商品或服務之特定品質、精密度、原料、製造方法、產地或其他事項，並藉以與未經證明之商品或服務相區別之標識。

✛ 圖13-20　產品碳足跡減量標籤

▶13-3-4　團體標章

　　團體標章是讓具有法人資格之公會、協會或其他團體,為表彰其會員之會籍,並藉以與非該團體會員相區別之標識,由定義可見得團體標章所著重的是團體成員和團體之間的關係,具有屬人的性質。

❖ 圖13-21　全國教師工會總聯合會標章

▶13-3-5　團體商標

　　具有法人資格之公會、協會或其他團體,為指示其會員所提供之商品或服務,並藉以與非該團體會員所提供之商品或服務相區別之標識,得申請註冊為團體商標。

❖ 圖13-22　臺中市大安區農會團體商標

13-4
營業秘密

　　創業者對於自己創新研發的成果，除了可以利用專利加以保護外，還可以思考把部分技術用營業秘密來保護。營業秘密係指方法、技術、製程、配方、程式、設計或其他可用於生產、銷售或經營之資訊。

　　因此，營業秘密本身即是一種資訊，舉凡技術性的資訊、經營管理上的資訊…等，都是營業秘密法中所保護的客體。但是，要成為營業秘密法中所保護的標的，需具備以下的要件：

1. 非一般涉及該類資訊之人所知者。

2. 因其秘密性而具有實際或潛在之經濟價值者。

3. 所有人已採取合理之保密措施者。

　　在營業秘密管理中，最容易讓人忽略的其實就是合理的保密措施，創業者要特別注意，因為秘密一旦喪失就回不來了。

個案研討

普萊恩生技的研發之路

在創業前，楊啓亮曾在數家原料進口企業擔任過行銷主管與技術業務，由於工作上的接觸，他發現有不少食品業的客戶跟自己一樣，因為經常洗手而有了富貴手的困擾。某次他到醫院皮膚科就診時，醫生開了一款保濕乳液給他，他好奇地反問醫生，玻尿酸是否可以改善富貴手？沒想到醫生居然半開玩笑地想要向他買原料。

於是，他運用長期在生化領域中所累積的專業知識，自行研發第一款產品「長效保濕晶露」，除了能舒緩富貴手的困擾，並具有相當好的肌膚保濕效果，因此許多食品業客戶持續下單，讓他從中發現到潛在的商機，因此，在住家草創亮朵工作室。

在產品的研發過程中，楊啓亮除了堅持產品絕不添加任何合成色素與香料，並儘量採用對皮膚最不刺激的天然原料外，也追求品質重於精美包裝，更以扁平化的銷售方式，讓消費者以最合理的價位買到好產品。

❖楊啓亮運用自己多年累積的專業知識進行產品研發

經過多年的業務經驗與對於業界的觀察，楊啓亮思考著要讓消費者記得，就要經營品牌，藉由品牌經營，才能增加客戶的粘著度。在規劃品牌之初，楊啓亮看到由於臺灣人向來崇尚歐美品牌，因此不少美妝保養品業者，在策略上會先到歐美登記品牌後，再由臺灣OEM生產上市，以利於行銷。但是，楊啓亮卻有著不同的思維，他要讓普萊恩成為一個完全自我研發的本土品牌。

考量未來的國際化，在品牌命名時，即將英文名字一併思考，於是，在2005年集資新臺幣500萬元成立新公司時，即以Prime的中文音譯普萊恩做為公司名稱，Prime的原意即為回歸原始與追求完美，跟公司的目標契合。

普萊恩挑選了世界各地多達70餘種的頂級單方精油，所有的產品皆使用植物花露、萃取液及精油等天然香氛調味，且不添加化學防腐劑…因此到SPA護膚保養的客戶對於普萊恩的產品接受度很高，就連專業級的沙龍負責人及美容師本身也都十分愛用，創立近10年以來，普萊恩在楊啓亮的帶領之下，已陸續研發超過60種產品。

在研發的過程中，為了讓自己的研發成果受到保護，他對於智慧財產的保護也是不遺餘力，在國內外都申請了製程的專利。

❖口罩零組件

在一個偶然的機會中，因為一款精油產品，需要滴在口罩上吸入，楊啓亮在坊間找不到適合的口罩，於是，又發揮他的研發精神，自行開發了一個輕巧、可更換濾片的多用途口罩，同時也為它的結構申請了國內外的專利。

✚口罩濾片

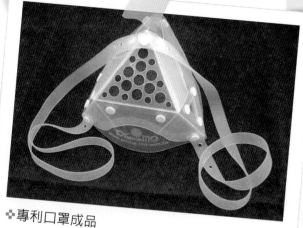
✚專利口罩成品

　　因為對於自家產品品質的信心，楊啓亮更期望能用Made in Taiwan來強調普萊恩就是臺灣品牌，品質上甚至已超越國際知名品牌，他也直言：「若沒有盡力做到最好，如何敢自稱MIT呢？」。

　　普萊恩的保養品及精油，在國內的市場定位在美容沙龍，由於品質穩定，目前已有數百家客戶，在行銷推廣上，除專為店家製作的輔助行銷網站，更提供定期教育訓練並為店家進行促銷活動設計，與客戶建立夥伴關係，共榮共存、一起成長。

　　除了既有的保養品及精油產品，楊啓亮對於口罩這個新產品的開發，也是不遺餘力，投入大量的經費，歷經2年的研發，已有原型產品聞市，對於未來的營運，考量產品量產所需的投資，將會是一筆不少的成本，他想著也許專利的授權會是一個可行之路。

　　創業是條不歸路，楊啓亮的家人也看到了他的努力，從剛開始的反對到現在的默默支持，創業至今，雖然距離當初的理想與規劃還有微幅的落差，但是，他也勉勵未來打算自行創業的朋友，創業一定要有堅持到底的決心，從長期經營的角度，要創造產品的附加價值，一定要及早建立自己的品牌。

創業故事大省思

在水餃店經營穩定後，有天小君突然提出一個問題：我們的生意這麼好，水餃是不是該有個名字？不然客人怎麼知道我們？小文接著說：對呀，也該來取個響亮的名字了，小香也想到：如果有一天我們紅了，名字被別人拿去用了怎麼辦？我們不就白忙一場！

於是，他們三人又跑來找司馬特老師，老師聽完笑著說：妳們已經開始想到要為水餃取名字，代表妳們的營運已上正軌了，從長期經營來看，這個名字應該跟妳們的商標結合，這樣以後才不會被人拿去用。

小君聽到商標，就覺得好專業，聽不懂申請商標要做什麼？難道沒有註冊商標就不能賣嗎？司馬特老師聽完搖搖頭說：沒有任何規定沒有註冊商標就不能賣東西，只是沒有註冊的商標，被人仿冒或使用，就不能透過法律尋求排除，就像妳們如果取名叫做三仙女水餃，沒有註冊的話，別人也賣三仙女水餃，妳們就沒有辦法要他不賣，但是，如果妳們的三仙女水餃已經註冊，妳們就可以透過法律讓他不能賣三仙女水餃。

小文想用圖案來做為她們的商標，不知道可不可以，就直接趁這個機會問老師，老師點頭回答：當然可以，商標可能是文字、圖形、聲音、立體形狀…等，也可以是這些的聯合式，也就是可以單獨用文字、圖形，也可以把文字跟圖形放在一起。

小香接著問：如果要申請商標，要到哪裏去申請？程序會不會很複雜？司馬特老師喝口咖啡，接著回答這個問題：首先，妳們要先確定妳們的商標到底是什麼？文字、圖形，或二者皆有，決定好了商標之後，還要先到智慧局的商標資料庫去檢索有沒有近似的商標，如果沒有才能送申請案。

確定妳們的商標在商標資料庫中沒有近似商標，接著要決定妳們要的商標要申請註冊哪一類？因為在同一類中的商標不能有相同或近似的商標，最後，要到智慧局的網站上下載申請表，按規定填好後，就可以送件了。三人聽完司馬特老師的說明，決定回去好好的設計一下自己的商標，趕快去註冊商標。

問題

1. 以她們三人的狀況，你會建議她們的商標申請註冊哪個類別？

2. 如果她們要以三仙女水餃做為商標，請試著幫她們檢索有沒有近似商標。

品牌經營

ural For Kids

都能安心吃的零食

本章架構

1. 從認識品牌到經營品牌
2. 品牌如何建構
3. 品牌推廣方式
4. 品牌經營策略

本章個案

• 用愛灌溉的吉芽農創

14-1
品牌

對一個微型創業者而言，品牌（Brand）也許不是創業初期最急迫要處理的事，但是，如果在創業初期沒有去思考品牌的問題，一旦將來市場做大，要處理的事變多，往往沒有時間再去想這個問題。

一個企業固然要靠創新研發的產品來創造收益，但是，如果沒有品牌的支持，仍然只能創造有限的利益，施振榮先生所提出的微笑曲線就告訴大家，能幫企業創造附加價值高的部分不外乎是研發及行銷，在行銷方面即是要做品牌。

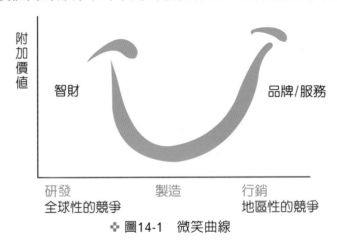

❖ 圖14-1　微笑曲線

在國內做品牌是件不容易的事，除了市場小之外，也要花很多時間及資源去建立及深植品牌，才能獲得品牌效應。像Apple的品牌價值，根據Millward Brown所做的研究估算，2015年其品牌價值達2,470億美元，是目前世界上品牌價值最高的企業。

也許讀者還是會覺得品牌對一個初創的微型企業是一個遙不可及的夢，試想，夏日炎炎的天氣裏，您在逛街時想喝飲料，是隨便找一個路邊攤就買了，還是會到比大杯、清心…之類的連鎖店去買？如果附近出現很多家這類的連鎖店，如色杯子、CoCo…等，您又會選擇到哪一家去買呢？

企業可以藉由適當的品牌策略操作，創造產品的差異化，建立消費者的偏好與忠誠度，當品牌變成企業的資產之後，就可以為企業創造永續的獲利能力。品牌的定義，各學者都有不同面向的看法，有人從品牌的功能面定義，也有人從顧客的角度來定義。

Aaker認為品牌除了傳遞產品的範圍、屬性、品質、與用途等功能性利益外，還提示了個性、與使用者間的關係、使用者形象、產地、企業組織聯想、符號、情感利益及自我表達利益等。

Kotler則認為品牌是企業對顧客的承諾，堅持提供某種特定的特徵、利益與服務組合，品牌所傳遞的意象，包括：產品的屬性、利益，而生產者的價值觀、文化與品牌就是品牌的精髓所在，最能展現持久的品牌意義。

Mourice and Henshall從顧客的角度為出發點，認為品牌最後通常會變成一種以顧客為基礎的商譽，並在顧客與企業的產品之間形成某種感情的連結。Schmitt認為品牌是為顧客創造不同的體驗形式，包括感官、情感、思考行動與關聯等體驗模組。

美國行銷協會對品牌的定義為：品牌是一個名稱（name）、句子（term）、訊號（signal）、符號（symbol）、設計（design）或者是以上的組合，可做為與競爭者區隔的表徵。

品牌所涉及的範圍非常廣泛，在胡政源的研究中，認為品牌應兼具實體及抽象2個層面的內涵，在實體層面，品牌是一個具有特殊性的名字、術語、符號、標誌、設計或者是這些的綜合體，是可以看的見、感受的到的產品的屬性、品質、用途、功能或服務。

在抽象層面，品牌代表的是一種組織性或社會性的文化，它是一種存在於消費者心中的綜合性體驗，也是一個企業的無形資產，消費者可以藉由品牌來跟競爭者的產品或服務做區隔。

在我們的日常生活中，每天看的到的品牌數千計，但是，會在我們腦海中留下印象的又有多少？從這個角度思考，我們自己的品牌要怎麼命名，才能在消費者的腦海中留下印象呢？

一個好的品牌名稱應該有哪些特色呢？在胡政源的研究中認為，好的品牌名稱應具備的特色有：易於發音、易辨識及記憶、簡短、具獨特性、正面聯想、國內外市場都可被保護、可顯示產品的特性。

創業者對於品牌的經營，可以分為3個階段，首先從品牌的建構著手，律訂企業的品牌策略，根據品牌策略塑造出自己品牌的價值。接著進行品牌的推廣，設法建立品牌的識別度、聯想性，才能創造品牌的價值。最後，才是品牌的經營，除了要建立消費者的忠誠度外，還要透過品牌的權利化，將品牌資產化，才能將品牌延伸。

14-2
品牌的建構

▶14-2-1　建構品牌的策略

一、品牌策略種類

1. 自有品牌 vs. 代工

品牌策略第一個思維是：要建立自有品牌還是幫人代工就好，企業推出自有品牌可以直接進入市場並掌握品牌控制權，可以賺取較高的利潤，但是，初期品牌的能見度不夠，推廣自有品牌需投入較多的資源。替人代工為目前國內電子業大多數業者的態樣，雖自己不用花產品行銷的費用，但相對的，其獲利也少，像目前國內的電子代工業者平均利潤已到保一保二的地步了。

當然，這二者是一個選擇，也可以隨著企業策略做調整，就像宏達電以前也是做代工的，後來也推出自有品牌。裕隆汽車當初是自有品牌，後來放棄了自有品牌，改採代工策略，近年集團又重新推出自有品牌納智捷。

2. 單一品牌 vs. 多品牌

有了品牌之後，當產品多元化後，產品線變長，企業面臨的另一個問題是要用單一品牌（single brand）好呢？還是要採多品牌（multiple brand）策略？單一品牌顧名思義是商品雖然不同，但是，品牌只有一種。

多品牌則是為了滿足不同的市場區隔需求，而將不同的產品採用不同的品牌，又可以分為二種型態，第一種型態是每一種產品各有一個品牌，第二種型態不是把每一種產品賦予一個品牌，而是把一群相似的產品賦予一個品牌，另一群相似的產品賦予一另個品牌。

單一品牌與多品牌策略各有優缺點，端賴經營者的策略選擇，單一品牌的優點有：減少廣告費用、消除品牌混淆、有助品牌延伸，其缺點爲：無法從事多重市場區隔、上架機會少、有品牌風險。

多品牌策略的優點爲：可從事市場區隔、有較多的上架機會、品牌風險度較低、可吸引無品牌忠誠度的消費者、可形成內部良性競爭，缺點則是：增加廣告費的支出、可能造成品牌混淆。

3. 實體品牌 vs. 虛擬品牌

網際網路近年來發展快速，不但帶起了物聯網的熱潮，電子商務、行動商務都已漸成熟，展店除了靠實體店面外，很多微型創業在初期根本都沒有實體通路，完全在網路上運作。

Mark Lindstrom說：可口可樂花了50多年才成爲全球市場的領導者，而Yahoo只花了5年就取得全球市場的主導權，品牌所扮演的角色已徹底改變，在實體品牌與虛擬品牌間，出現了空窗期。

實體品牌與虛擬品牌看似二個南轅北轍的概念，實際上，二者是相輔相成的，微型創業者在創業初期可能採實體品牌，但是，爲了企業整體形象的塑造，最後也可能會有虛擬品牌。

二、建構品牌的策略

企業取得品牌的策略，可分爲三種：自創品牌、品牌授權及併購品牌。

1. 自創品牌

自創品牌是由企業自行設計一個適合的品牌名稱，用於產品行銷世界，如裕隆汽車的自有品牌Luxgen，品牌核心就是奢華（luxury）與智慧（genius），它的品牌名稱就是把這二個字組合而成。

自創品牌的業者需投入巨額的行銷費用，才能讓消費者有印象，由於國內市場規模有限，自創品牌不易達到規模經濟，間接使得產品成本過高，競爭力下降。微型創業者囿於市場，若採自創品牌的策略，可從國內市場開始經營，如東京著衣當初就是從虛擬品牌開始，從網購起家，打出一片市場。

國內的3C通路商燦坤最初是以實體門店起家，看到電子商務的興起，也加入網購行列，利用其實體通路的優勢，喊出3小時到貨的口號。而網購女裝的領導品牌OB嚴選，則是從虛擬走向實體，在2014年12月初宣布要開實體門店，第1間實體門市隨即於2015年1月15日進駐臺北市東區，同時也計畫在臺中、臺南再各開1間門店。

2. 品牌授權

品牌授權是另外一種品牌經營的策略,透過品牌授權可以取得母公司的經營及技術上的know-how,同時也可以利用母公司的高知名度,替自己的企業加分。如賣早餐的美而美、蕃茄村…等,即是藉由加盟的方式,進行品牌授權。

對於沒有經驗的微型創業者,透過品牌授權,不失為創業初期的一個可行之計,但是,採用這個方式,要注意品牌母公司能提供哪些服務,慎重比較、選擇才不會簽約後後悔。

3. 併購品牌

併購品牌是透過併購的方式,將互補性的公司/品牌購入,或為了取得現成通路,而去併購一個通路品牌。如明基於2005年併購Siemens手機部門,即是希望取得技術及品牌,1年後以分手收場。

無獨有偶的,宏達電在2011年也曾以約3億美金購買了Beats 51%的股份,取得品牌經營權,2012年7月宣布以1.5億美金賣回25%股份給Beats創辦人,2013年9月宣布結束雙方合作關係,並將剩餘的Beats股份以2.65億美金賣回給Beats,結束3年的併購關係。

一個企業可能有多個品牌,以上三種策略是可以交互運用,而不是互斥的,但是,對於微型創業者而言,在創業初期,往往面臨各項資源不足的窘境,自創品牌及品牌授權是比較可行的策略。

▶14-2-2　塑造品牌知名度

一、品牌知名度

建立品牌之後,接著要思考如何塑造自己的品牌知名度(brand awareness),品牌知名度指的是一個品牌在消費者心中的強度,它反應的是消費者在各種情境之下,對該品牌的辨識程度。

Keller認為品牌知名度包括品牌辨識(brand recognition)及品牌回憶績效(brand recall performance),品牌辨識是指當品牌的相關線索出現時,消費者要能正確辨識出在他心中所認知的品牌,品牌回憶則是消費者從他的記憶中恢復該品牌的能力,這個能力與產品分類結構、記憶組織有關,影響的是消費者在選擇時,該品牌會不會出現在他的腦海。

品牌知名度的特性可以分爲知名度的深度（depth）與廣度（width），品牌知名度的深度代表的是品牌要素深入消費者心中的可能性，愈容易讓消費者辨識及回憶的品牌，其品牌知名度愈深。

　　品牌知名度的廣度指的是當消費者要購買或使用時，會想到該品牌的程度，廣度取決於該品牌與產品在消費者記憶中所占的範圍。

二、品牌知名度的重要性

　　Aaker認爲品牌知名度除了讓品牌可以讓消費者在購買時，可以想到該品牌外，同時，品牌也是產品品質的承諾。胡政源的研究中提出品牌知名度可以爲企業創造以下的利益：

1. 當消費者在做購買決策時，品牌知名度會讓品牌進入消費者考慮的購買組合中。

2. 知名度高的品牌會影響消費者的採購選擇。

3. 品牌知名度影響消費者的聯想強度，進而影響消費者的購買決策。

三、建立品牌知名度

　　品牌的建立其實是一個企業形象整合的過程，而品牌知名度又在品牌建立的過程中，扮演著重要的角色。

　　就產品來說，產品的品牌知名度是產品最主要的代表，消費者對品牌知名度的好惡，將會直接影響到產品的品牌績效。而對服務而言，公司的知名度就是主要的品牌知名度，愈強的品牌知名度就會讓消費者愈有信心去購買它的服務。

　　在胡政源的研究中提出建立品牌知名度的步驟如下：

1. 逐一拜訪

在各地的市場中拜訪、推介產品，拜訪的對象包括：測試群眾、具有影響力的人或團體。

2. 送樣品

贈送免費樣品給目標群眾試用。

3. **廣告**

以創意手法從事媒體企劃及廣告。

4. **辦活動及贊助**

透過舉辦各種活動及提供贊助，塑造企業的品牌知名度，如音樂會、運動比賽…等。

5. **促銷**

6. **公共關係**

利用各種公關活動，增加消費者對品牌的認識。

7. **尋求支持**

藉由市場第三者認證，使產品的知名度上升。

14-3
品牌的推廣

▶14-3-1　品牌聯想

一、品牌聯想

　　有了品牌知名度後，還要能創造品牌聯想（brand association），品牌聯想也稱爲品牌形象（brand image），是指消費者記憶中，所有跟品牌相關的記憶，看到某一品牌就可以聯想到它的各種特性，亦即，企業聯想就是一個企業的市場地位、穩定性、創新能力、知名度…等構成企業品牌價值的綜合結果。

　　Park等學者把品牌形象分爲3類：功能性、象徵性及經驗性，品牌形象與其聯想筆者整理如表14-1所示。

➲ 表14-1　品牌形象與聯想

	品牌形象	品牌聯想
功能性	強調產品功能方面的表現，協助消費者解決的問題與滿足的需求	強調協助消費者解決外部實際問題所產生的消費性需求
象徵性	強調品牌與群體或個人的關係，滿足消費者的內在需求	強調滿足消費者的內部需求
經驗性	在使用過程中得到滿足、感官樂趣及認知刺激，強調的是品牌帶來的經驗	強調滿足消費者追求多樣化刺激的需求，以提供消費者感官上的愉悅及認知上的刺激

　　消費者在做購買決策時，品牌聯想會受到三個構面的影響：喜愛度、強度、獨特性。

1. 品牌聯想的喜愛度

　　品牌聯想會依消費者對品牌聯想的喜好度不同而不同，一個成功的行銷計畫就要創造受消費者喜愛的品牌聯想。

2. 品牌聯想的強度

　　品牌聯想的強度是依資訊進入消費者的記憶及品牌聯想如何成爲品牌的形象而定。

3. 品牌聯想的獨特性

爲避免消費者對品牌聯想與競爭者混淆，如果我們的品牌會讓消費者有獨特的聯想，自然會有較高的優越性。

二、品牌聯想的層次

品牌聯想的層次，從有形資產到無形資產，共有5個層次，如圖14-2所示。

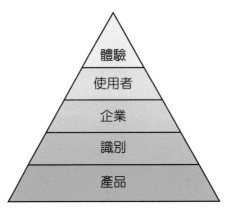

❖ 圖14-2　品牌聯想的層次

1. 視品牌爲產品

品牌聯想的第1個層次是視品牌爲產品，在這個層次中，消費者的需求來自產品而非品牌，看到品牌會不會想到產品，其實並沒有那麼重要，因爲品牌已經被提示，在這個階段中，企業要思考的是消費者想買產品時，會不會想到我們的品牌，把我們的品牌放在選擇清單中。

2. 視品牌爲識別

成功的品牌一定具有識別性，對消費者而言，可以從眾多品牌中記憶與分辨，就廠商來說，歷年的投資可以被累積，並延伸到新的產品或服務。識別不一定是有形的識別，也包含了無形的識別，如伯朗咖啡的音樂。

3. 視品牌爲企業

第3個層次企業的名稱就是品牌的名稱，消費者可以很容易的辨識企業跟品牌間的關係，企業的一切作爲都是品牌聯想的一部分，消費者在同質化產品清單中，願意將它列爲第一選擇。甚至於有些產品的品牌比企業還有名，消費者只知道品牌而不知道它的製造商，如法藍瓷。

4. 視品牌爲使用者

品牌往往會反映著消費者的個性，什麼樣的人買什麼樣的產品，如維士比的市場區隔就在於勞動階層，而白馬馬力夯則是定位在宅男，能突顯個性、身份的品牌，就會被特定族群所喜愛。

5. 視品牌爲體驗

爲了把品牌差異化，最後一個層次就是把品牌體驗做爲品牌資產的一部分，近年消費者體驗的觀念興起，主要有3個原因：

(1) 生活品質提高，消費者要求產品要有附加價值。

(2) 商品同質性提高，功能性價值式微。

(3) 零售通路快速崛起，通路品牌體驗日趨重要。

爲了因應這些市場需求，通路所銷售的不再是單一產品，而是產品組合，這個產品組合包含了有形的產品與無形的體驗，如麥當勞不再是只賣漢堡、薯條，而是一個提供全家歡樂體驗的地方。

▶14-3-2　創造品牌的價值

了解了品牌聯想後，接著思考的是如何透過品牌聯想創造品牌的價值，消費者往往是被動的，不會主動的去蒐集產品資訊，只有在有需求時，才會去蒐集資訊俾做決策，經營者就要扮演主動的角色，隨時創造議題，提供消費者相關資訊，慢慢在消費者心中建立品牌想聯。

品牌聯想的建立需要長期經營、耕耘的，Park等人的研究中，把品牌聯想分爲3個生命週期的階段：導入期、精緻期及強化期，每一個階段所面臨的管理模式與定位策略都不一樣。

一、導入期

1. 管理模式

導入期的管理模式在了解品牌形象，品牌上市時，公司應有一系列建立品牌形象與定位的活動，針對目標市場的形象進行溝通。

2. 定位策略

針對不同品牌定位有不同的定位策略。

(1) 功能性品牌

強調品牌能解決問題的績效。

(2) 象徵性品牌

強調品牌認同或自我定位的關係。

(3) 經驗性品牌

傳達品牌對滿意度及刺激的影響。

二、精緻期

1. 管理模式

精緻期的管理模式在堅固品牌形象以增加價值，形成與競爭者間的差異。

2. 定位策略

(1) 功能性品牌

強調解決問題的特殊化，縮小市場區隔。

(2) 象徵性品牌

保持消費者認同或自我形象的聯想，提升非目標市場消費的困難。

(3) 經驗性品牌

強調知覺、認知刺激。

三、強化期

1. 管理模式

採產品線品牌管理而非個別品牌管理，把品牌形象與公司其他不同類產品的品牌連結，以增加個別品牌與整體品牌的優勢。

2. 定位策略

(1) 功能性品牌

強調與其他績效相關產品的關係。

(2) 象徵性品牌

使消費者能把經驗傳播，將概念普遍化到公司相關產品。

(3) 經驗性品牌

與公司其他經驗性品牌形象連結。

14-4
品牌的經營

▶14-4-1　品牌權利化

品牌與商標關係密切，但是，擁有品牌不一定等於就有商標權，商標權是一種專用的權利，必須要經過主管機關的審核及註冊程序，才能擁有這個權利，我國的商標係採註冊保護主義，沒有註冊就不受保護，品牌如果要受到保護，就要先權利化，也就是要去申請商標註冊，有了專用權才能透過公權力去排除侵害。

而品牌的設計可能為文字、圖形、聲音、動畫…等，這些標的同時也是受著作權保護的，品牌在權利化的過程中，也可以善加利用。

▶14-4-2　建立品牌忠誠度

一、品牌忠誠度

品牌是認同企業形象、文化與經營哲學的定位，它代表的一個商品或企業的經營價值，是聯繫產品和消費者間的承諾，能為消費者提供產品或服務的品質保證，所以，對消費者來說，品牌代表對商品的信賴，是認同感及忠誠度的來源。

品牌經營的最終目標就是建立消費者的品牌忠誠度（brand royalty），品牌忠誠度是一種口碑跟保證，它除了可以吸引新顧客上門外，更可以提供經營者反擊競爭者的反應時間，對品牌有忠誠度的顧客，自然會對品牌產生熱情，除了自己會回購外，還會向親朋好友推薦，可以減少業者的行銷費用。

二、品牌忠誠度的類型

描述消費者對品牌忠誠度的理論有很多，Uncles認為消費者會回購的行為有3種：轉換行為（switching behavious）、偶然行為（promiscuous behavious）及雨露均霑（polygamous behavious）。

1. 轉換行為

轉換行為是一個2選1的決策，具有品牌忠誠度的消費者就會留下來，不具品牌忠誠度的消費者就會轉換到競爭者的懷抱。

2. 偶然行為

消費者從事一連串的購買決策，但決策範圍依然不外乎2選1，消費者不是一直留下來，就是突然會轉變選擇其他決策。

3. 雨露均霑

消費者在從事一連串的購買決策時，他對其中數個品牌都具忠誠度，購買時不會把雞蛋放在同一個籠子裏，而是雨露均霑的都會購買。

Dick與Basu則是以消費者相對態度（滿意度）的強弱與回購率的高低，將消費者的忠誠度分為：忠誠、潛伏的忠誠、虛假的忠誠及不忠誠，如圖14-3所示。

❖ 圖14-3　態度與回購率的關係

在圖14-3的左上角，具有較強的相對態度（滿意度高）與回購率高的消費者，可歸類為忠誠的顧客。左下角是相對態度弱但回購率高的族群，也許讀者會覺得奇怪，為什麼會有一群對品牌滿意度低，但還會回去買的人呢？其實這群人也許是沒有選擇性的，因為市場上可能沒有第2個品牌的產品，或者是消費者對第2品牌更不滿意，只好退而求其次的選擇這個品牌，這種消費者看起來有忠誠度，其實只是一種虛假的忠誠度（spuriously loyal）。

圖14-3的右上角是相對態度強但回購率低的消費者，他們對品牌的滿意度高，但可能有其他因素，如價格、地點…等，讓他們無法常態性的消費，這種消費者可視為是潛伏的忠誠（latent loyal）。

三、影響品牌忠誠度的因素

　　企業經營的成功，除了需要有回購率高的消費者支持外，還要設法把虛假忠誠度及潛伏忠誠度的消費者，變成是具有忠誠度的消費者，而品牌忠誠度會隨著消費者及產品的不同而有不同，在胡政源的研究中，將影響品牌忠誠度的因素歸納為：消費者特性、採購型態特性、產品特性及市場結構特性。

1. 消費者特性

　　消費者的特性會影響消費者對品牌的忠誠度，綜整胡政源的研究，可以發現影響消費者品牌忠誠度的特性包括：年齡、所得狀況、家庭因素、職業、婚姻、性別、教育程度、所在地、生活型態及同儕。

2. 採購型態特性

　　採購型態對品牌忠誠度的影響，在胡政源的研究中綜整了各學者的研究結果，歸納出以下特性：逛街的頻率、上次消費的滿意度、購買的頻率及數量…等。

3. 產品特性

　　產品特性包括：產品的知覺風險、產品的專業信心、屬性評估，產品的知覺風險指的是消費者預測其購買決策時的不確定性，根據胡政源的研究整理發現：產品的這3個特性都會影響到消費者對品牌的忠誠度。

4. 市場結構特性

　　市場結構特性包括：可供消費者選擇的品牌數、價格變動、推廣活動等，當消費者可以選擇的品牌數愈多、產品價格變動愈頻繁，消費者的品牌忠誠度愈低。

▶14-4-3　延伸品牌價值

一、品牌延伸

　　為降低推出新產品的成本，愈來愈多的企業會採取產品線延伸的方式，讓新產品上市，產品線延伸是指在相同的產品類中，推出與原來產品些微不同的新產品，藉此降低產品的風險，另一方面可以擴大市場。

　　品牌延伸（brand extension）則是把看起來沒有絕對關係的產品，拉在一起創造新的契機，把已經在某一產品上建立的品牌延伸到另一產品上，像華碩最早是做主機板，後來也生產電腦，最近又涉入手機市場推出自有品牌的手機，就是明顯的把華碩這個品牌從主機板延伸到電腦、手機。

　　由於企業的廣告成本日益提高，且通路的取得也逐漸困難，在在使得新產品進入市場的成本及風險都相對的變高，愈來愈多的業者開始思考採用品牌延伸的策略讓產品進入新市場。

二、品牌延伸的省思

　　水能載舟、亦能覆舟，企業採取品牌延伸的策略，固然可以利用既有品牌的優勢，來降低新產品失敗的風險，但是，這絕不是萬無一失的做法，它也可能會影響到原有的產品或稀釋原品牌。

　　在胡政源的研究中，分析品牌延伸可能有4種結果，最好的結果是母以子貴，原品牌不但對新產品具有品牌效應，同時還可以因而創造收益。第2種結果是子因母貴，原品牌對新產品具有拉抬效果，有助於其在市場的能見度。第3種結果是子不因母貴，原品牌對新產品的市場沒有顯著的幫助。最差的結果是母因子賤，原品牌不但沒有在市場上對新產品產生拉抬效果，反而因為新產品的問題，讓原品牌的價直被稀釋。

1. 品牌延伸的優點

(1) 可利用原品牌的資產

原品牌已具備了相當的知名度、忠誠度⋯，一旦成功的把原品牌的資產轉移到延伸產品上，可以降低消費者對新產品的知覺風險，提高其購買意願。

(2) 擴大原品牌的銷售

透過延伸產品的上市，可以增加原品牌的曝光率，強化原品牌的聯想，不僅可以鞏固原品牌的形象，也可能開發新的客源，擴大市場占有率。

(3) 減少延伸產品上市費用

利用原品牌既有的市場基礎，不但可以協助延伸產品爭取在通路的上架空間，也可以提高廣告的效果。

(4) 降低延伸產品失敗風險

由於原品牌的形象已被市場所認同，移轉到延伸產品上，有助於降低延伸產品上市的失敗風險。

2. 品牌延伸的缺點

(1) 對延伸產品造成負面聯想

原品牌的口碑如果不如預期，將會讓消費者對新產品產生負面的聯想，產生反效果。

(2) 對原品牌造成自蝕效果

如果延伸產品的客源都來自於原品牌的消費者，也就是延伸產品並未創造新的市場，則最後將會侵蝕原來的市場。

(3) 稀釋原品牌價值

延伸產品的上市，可能導致原品牌在消費者心中的形象模糊，稀釋原來品牌具有的價值。

(4) 錯失建立新品牌的機會

利用原品牌延伸，將喪失為新品牌建立專屬形象的機會。

個案研討

用愛灌溉的吉芽農創

苦等多年後，41歲的藍永昱終於等到雙胞胎女兒，在一般人覺得應當更加穩定的時刻，他卻逆向思考，決定轉業，老婆都還沒出坐月子中心呢，他已毅然揮別熟悉的臺北職場。

他笑稱：「是因為坐月子中心燈光美、氣氛佳的催化，所以想法很浪漫！」當時的他，擔任遠雄國際商務中心經理的職務，負責敦北分公司的經營管理，每天接洽外商公司，衝刺營運績效，這一切，在Lion Twins出生後開始變化…。

新生命的到來總是給人無限的希望和充沛的勇氣！初心是想給Lion Twins好的生活環境，留給他們正確的價值觀，成為典範；為了讓孩子有更健康的飲食與環境，所以投入有機農業的領域。

2009年9月12日他在火車上看著雙手，問他們：拿筆兄弟，你們真的要過拿鋤頭的下半輩子嗎？他們默認了，很快的，他在11月1日成為有機小農，寫下「莫忘初衷：想種出孩子和家人都能安心吃的菜」。

家族裡無人務農、從沒拿過鋤頭的他，開始參加行政院農業委員會漂鳥計畫的青年農場見習，從育苗、定植、田間管理、採收作業、分裝、出貨檢查，到配送的標準作業流程中，早出晚歸、夜以繼日的學習如何種植有機蔬菜；同時不斷進修，參加農業體驗營與農民專業訓練。

他在農場工作的這段時間，除了學習生產技術外，也思索著農業的未來出路。從學種菜、到租地種菜，有了自己的農產品後，他實地投入農產品經營，創辦「吉芽有機農園」宅配有機蔬菜，自創品牌、自營通路，試圖提高農產品的附加價值。

吉芽這個可愛的名字從何而來？念英文系的他從最熟悉的希臘羅馬神話中找靈感，Gaea['dʒiə]地神蓋亞又稱大地之母，是希臘神話中最早出現的神；她是世界的開始，所有天神都是她的後代，也是能創造生命的原始自然力之一。取名Gaea（吉芽）代表大地的化身、豐收之神，記取大地之母的愛，與篳路藍縷、開創新天地的初衷。

為了協助農友拓展銷售管道，2011年他與在地農友成立了桃園縣有機產業發展協會，並擔任理事長，發揮原本經營管理的專長，共同產銷有機蔬果。

成立協會另外有個很重要的宗旨：農業與公益結合，回饋社會與自然，他的心願是讓農夫成為農師，從農場走進校園，讓學生從校園走進農場。二個月後，他們被新北市政府遴選為供應營養午餐有機蔬菜的單位，他開始有了實踐夢想的舞臺，與夥伴們一同走進校園、站上講臺義務推廣，推動食農教育。

當時，桃園還沒有有機農夫市集，為了不讓自己的家鄉在這個行列缺席，也幫助小農，他再與夥伴於桃園展演中心成立了「桃樂市·集」，運用桃樂斯這個小女孩和獅子、機器人、稻草人追尋勇氣、善心和智慧的歷險故事，建構完整的企劃案。

桃樂市·集成為有機蔬果的直銷管道，也是兒童食農教育的推手。除了在現場舉辦食安講座，還有桃樂小旅行，邀請小朋友到農場進行校外教學一日遊，讓小朋友更加認識農業、食物；暑假期間更推出小小農夫體驗營，安排講座與實作課程，讓小朋友體驗農夫、廚師、市集主人及志工等多重角色。

這樣的努力，獲得桃園市政府文化局的青睞，成為桃園市社區營造的要角…累積成巨大的能量與回響，成功帶動了「有機生活農創市集」的新社群運動。

進入農業且擔任志工多年後，他清楚的找到自己的目標：工作上＝農創工作者，將農產品結合文化創意，使之品牌化、企業化經營，致力於產業六級化；公益上＝臺灣兒童食農教育的先驅，致力於自然食育之深耕計

✚農業必須導入企業化與品牌經營，才能走出自己的新藍海

畫。他認為公部門倡議的產業六級化，就是農產品、加工品商品化的過程，也就是農業＋文創；臺灣農業必須導入企業化與品牌經營，才能走出自己的新藍海。

於是，他創辦了吉芽農創，他賦予這個自有品牌強烈的使命感：重視人與土地的關係，友善人群、尊重生命，回饋社會與自然。品牌目標：共好，共同經驗、分享善與美－健康、喜樂的家庭價值－對社會與自然有正面的影響力－大中華區有機（健康）生活的領導品牌。

有愛串連
「吉芽農創」重視人與土地的關係，友善人群、尊重生命，回饋社會與自然。品牌目標：共好，共同經驗、分享善與美、健康、喜樂的家庭價值。

愛分享‧分享愛：鮮果幸福真滋味

❖ 藍永昱創辦並賦予吉芽農創這個自有品牌強烈的使命感

他時時提醒自己，回歸初心：一個新手爸爸親手做出最好的東西，送給孩子們的心意。吉芽因愛、為小朋友而生，由對兩個小孩的愛擴大為對環境的愛，小愛化為大愛，用給孩子的心意，做出一樣的好東西，能看見大家健康快樂的、全家的幸福微笑。

他用愛串連這整個故事：

➡ 品牌定位：為小朋友的健康而設計的蔬果品牌，將品牌三元素：小朋友、健康（天然食材）、蔬果做成零食、副食品。

➡ 品牌形象：陽光般溫暖的愛。

➡ 核心價值：孩子健康的守護神－為孩子的飲食安全把關。

➡ 產品訴求：給家人、小孩吃的東西，所以只做美味的真食物。

➡️ 兩大重點：美味好吃、安全安心。

　　第一項產品JuiceBons吉芽菓菓糖是嚴選臺灣在地的新鮮水果、無任何化學添加物，手工與愛暖烘而成的水果軟糖。

➡️ Slogan：All Natural For Kids　愛分享，分享愛：鮮果幸福真滋味。

➡️ 行銷企畫：暖糖，暖爸的幸福配方。

➡️ 網頁與包裝設計的重點：「自然」nature × 「童趣」Fun，愉悅的消費經驗。

　　他在品牌的經營上，一開始便請設計公司將公司整體的企業識別系統化，產品包裝及行銷策略上才有一致的形象，讓人能夠輕易就能辨識。

　　成功的品牌起源於好的理念與企畫能力。他說：若真能有任何一點小小的成就，應該是來自於產品的正確性。有好的理念才有永續的事業，因為先有理念，有想做的事才產生產品，這與一般產品的程序相反，若能成功，其中的關鍵因素應該是因為有理念吧！

　　「問自己：生命是充滿創意與冒險的旅程！？」的藍永昱，就像曾祖父取的名字「昱」象徵光明，註定站在太陽下，不怕曬、愛流汗、愛玩水，在田裡總是輕鬆寫意。

　　而他的吉芽故事正萌芽…。

創業故事大省思

　　商標申請案送件後，等了 10 個月商標終於核下來了，在完成商標註冊程序，小文提出了一個問題：我們已經有了商標，但是，我們要怎麼來運用這個商標呢？對於這個問題，三人七嘴八舌討論半天沒有結論，最後還是決定去請教司馬特老師。

　　司馬特老師聽完她們的問題，並沒有馬上針對問題回答，反而問她們：妳們有沒有想過要把這個公司帶向什麼方向？公司要提供給客戶的價值是什麼？消費者能不能一想到水餃，就想到妳們？對於老師的問題，三人一時都沒有辦法回答。

　　其實，商標只是品牌的一部分，剛剛問的問題就要妳們去思考，妳們的品牌要給消費者的價值，透過品牌包裝如何傳達這個價值，這個品牌包裝包含很大，小到公司的 CIS，大到產品或品牌的故事、企業的社會責任…等，都是要考慮的。

　　有了品牌的定位之後，所要經營的就是品牌的價值，初期要思考用什麼方法可以創造品牌的價值，企業在不同的時間點有不同的方法，當一個品牌經營到大家都知道的時候，還可以考慮授權，像四海遊龍、八方雲集…等。

　　當然，品牌還有一個很重要的功能，就是妳們要如何透過品牌，讓消費者產生忠誠度，有了忠誠度顧客才會回流，當品牌忠誠度深入消費者的心中，消費者要購買產品時，就自然會想到妳們。小君聽完老師的話，深深覺得這真是個大問題啊！有了商標之後的挑戰才開始，該回去好好思考這個問題了。

問題
1. 如果你是她們三人，你要如何建立自己的品牌知名度？
2. 你會用什麼方式去經營你的品牌？

A

附錄

▶附件一

青年創業及啟動金貸款創業貸款計畫書

一、申請資料

一、申請人類別	■事業體　□事業體之負責人 □事業體之出資人，是否已取得負責人之書面同意：□是　□否
二、負責人或出資人姓名	曾有為 **(以事業體申請，請填寫負責人)**
三、事業體名稱	曾美味企業社 **(以個人名義或事業體名義申請者，皆請填寫本欄資訊)**
四、申請背景 ■首次申請 □曾經獲貸「青年創業及啟動金貸款」，獲貸□準備金及開辦費用：新台幣＿＿＿＿＿＿＿＿萬元； 　　　　　　　　　　　　　　　　　□週 轉 性 支 出：新台幣＿＿＿＿＿＿＿＿萬元； 　　　　　　　　　　　　　　　　　□資 本 性 支 出：新台幣＿＿＿＿＿＿＿＿萬元。 　　　　　　　　　　(請將準備金及開辦費用、週轉性支出及資本性支出之已申請之貸款額度分別填列) 　　獲貸金融機構：＿＿＿＿＿＿＿＿＿＿＿＿＿＿＿。　(請填寫金融機構之總行及分行名稱) □曾經獲貸「青年創業貸款」或「青年築夢創業啟動金貸款」。 　　如曾經獲貸，是否已全數清償：□是　　　　□否。 □曾經獲貸其他政府辦理之創業貸款：＿＿＿＿＿＿＿＿＿＿＿＿＿＿＿＿＿＿。	
五、本次申請資訊 (一)本次申請之貸款用途 　　□準備金及開辦費用(請在事業體依法完成公司、商業登記或立案後八個月內申請) 　　■週 轉 性 支 出 (請在事業體依法完成公司、商業登記或立案後五年內申請) 　　□資 本 性 支 出 (請在事業體依法完成公司、商業登記或立案後五年內申請) (二)本次申請之貸款額度 　　□準備金及開辦費用：新台幣＿＿＿＿＿＿＿＿元(累計獲貸金額不得逾新台幣200萬元) 　　■週 轉 性 支 出：新台幣＿＿1,000,000＿＿元 　　(累計獲貸金額不得逾新台幣300萬元；經中小企業處創新育成中心輔導培育之企業得提高至新台幣400萬元) 　　□資 本 性 支 出：新台幣＿＿＿＿＿＿＿＿元(累計獲貸金額不得逾新台幣1,200萬元) (三)本次申請之貸款年限 　　□準備金及開辦費用：＿＿＿＿＿年(含本金寬限期＿＿＿＿＿年) (最長6年，含本金寬限期1年) 　　■週 轉 性 支 出：＿＿5＿＿年(含本金寬限期＿＿1＿＿年) (最長6年，含本金寬限期1年) 　　□資 本 性 支 出：＿＿＿＿＿年(含本金寬限期＿＿＿＿＿年) (購置(建)廠房、營業廠所及相關措 施：最長15年，含本金寬限期3年；購置機器、設備及軟體：最長7年，含本金寬限期2年)	
六、保證人相關資訊	□無　■有，姓名：　李○○　國民身分證統一編號：A100000000
七、本項貸款聯絡人	曾有為　　　　　　　　　電話：02-2345-0000

二、申請人之基本資料(如以事業體申請，請填寫負責人資料)

國民身分證統一編號	A123450000	出生年月日	65 年 10 月 12 日	
聯絡電話	02-2345-0000	電子郵件	smewin@sme.com	貼 相 片 處
性　別	男	手機	0999-888-000	
出生地	臺北市	傳真	02-2346-0000	

身分類別	■一般身分　□更生身分　□身心障礙身分　□原住民族身分　□家庭暴力被害人 □創新育成中心輔導　□特殊境遇家庭　□受貿易自由化影響勞工
婚姻狀況	1■未婚　　2□已婚（配偶姓名：_____ 國民身分證統一編號：_____） 3□其他
戶籍地址	100 臺北市中正區OO路一段8號8樓
通訊地址	■同戶籍地址
教育程度	1□國小 2□國中 3□高中職 4■專科 5□大學 6□碩士以上

投資事業	事業名稱	資　本　額	事業體成立日期	職　　位
	曾美味企業社	120萬	102 年 10 月	負責人
			年　　月	
			年　　月	

經歷	服務處所	職　　稱	到 職 日 期	離 職 日 期
	好吃餐廳	外場服務員	98 年 8 月	100 年 8 月
	美味樓餐廳	店　　長	100 年 9 月	102 年 9 月
			年　　月	年　　月

創業相關課程輔導	創業輔導班別	辦 理 單 位	時　　數	起 迄 時 間
	創業家基礎課程班	經濟部中小企業處	20小時	101年6月24日、6月30日 及7月1日

(負責人或出資人三年內須受過政府認可之單位開辦創業輔導相關課程至少二十小時或取得二學分證明)

三、新創或所營事業資料

<table>
<tr><td rowspan="4">一、事業基本資料</td><td colspan="2">（一）事業名稱（全名）：<u>曾美味企業社</u></td></tr>
<tr><td colspan="2">（二）設立日期：102 年 10 月 1 日</td></tr>
<tr><td colspan="2">（三）統一編號：<u>12340000</u></td></tr>
<tr><td colspan="2">（四）加盟事業：□是(加盟總部名稱：　　　　　　)
　　　　　　■否</td></tr>
<tr><td>二、經營型態</td><td colspan="2">□股份有限公司　□有限公司　□合夥　■獨資　□其他</td></tr>
<tr><td rowspan="3">三、事業地址</td><td>營業地址</td><td>100
臺北市中正區○○路 8 號</td><td rowspan="3">電話</td><td>（02）2347-0000</td></tr>
<tr><td>工廠地址</td><td>□□□</td><td>（　）</td></tr>
<tr><td>其他
（請說明）</td><td>□□□</td><td>（　）</td></tr>
<tr><td>四、主要行業</td><td colspan="2">餐飲業</td></tr>
<tr><td>五、主要產品
（或業務）</td><td colspan="2">各式早午餐、輕食、咖啡茶飲</td></tr>
</table>

<table>
<tr><td rowspan="2">六、現有員工人數</td><td>大專以上</td><td>男</td><td>1 人</td><td>女</td><td>1 人</td><td rowspan="2">合　計
(不含本人)</td><td rowspan="2">3 人</td></tr>
<tr><td>高中職以下</td><td>男</td><td>0 人</td><td>女</td><td>1 人</td></tr>
</table>

七、預估獲貸後第一年營業收入：新臺幣＿＿＿1,800,000＿＿＿元

　　預估獲貸後第一年損益：（算法如下）

（一）營業收入＿1,800,000元＿－＿營業成本＿480,000元＿＝＿營業毛利＿1,320,000元。

（二）營業毛利＿1,320,000元＿－＿管銷費用＿950,000元＿＝＿營業淨利＿370,000元。

（三）營業淨利＿370,000元＿＋＿營業外收入＿0元＿－＿營業外支出＿0元

　　　＝＿本期損益＿370,000＿元

八、創業資金情況

（一）負責人登記之出資額為新臺幣＿1,200,000元，占事業實收資本額新臺幣＿1,200,000元
　　　之＿100＿％。

（二）創業資金來源：本計畫資金總額共需新臺幣＿2,200,000＿元。

　　1■自備金額＿1,000,000＿元　　2■親友借款金額＿200,000＿元

　　3□銀行貸款金額＿＿＿＿＿元　　4□其他＿＿＿＿＿＿，金額＿＿＿＿＿元

　　5■尚需貸款資金總額＿1,000,000＿元

（三）申請人在金融機構貸款情況：

　　1■無貸款

　　2□有貸款：□不動產(房屋)貸款，金額＿＿＿＿＿元

　　　　　　　□動產(汽機車)貸款，金額＿＿＿＿＿元。

　　　　　　　□現金卡貸款，金額＿＿＿＿＿元

　　　　　　　□一般信用貸款，金額＿＿＿＿＿元

　　　　　　　□其他＿＿＿＿＿＿，金額＿＿＿＿＿元

九、現有生財器具或生產設備

名　　　　　稱	數　量	名　　　　　稱	數　量
廚房設備	1 套		
空調設備	1 套		
POS 系統	1 套		
吧檯設備	1 套		
咖啡機	2 台		

十、貸款主要具體用途

	項　　目	數　量	單　　價	總　　價
生財器具或生產設備	照明設備	1 套	8 萬元	8 萬元
	冷凍冷藏設備	1 套	16 萬元	16 萬元
	餐桌椅	10 組	1.2 萬元	12 萬元
	洗碗設備	1 套	7 萬元	7 萬元
				元
	小　　計			43 萬元

（請依需求自行調整項目內容）
（請依需求自行調整數量）

	項　　目	數　量	單　　價	總　　價
週轉金	水　電　費	3 個月	2 萬元	6 萬元
	營業場所租金	3 個月	3 萬元	9 萬元
	薪　　資	3 個月	12 萬元	36 萬元
	購買原物料	3 個月	2 萬元	6 萬元
	其他（請說明）＿＿＿＿＿ ＿＿＿＿＿＿＿＿＿＿＿			元
	小　　計			57 萬元
	合　　計			100 萬元

十一、事業或創業經營計畫

（一）經營現況（說明服務或產品之名稱、主要用途、功能、特點及現有或潛在客源）

提供各式早午餐、下午輕食與咖啡飲品。透過提供顧客得以從緊繃倉促與壓力中獲得釋放的「空間」及美味健康、賞心悅目的料理，開創一處可以讓心靈休憩的複合式餐店。將坊間現有各式餐點精緻化調整並搭配套餐型式，讓客人有多重選擇；並有多項義大麵、三明治、小西點、咖啡茶飲等餐飲品項可供午餐選擇，下午茶則另有多種甜鹹口味鬆餅、三明治等現作輕食，及新鮮研磨咖啡。

（二）市場分析（說明服務或產品之市場所在、如何擴大客源、銷售方式、競爭優勢、市場潛力及未來展望）

1. 服務或產品之市場所在:主要係服務在附近企業的上班族,以銀行人員及商家服務人員為主,提供早午晚用餐的 各式選擇。午茶時段則以附近學校之學生等年輕族群為主,提供青少年聚餐談天之場所。

2. 銷售方式:透過親切溫馨的笑容,取得最佳服務餐飲店的印象,與顧客對談時留意對方的特殊需求並謹記在心,給予顧客真誠心意的感受,另不定期推出一款優惠商品作為精選特餐回饋顧客,維持並提高顧客的忠誠度。

3. 競銷優勢:利用現代化明亮溫馨的色調,讓消費者感受到和諧的人文氛圍,將廚房與座席分開,保持用餐環境清潔度,座位設計以舒適且保有個人空間為原則,令顧客用餐心情平靜愉悅。

4. 市場潛力:由於店面位於住商混合區域,附近有商辦、學校與補習班混合。附近巷弄則為社區型住宅。另店門左右分別有公車站牌及捷運出口,地點顯眼且人潮眾多,未來市場開發之前景可期。

5. 如何擴大客源:以最近三個月的營運狀況觀察,餐廳銷售結構已經趨於穩定,惟消費集中中午用餐時段,為提高其他時段之顧客數,將增加顧客店內閱讀功能,增加閱讀雜誌書籍,提供顧客更多空間。並計劃與臨近的租書店簽約,頻繁更換店內雜誌,提供多種類型雜誌、周刊等,讓這個時段區間的客人也能形成固定的消費行為模式,藉此提昇營業額。

6. 未來展望:為維持與提昇顧客忠誠度,擬推出簡易會員制度,並提供會員才能擁有的優惠,強化消費者的購買慾望。在擴大營業項目同時,品質的控管將依標準作業流程逐項以表明訂之,同時也替未來展店作準備。

（三）償貸計畫（請提出預估損益表,說明貸款還款來源、債務履行方法等,如已有營業稅申報資料,請併同檢附）

預估一年營業額約 180 萬元,扣除營業成本、管銷費用等,預計一年有37萬元之獲利,如順利獲貸,將作為物料管理、人員管理等營運週轉資金運用,以提高營業額,應有足夠能力償還本項貸款。

（本表如不敷使用,請自行調整格式或以附件方式說明）

檢附以下書件:

☐ 以個人名義申請之負責人、出資人,或以事業體申請之事業體負責人之國民身分證正反面影本
☐ 新創或所創事業之設立登記或立案之證明文件
☐ 創業貸款計畫書
☐ 青年創業及啟動金貸款切結書
☐ 參與政府創業輔導相關課程或活動之結業證明文件
☐ 青年創業及啟動金貸款貸後輔導、蒐集個人資料告知事項暨個人資料提供同意書
☐ 申請「青年創業及啟動金貸款」負責人同意書(如以出資人名義提出申請)
☐ 改申貸「青年創業及啟動金貸款」同意書(如前已獲貸「青年創業貸款」者)
☐ 經中小企業處創新育成中心輔導培育之證明文件(如符合本貸款資格規定者)
☐ 其他金融機構指定書件

此致

　　　　OO 商業　　　　　　　　銀行 / 信用合作社

　　　　　　　　　　　　　　　申請人 ：曾有為

　　　　　　　　　　　　　　　中華民國　103 年　　　 1　月　　　31　日

▶ **附件二**

微 型 創 業 鳳 凰 貸 款
就業保險失業者創業貸款　受理申請文件檢查表(101年2月版) 收件編號：

壹、收件

項　　目	時　　間	單　　位	經 辦 人 簽 名
收　　　件	民國　年　月　日		

貳、申請人基本資料

申 請 人 姓 名		出生日期	____年____月___日/年齡：____
身 分 證 號 碼		手　　機	
聯 絡 電 話		傳　　真	
e - m a i l			

參、文件審查

序號	審查項目	審 查 文 件	審 查 內 容	審查結果
1	創業計畫書正本	本貸款創業計畫暨貸款申請書正本1份	創業計畫書，含顧問簽名。	□符合　□不符合　□需補件
2	創業研習證明文件影本	本會或政府相關單位辦理之創業研習課程結業證明文件影本1份	1.本會創業入門及進階課程 2.其他政府單位創業課程結業證明文件影本	□符合　□不符合　□需補件
3	稅登及商登或主管機關核准設立登記文件影本	稅籍登記證明及商業登記或主管機關核准設立登記文件影本1份	1.稅籍登記未超過2年者。 2.商業證記或設立登記證核發日未超過2年者。	□符合　□不符合　□需補件
4	國民身分證正反面影本	國民身分證正反面影本1份	1. 20歲以上，65歲以下婦女 2. 45歲以上，65歲以下國民	□符合　□不符合　□需補件
5	切結書正本	切結書正本1份	切結書正本有無簽名	□符合　□不符合　□需補件
6	聯合徵信	聯合徵信影本1份(可向聯徵中心申請開立)	確認信用狀況有無良好	□符合　□不符合　□需補件
7	營業場所房租契約影本	房租契約影本1份(非租賃者請提供自有證明文件)	1.負責人與租約人是否相同 2.租約是否過期	□符合　□不符合　□需補件
8	財務報表	401或405報表1份	無401或405報表者請檢附其他財務說明資料	□符合　□不符合　□需補件
9	估價單	估價單影本1份	用途點是否符合	□符合　□不符合　□需補件
10	加盟契約	如為加盟體系請檢附影本	負責人與簽約人是否相同	□符合　□不符合　□需補件
11	貸款紀錄	上微型創業鳳凰貸款補貼息系統查詢個案貸款紀錄	1.申請人未獲貸本貸款、微創貸款或鳳凰貸款。 2.如曾獲貸前開貸款者，應檢附清償證明。	□符合　□不符合　□需補件

肆、檢查結果

項　　目	時　　間	檢查人員簽名
□ 送顧問	送去：民國　年　月　日 送回：民國　年　月　日	
□ 送審查會	民國　年　月　日	

伍、其他備註

承辦單位(02)聯繫記錄：

微型創業鳳凰貸款
就業保險失業者創業貸款　創業計畫及貸款申請書　收件編號：

申請日期:民國　　年　　月　　日

申請人姓名 （負責人）	陳愛國			出生年月日	64 年 12 月 25 日
國民身分證統一編號	A223456789	聯絡電話	04-22503310	手機	0911548548
		e-mail	chen@msa.hinet.net	傳真	04-22254123

婚姻狀況	1☐未婚　2☐同居　3☐離婚　4☐分居　5☐喪偶 6☑有配偶（姓名：　許國慶　國民身分證統一編號：T120123567） （職業：　律師　聯絡電話：04-22251234 手機：0910-168168）
戶籍地址	☐☐☐台中市自由路2段23號
通訊地址	☐☐☐台中市自由路2段23號
聯絡親友	親友1：姓名 吳美麗 ，關係：　朋友　，聯絡電話：0923990321 親友2：姓名 曾正好 ，關係：　朋友　，聯絡電話：0989145762
教育程度	1☐國小 2☐國中 3☑高中職 4☐專科 5☐大學 6☐碩士及以上
身分別	1☑一般身分　2☐就業保險失業者（曾經參加就業保險，目前未加保者） 3☐外籍配偶　4☐大陸配偶　5☐原住民 6☐身心障礙者 7☐低收入戶 8☐天然災害受災戶　9☐職災戶　10☐獨力負擔家計者　11☐特殊境遇家庭 12☐家庭暴力被害人 13☐犯罪被害人　14☐疑似家暴
最近一次失業週期	1☐一個月以下 2☑一個月至六個月以下 3☐六個月至一年以下 4☐一年至三年以下 5☐三年以上

經歷	服務處所名稱	職　稱	到職日期	離職日期
	有 ○ 餐坊	店員	98 年 3 月	99 年 6 月
	美 xx 快餐店	店員	97 年 5 月	98 年 2 月

職業訓練	訓練機構名稱	職類	開訓日期	結訓日期	證明文件
	職訓局	飲料調製	91 年 3 月	91 年 6 月	結訓證書
	職訓局	中餐乙級	90 年 3 月	90 年 6 月	技術士證

創業研習	創業研習班別名稱	辦理單位	時數	起迄時間	證明文件
	創業進階班	勞委會(管科會)	18	97.12.25~97.12.27	結業證書

創業諮詢企業見習	類別	諮詢單位或顧問姓名或企業名稱	時數	備註
	☑創業顧問諮詢	王xx	3	
	☐電話諮詢			
	☐企業見習			

創辦事業資料

一、創辦事業名稱(全銜)	（一）公司名稱：回味餐館 （二）設立日期：100 年 1 月 1 日 （三）☑營利事業登記證或核准設立登記，統一編號：<u>12345678</u> 　　　及核准設立文號_____ 　　　□免營利事業登記，辦有稅籍者統一編號：_____

二、事 業 地 址 若為承租者，請附註 坪數及月租金	公司（行號或 工作室等）	□□□台中市自由路 1 段 140 號（自有）	電話	（04）22503310
	工廠	□□□		（　）
	其他（請說 明）	□□□		（　）

三、主要產品 　（或業務）	簡餐、下午茶	四、員工人數 （不包括本人）	2 人

五、營業項目	（請依據營業登記核准文件上所列營業項目填寫） 餐飲

六、財務分析：初期第 1 個月、前 6 個月及前 1 年之累積營業損益（實際營業未滿 1 年者，請
　　　　　　　以預估值填寫，並加註表示係為預估值）

項目	第 6 個月	前 6 個月	前 1 年
營業收入（＋）	200,000	1,230,000	2,402,000
銷貨成本（－）	60,000	364,500	732,000
營業毛利	140,000	865,500	1,670,000
營業費用（－）	67,000	402,000	806,000
營業利潤	73,000	463,500	864,000

※ 營業收入－銷貨成本（產品直接原物料成本）　＝營業毛利
※ 營業毛利－營業費用（薪資、房租、水電、瓦斯）＝營業利潤

七、創業資金情況

(一) 創業資金來源：本計畫資金總額合計新台幣 <u>639,000</u> 元。

1☑自備金額____339,000____元　　2□標會金額_____元
3□親友借款金額_____元　　4□銀行貸款金額_____元
5□其他_____，金額_____元
6☑尚需貸款資金總額____300,000____元

(二) 個人在金融機構貸款情況：（未誠實填報借款情形者，銀行得拒絕受理放貸）

1□無貸款
2☑有貸款：□不動產(房屋)貸款，金額_____元，月還_____元。
　　　　　　□動產(汽機車)貸款，金額_____元，月還_____元。
　　　　　　□現金卡貸款，金額_____元，用途_____，月還_____元。
　　　　　　□一般信用貸款，金額_____元，用途_____，月還_____元。
　　　　　　□勞工紓困貸款，金額_____元，用途_____，月還_____元。
　　　　　　☑信用卡，金額__50,000__元，用途__裝潢__，月還_2,000_元。
　　　　　　□其他_____，金額_____元，用途_____，月還_____元。

(三)現有設備及貸款資金主要用途：

<table>
<tr><th colspan="2">項目（含數量及單價）</th><th>金額</th><th>購置情形</th><th>付款情形</th><th>本次貸款用於購置資產（請打 v）</th></tr>
<tr><td rowspan="6">生財器具或設備</td><td>店面裝潢、招牌×1 式</td><td>200,000 元</td><td>☑已購置
□預備購置</td><td>☑已付款
□未付款</td><td></td></tr>
<tr><td>冷氣×1 部</td><td>29,000 元</td><td>□已購置
☑預備購置</td><td>□已付款
☑未付款</td><td>v</td></tr>
<tr><td>餐桌椅×15 套</td><td>45,000 元</td><td>□已購置
☑預備購置</td><td>□已付款
☑未付款</td><td>v</td></tr>
<tr><td>餐具×40 組</td><td>49,000 元</td><td>☑已購置
□預備購置</td><td>☑已付款
□未付款</td><td></td></tr>
<tr><td>Pos 系統×1 套</td><td>25,000 元</td><td>□已購置
☑預備購置</td><td>□已付款
☑未付款</td><td>v</td></tr>
<tr><td>廚具×1 組</td><td>90,000 元</td><td>☑已購置
□預備購置</td><td>☑已付款
□未付款</td><td></td></tr>
<tr><td colspan="2">金額小計①</td><td></td><td></td><td></td><td>99,000 元</td></tr>
</table>

<table>
<tr><th colspan="3">週轉金（預估 3 個月）
（如薪資、水電費、進貨‧‧‧‧‧‧）</th></tr>
<tr><th colspan="2">項目（含數量及單價）</th><th>金額</th><th>本次貸款用於營業週轉（請打 v）</th></tr>
<tr><td rowspan="8">週轉金</td><td>薪資(20,000*2 人*3 個月)</td><td>120,000 元</td><td>v</td></tr>
<tr><td>水電費(4,000*3 個月)</td><td>12,000 元</td><td>v</td></tr>
<tr><td>進貨(23,000*3 個月)</td><td>69,000 元</td><td>v</td></tr>
<tr><td></td><td></td><td></td></tr>
<tr><td></td><td></td><td></td></tr>
<tr><td></td><td></td><td></td></tr>
<tr><td></td><td></td><td></td></tr>
<tr><td></td><td></td><td></td></tr>
<tr><td colspan="2">金額小計②</td><td></td><td>201,000 元</td></tr>
<tr><td colspan="2">金額合計①＋②</td><td></td><td>300,000 元</td></tr>
</table>

八、**擬申請貸款金額**：新台幣＿＿300,000＿＿元整，貸款期限：＿7＿年。

擬前往申辦本貸款之銀行：（請在下列七家銀行中選擇一家並填寫分行名稱）

☑台灣銀行：＿＿＿臺中＿＿＿分行

□台灣土地銀行：＿＿＿＿＿＿分行

□台灣中小企業銀行：＿＿＿＿＿＿分行

□合作金庫商業銀行：＿＿＿＿＿＿分行

□第一商業銀行：＿＿＿＿＿＿分行

□彰化商業銀行：＿＿＿＿＿＿分行

□華南商業銀行：＿＿＿＿＿＿分行

九、**創業經營計畫：**（請簡要填寫）

(一)商品名稱及價格：各式簡餐(套餐)、飲品、下午茶點。以提供 200 元以下之組合餐飲，講求用餐的舒適感，除此之外，產品以少油少鹽的健康為訴求，為外食族群提供均衡營養。另外也提供 150 元下午茶服務，以達全方位服務。

(二)主要用途、功能及特點：提供優質飲食環境、餐後附贈飲品和小點心；下午茶除各式飲料外並搭配特製之蛋糕、手工餅乾、鬆餅等。

(三)銷售方式：各式簡餐以熱食為主；飲品皆於現場為顧客調配，並分享茶點、飲料等產品的製作方式。

(四)營業時間及尖峰時段：營業時間為中午 11：00~晚上 21：30。平日的尖峰時段有兩個，一為中午 11：00~14：00，主要客群為附近的上班族；二為晚上 18：00~21：30，年輕女性聚餐。

(五)現有（或潛在）客源及如何擴大客源：現有客源主要有辦公大樓之上班族，未來希望晚餐能吸引附近社區學校與補習班的學生客源用餐。初期以折扣優惠(ex.出示學生證可享有 50 元折扣)藉此吸引新客源，除此之外，為鞏固原有客群，將推出來店消費累積點數兌換精美小點心之推銷活動，長期則以推出聚餐包場之活動，更定期配合藝文活動宣傳及晚間講座，穩定追求人文涵養高質客群。

(六)償貸計畫：第 1、2 年以估計淨利 864,000 元-42,852 元(註：攤還本金 3,571 元×12 月)=821,148 元，第 3 年起以估計淨利 934,000 元-45,012 元(註：以利率 1.95%計，攤還本金利息 3,751 元×12 月)=888,988 元，均可支應本金及利息所需，故本貸款計確實可行。

(七)自傳簡述（含創業動機）：請依個人實際情形撰寫。

本 計 畫 資 金 總 額	639,000 元	申 請 貸 款 總 額	300,000 元
		審 查 會 核 定 貸 款 金 額	元

本人（機構、行號、公司）同意勞動部勞動力發展署、財團法人中小企業信用保證基金、財團法人金融聯合徵信中心、財金資訊股份有限公司、台灣票據交換所、貴行及其他經行政院金融監督管理委員會指定或與　貴行因業務需要訂有契約之機構（以下簡稱前揭機構），於其營業登記項目或章程所定業務之需要等特定目的之範圍內，得蒐集、電腦處理、國際傳遞及利用本人（機構、行號、公司）之個人資料，且前揭機構亦得提供其所蒐集之本人（機構、行號、公司）資料予　貴行，特此聲明。

所營事業蓋章：

申請人（負責人）簽章：

創業顧問輔導情形

一、創業者個性特質與配合度

二、財務評估及貸款用途合理性

三、具體改善建議方向

(一)商品力

(二)通路

(三)定價

(四)促銷

四、綜合評估

顧問簽名：_____ ，____年____月____日

切 結 書

具結人　　陳愛國　為申請「微型創業鳳凰貸款 就業保險失業者創業貸款」，經詳閱本貸款相關規定，切結同意完全遵守下列各款事項：

一、曾投保就業保險，且截至撥款前未有任職情事。（本款僅適用就業保險失業者身分）

二、本貸款計畫由事業登記負責人提出申請，且申請時未同時經營其他事業。

三、貸款期間實際經營所創立之事業。

四、同意配合勞動部勞動力發展署、財團法人中小企業信用保證基金及銀行等單位派員實地前往訪查。

五、具結人從未獲貸本貸款、微型企業創業貸款及創業鳳凰婦女小額貸款；或曾獲貸前開貸款，惟已清償完畢。

六、本貸款不得作為清償其他債務或違反本要點規定之用途。

七、創業計畫書填報均屬事實，如經查證有不實情形，同意銀行不予放貸。

八、本人已知悉申辦本項貸款，若配合使用政府提供之九成五信用保證方案，需自行負擔核貸額度 0.5%計收之信用保證手續費。

九、本人已知悉獲貸後如有下列情形之一者，應自事實發生之日起停止利息補貼，並由承貸金融機構追回溢領之補貼息：

（一）創立之事業有停業、歇業情形。

（二）所經營事業變更負責人。

具　結　人：陳愛國　　　　　　　　　（簽名蓋章）

身　分　證　號：A223456789

住　　　　址：台中市自由路 2 段 23 號

中　華　民　國　　　　101　　年　　01　　月　　03　　日

▶附件三

政府商業名稱及所營業務登記預查申請表

編　號：		申請日期：　　年　月　日
		領取方式：□自領　□郵寄

申請項目	☑設立　□商業名稱變更　□所營業務變更　□外縣市遷入		
	申　　　請　　　人		代　　理　　人

申　　請　　人		代　　理　　人	
姓　　名		姓　　名	
身分證統一編號		身分證統一編號	
聯絡電話		聯絡電話	
地址（或商業地址）		地址	
原商業名稱(新設立免填)		統一編號	
簡訊通知回覆電話		(不接受簡訊通知者免填)	

項次	預　查　之　商　業　名　稱
1	
2	
3	
4	
5	

項次	營業項目代碼	所　營　業　務（應分項列打）
1	F111090	建材批發業
2	F211010	建材零售業
3	ZZ99999	除許可業務外，得經營法令非禁止或限制之業務。

審查結果	

備註	一、商業名稱，應標明商業名稱之全稱：預查申請案每件申請不得超過五個名稱，依序審核，符合規定者，以核准保留一個商業名稱為限。 二、商業名稱如有違反其他法令，而侵害他人在先權利者，仍應依各該法令規定辦理。 三、營業項目代碼可查詢「公司行號營業項目代碼表檢索系統」(http://gcis.nat.gov.tw/cod/)填寫。 四、商業名稱保留有效期限為二個月，以發文日為起算基準日，於期間屆滿前，得申請延長1次，保留一個月。 五、商業名稱於保留期間內，不得更換申請人。但有正當理由經核准者不在此限。 六、對本處分如有不服，應於接到本處分書之次日起30日內繕具訴願書送由本府向經濟部訴願。

▶附件四

＿＿＿＿＿＿＿＿＿ 政府　商業登記申請書　　第1頁共＿頁

申 請 日 期 ：□□□年□□月□□日	收件類別：□本人□委託(應填具代理人資料)

統一編號：	預查編號：	
聯絡電話：	傳真電話：	□僑外資　□陸資
領件方式：□自領　□郵寄	郵寄地址：□商業所在地 □代理人地址	

申請事項	商業設立／變更				資本額				□負責人/□合夥人/□經理人		
	設立	名稱變更	所營業務變更	所在地變更	所在地門牌整改編	增資變更	減資變更	出資額變更	委任變更解任	改名	住(居)所變更 / 住(居)所門牌整改編
	商業設立／變更					商業狀態			其他事項	
	外縣市遷入	營業合併	繼承登記	轉讓登記	組織變更	法定代理人代理經營登記	停業	復業	歇業	統一編號變更	更正	其他

其他事項之理由	

基本資料	商業名稱						
	所在地	郵遞區號	縣市	鄉鎮市區	村里	路 街 巷 弄 號 樓 室	
	資本額			元	組織種類	□獨資 □合夥	
	負責人	姓名		身分證明文件字號 □□□□			
		住(居)所	郵遞區號	縣市	鄉鎮市區	村里	路 街 巷 弄 號 樓 室

停業期間	自　　年　　　月　　　日 起至　　年　　　月　　　日 止 停業
停業理由	
復業日期	自　　年　　　月　　　日 起 復業
歇業日期	自　　年　　　月　　　日 起 歇業
代理人	聯絡電話

※核准日期：□□□年□□月□□日　　　※收文號：□□□□□□□□□□□

商業印章	負責人印章

◎貴商業實際經營業務之營業場所應符合都計、建管、消防等法令規定，違反者，應受上開法令之處罰。請填載內政部訂定之「營業場所土地使用分區管制與建築管理規定查詢表」(表格可向地方政府都計、建管單位、或「營業場所預查服務櫃檯」索取)，向營業場所所在地政府之都計、建管單位申請查詢，實際營業之場所是否符合土地使用分區管制與建築管理規定。

※ 公務記載蓋章欄	※ 流水號

商業名稱		商業登記申請書	第2頁共__頁

所 營 業 務 【主要所營業務請在「#」欄位內打「∨」】

項次	代 碼	#	所 營 業 務 說 明

※未變更事項免填【所營業務變更時，請填寫所有的所營業務】

合夥人/經理人/法定代理人經營 登 記

登記事項	姓 名	身分證明文件字號	出資金額（元）
		住 （居） 所	
負責人（獨資免填）	（ ）		
合夥人	（ ）		
合夥人	（ ）		
經理人	（ ）		
法定代理人經營	（ ）		

以下資料欄位為「自由填載欄位」

工商憑證併案申請	是□ 否□	E-mail		簡訊回覆	行動電話號碼

預定開業日期：□□□年□□月□□日								
營業場所	郵遞區號	縣市	鄉鎮市區	村里	路 街 巷 弄 號 樓 室			查詢編號

註一：為配合電腦作業，請打字或電腦列印填寫清楚，數字部分請採用阿拉伯數字，並請勿折疊、挖補、浮貼或塗改。

註二：申請事項無涉第2頁之事項者，可免附申請書第2頁。

註三：住（居）所欄位，本國人民之住所依戶籍登記地址為準；本國人民無住所、外國人、華僑及大陸地區人民則以居所登記。

註四：※各欄如核准日期、收文號、公務記載蓋章欄、流水號等，申請人請勿填寫。；「#」符號為自由填寫欄位，主要所營業務前請打「∨」

▶附件五

<h1 style="text-align:center">房　屋　使　用　同　意　書</h1>

（同意人須與房屋稅單納稅義務人相符）

　　本人所有坐落　　　　　　　　　　之房屋，同意自民國　　年　　月　　日起

由負責人　　　　設立商業經營，使用期間本人無任何異議。恐口說無憑，特立

此書為證，如有虛偽不實，願負法律上責任。

　　此　　致

　　　政府

　　同　意　人　姓　名：　　　　　　　　　　　　　　　　　(簽章)

　　身　分　證　字　號：

　　住　　　　　　址：

　　電　　　　　　話：

► 附件六

公司名稱及所營事業登記預查申請表

編號：＿＿＿＿＿＿

	自取		郵寄	

申 請 項 目	□設立　　　□公司名稱變更　　　□所營事業變更			

申 　 請 　 人			代 　 理 　 人		
姓名(或法人名稱及其代表人)		簽名或蓋章	姓　名		簽名或蓋章
身分證（或法人）統一編號			證書編號		
聯 絡 電 話			聯絡電話		
戶 籍 地 址（或公司地址）			事 務 所所 在 地		

原公司名稱（新設立免填）		統一編號	
簡 訊 通 知 回 覆 電 話		(不接受簡訊通知者免填)	

項次	預 查 之 公 司 名 稱
1	
2	
3	
4	
5	

項次	營業項目代碼	所 營 事 業 （ 應 分 項 列 打 ）

審查結果：

備註：　1. 預查申請案經核准者，自核准之日起算，其保留期限為6個月。但銀行、保險及期貨業務、證券金融、票據金融、有線電視之設立預查案件，其保留期限為1年。

　　　　2. 本預查申請案之代理人以會計師、律師為限。

　　　　3. 對本處分如有不服，應於接到本處分書之次日起30日內繕具訴願書送由本部向行政院訴願。

公司名稱及所營事業登記預查申請表

編號： 　　　　　　　　　　　　　　　　　　　　　　　　【續頁】

申請人姓名 （或法人名稱及其代表人）		身分證字號 （或法人統一編號）	

所　營　事　業　【續】		
項次	營業項目代碼	所 營 事 業 說 明 （ 應 分 項 列 打 ）

▶附件七

有限公司
設立登記申請書

申請事項			
申請事項說明			
預查編號			
繳納規費			
申請人	公司統一編號		(加蓋公司、負責人印章)
	公司名稱	有限公司	
	代表人姓名		
	公司所在地 （含鄉鎮市區村里）	(　)	
代理人 (未委託代理人申請者，免填)	姓名	代理人以會計師或律師為限	(加蓋代理人印鑑)
	地址		
領取方式(填數字)			1.郵寄。2.自取(逾期一星期轉郵寄)
申請日期			

以下資料欄位為「併案申請工商憑證時必填欄位」		
是否同時申請工商憑證正卡	☐是(需繳交 IC 卡工本費，詳註 2) 　　☐總公司 　　　(憑證聯絡電話：＿＿＿＿＿＿，聯絡傳真：＿＿＿＿＿＿ 　　　聯絡 e-mail：＿＿＿＿＿＿＿＿＿＿＿＿＿＿) 　　☐分公司　統一編號：　　　　分公司名稱： 　　　(憑證聯絡電話：＿＿＿＿＿＿，聯絡傳真：＿＿＿＿＿＿ 　　　聯絡 e-mail：＿＿＿＿＿＿＿＿＿＿＿＿＿＿；如多家分 　　公司申請，請自行檢附附件載列上開資料) ☐否

備註：
註 1、待設立登記核准後將由經濟部工商憑證管理中心(中華電信)寄發工商憑證 IC 卡。
註 2、申請工商憑證 IC 卡每張工本費新台幣 420 元，將由經濟部工商憑證管理中心(中華電信)寄發繳費通知單後逕行繳交。
註 3、有關工商憑證 IC 卡用戶代碼，預設值為代表人的身分證字號，分公司則以分公司經理人的身分證字號為預設值，俟申請人收到卡片後，請再自行變更用戶代碼。
註 4、憑證相關問題請電洽客服專線 412-1166（電話號碼為 6 碼地區請撥 41-1166）。
註 5、本申請書為一式二份。

以下資料欄位為「自由填列事項」			
聯絡人	姓名	電話	市話
			手機
	E-mail	傳真	
營業場所	縣市　　鄉鎮 　　　　市區	村里　路街巷弄號樓室	查詢編號

▶附件八

有限公司公司章程

第一章　總則

第 1 條：　本公司依照公司法規定組織之，定名為　　有限公司。

第 2 條：　本公司經營之事業如左：

　　　　　1.。

　　　　　2. ZZ99999 除許可業務外，得經營法令非禁止或限制之業務。

第 3 條：　本公司設於　　，必要時得在國內外設立分公司。

第 4 條：　本公司公告方法依照公司法第 28 條規定辦理。

第二章　出資及股東

第 5 條　本公司資本額定為新臺幣　　元。

第 6 條：　本公司股東姓名、住址及其出資額如左：

股東姓名	住址	出資額

第 7 條：　本公司董事非得其他全體股東之同意，股東非得其他全體股東過半數之同意，不得以其出資之全部或一部轉讓與他人。

第 8 條：　本公司每一股東不問出資多寡，均有一表決權。

第三章　董事

第 9 條：　本公司置董事　人，執行業務並代表公司。(二擇一)

第 9 條：　本公司置董事　人、並置董事長 1 人對外代表公司。(二擇一)

第 10 條：　董事之報酬得於章程內訂明或依特約另定之。

第四章　經理人

第 11 條：　本公司得設經理人，其委任、解任及報酬依照公司法第 29 條規定辦理。

第五章　會計

第 12 條：　本公司會計年度每年自 1 月 1 日起至 12 月 31 日止辦理總決算一次。

第 13 條：　本公司應於每屆會計年度終了後，由董事造具左列表冊請求各股東承認。

　　　　　(一)營業報告書。(二)財務報表。(三)盈餘分派或虧損撥補之議案。

第 14 條：　本公司股息定為年息　分，但公司無盈餘時，不得以本作息。

第 15 條：　公司如有獲利，應提撥 1%為員工酬勞。但公司尚有累積虧損時，應預先保留彌補數額。

第 16 條：　本公司年度總決算如有盈餘，應先提繳稅款，彌補累積虧損，次提 10%為法定盈餘公積，其餘除派付股息外，如尚有盈餘，再由股東同意分派股東紅利。

第 17 條　　本公司盈餘虧損，按照各股東出資比例分派之。

第六章　附則

第 18 條　　本章程未訂事項，悉依公司法規定辦理。

第 19 條　　本章程訂立於民國　年　月　日

　　　　有限公司

公司印章	股東姓名	(全體股東簽名或蓋章)

▶附件九

有限公司股東同意書

申請事項	同意內容
1.　公司設立	茲同意設立　　　有限公司，訂定公司章程，並選任　　　為董事。

(加蓋公司印章)

股東姓名	(親自簽名)

中華民國　　年　　月　　日

▶附件十

董事同意書

同意事項	同意內容

董事姓名	（親自簽名）

公司印章	董事長印章

中華民國　　年　月　　l日

▶附件十一

（公司印章）	（代表公司負責人印章）

印章請用油性印泥蓋章,並勿超出框格。

有限公司設立登記表

公司預查編號 _____

※ 公司統一編號 _____

公司聯絡電話 (   ) _____

僑外投資事業 □是 □否　一人公司 □是 □否

陸資 □是 □否　預定開業日期 _____

一、公司名稱		有限公司
二、(郵遞區號)公司所在地 (含鄉鎮市區村里)	( )	
三、資本總額	新台幣	元(阿拉伯數字)
四、董事人數	人 五、代表人姓名	
六、公司章程訂定日期	年 月 日	

七、資本明細(若資本為3者,請加填第八欄位)	資產增加	1.現金	元
		2.現金以外財產	元
	併購	3.合併新設	元
			元

八、被併公司資料明細	合併公司資明細	合併基準日	統一編號	公司名稱
		年 月 日		
		年 月 日		
		年 月 日		

※核准登記日期文號 _____　※檔號 _____

公務記載蓋章欄

(一)申請表一式二份,於核辦後一份存核辦單位,一份送還申請公司收執。
(二)為配合電腦作業,請打字或電腦以黑色列印填寫清楚,數字部份請採用阿拉伯數字,並請勿折疊、挖補、浮貼或塗改。
(三)※各欄如公司統一編號、核准登記日期文號、檔號等,申請人請勿填寫。
(四)違反公司法代作資金導致公司資本不實,公司負責人最高可處五年以下有期徒刑。
(五)為配合郵政作業,請於所在地加填郵遞區號。

有限公司設立登記表

註:1.欄位不足請自行複製,未使用之欄位可自行刪除,若本頁不足使用,請複製全頁後自行增減欄位。
 2.有、無續頁,請於頁尾勾選一項,並請勿刪除。

所 營 事 業		
編號	代　　碼	營　業　項　目　說　明

董 事 、 股 東 名 單			
編號	職　　稱	姓名(或法人名稱)	身分證號(或法人統一編號)	出　資　額 (元)
	(郵遞區號)	住　所　或　居　所　(或　法　人　所　在　地)		
	( )			
	( )			

經 理 人 名 單		
編號	姓　　名	身 分 證 統 一 編 號	到職日期(年月日)
	(郵遞區號) 住　　所　　或　　居　　所		
	( )		

有續頁請打∨ ☐

無續頁請打∨ ☐

公務記載蓋章欄

共 3 頁第 3 頁

所 代 表 法 人			
編號	董 事 編 號	所 代 表 法 人 名 稱	法 人 統 一 編 號
	(郵遞區號)	法　　人　　所	在　　地
	～		
（　　）			

有續頁請打 ∨ ☐

無續頁請打 ∨ ☐

公務記載蓋章欄

▶附件十二

股份有限公司
公司章程

第一章　總則

第 1 條：　本公司依照公司法規定組織之，定名為　　　　　　　　　股份有限公司。

第 2 條：　本公司所營事業如下：
　　　　　　1.
　　　　　　2. ◀─────────────────────────── 如法令規定須專業經營者，不得增加此營業項目。

第 3 條：　本公司設總公司於新北市，必要時經董事會之決議得在國內外設立分公司。

第 4 條：　本公司之公告方法依照公司法第 28 條規定辦理。

第二章　股份

第 5 條：　本公司資本總額定為新臺幣　　　　元，分為　　　　股，每股金額新臺幣10元，
　　　　　　全額發行。◀──── 「全額發行」或「分次發行」

第 6 條：　本公司股票概為記名式，由董事 3 人以上簽名或蓋章，經依法簽證後發行之。
　　　　　　◀─ 如依公司法第161-1條規定，不發行股票者，本條請刪除。

第 7 條：　股東名稱記載之變更，於股東常會開會前三十日內，股東臨時會開會前十五日
　　　　　　內，或公司決定分派股息及紅利或其他利益之基準日前 5 日內，不得為之。
　　　　　　◀──────────────────────────

或：「股東名稱記載之變更，於股東常會開會前60日內，股東臨時會開會前30日內，或公司決定分派股息及紅利或其他利益之基準日前5日內，不得為之。」

第三章　股東會

第 8 條：　股東會分常會及臨時會 2 種。常會每年至少召集一次，於每會計年度終了後
　　　　　　6 個月內由董事會依法召開；臨時會於必要時依法召集之。

第 9 條：　股東得於每次股東會，出具公司印發之委託書，載明授權範圍，委託代理人，
　　　　　　出席股東會。

第 10 條：本公司各股東，每股有一表決權。但公司依法自己持有之股份，無表決權。

第 11 條：股東會之決議，除公司法另有規定外，應有代表已發行股份總數過半數股東之
　　　　　　出席，以出席股東表決權過半數之同意行之。

第 12 條：本公司僅為政府或法人股東一人所組織時，股東會職權由董事會行使，不適用
　　　　　　本章程有關股東會之規定。

第四章　董事及監察人

第 13 條：本公司設董事 3 人，監察人 1 人，任期 3 年，由股東會就有行為能力之人
　　　　　　選任，連選得連任。

第 14 條：董事會由董事組織之，由三分之二以上董事之出席，及出席董事過半數之同意
　　　　　　互推董事長 1 人，董事長對外代表公司。◀──────

或：「董事會由董事組織之，由三分之二以上董事之出席，及出席董事過半數之同意互推常務董事3人，並依同一方式，由常務董事互推董事長1人，副董事長1人，董事長對外代表公司。」

第 15 條：董事長請假或因故不能行使職權時，其代理依公司法第 208 條規定辦理。

第 16 條：全體董事及監察人之報酬，由股東會議定之，不論營業盈虧得依同業通常水準
　　　　　　支給之。

第五章 經理人

第 17 條 本公司得設經理人,其委任、解任及報酬,依照公司法第 29 條規定辦理。

第六章 會計

第 18 條:本公司每屆會計年度終了,董事會應編造營業報告書、財務報表及盈餘分派或虧損撥補之議案,並提請股東會承認。

第 19 條:本公司股息定為年息　　分,但公司無盈餘時,不得以本作息。

第 20 條:公司年度如有獲利,應提撥 1% 為員工酬勞,但公司尚有累積虧損時,應預先保留彌補數額。

第 21 條:公司年度總決算如有盈餘,應先提繳稅款,彌補累積虧損,次提 10% 為法定盈餘公積,其餘除派付股息外,如尚有盈餘,再由股東會決議分派股東紅利。

第 22 條:本章程未訂事項,悉依公司法規定辦理。

第 23 條:本章程訂立於民國　　年　　月　　日

　　　股份有限公司　　　　　　　　　　(加蓋公司印章)

董事長:　　　　　　　　　　　　　　(加蓋負責人印章)

▶附件十三

發起人會議事錄（節錄本）				
一、時　　　間				
二、地　　　點				
三、出　　　席				
四、主　　　席		主席印章	記　　錄：	主席印章
五、報 告 事 項	略			
六、討 論 事 項				
1.	案　　由			
	說　　明			
	決　　議			
七、選 舉 事 項				
1.	案　　由			
	說　　明			
	選舉結果	職稱　　　　姓名或名稱		當選權數

公司印章	負責人印章

▶附件十四

董事會議事錄（節錄本）	
一、時　　間	
二、地　　點	
三、出　　席	
四、主　　席	記　　錄：
五、報告事項	
六、討論事項	
七、選舉事項	

1.	案　　由	
	說　　明	
	決　　議	

公司印章	主席印章

▶附件十五

董事會簽到簿

一、會議名稱：

二、開會日期：

三、出席人員：

職稱	姓名	簽名	備註

四、列席人員：

職稱	姓名	簽名	備註

公司印章

▶附件十六

董事（監察人）願任同意書 (合併填列範例)

本人同意擔任 _____ 股份有限公司第 ____ 屆董事(獨立董事、董事

長、監察人)。

立同意書人：

職　　　稱	姓名(或法人名稱)	任　　職　　期　　間	本 人 親 自 簽 名
董事長		自中華民國　年　月　日至 中華民國　年　月　日止， 計　　年。	
董事		自中華民國　年　　月　　日至 中華民國　年　月　日止， 計　　年。	
董事		同上	
董事		同上	
獨立董事		同上	
獨立董事		同上	
監察人		同上	

備註：

一、請以每一位董事(獨立董事)、監察人填列一張董事(獨立董事)、監察人願任同意書，董事長應另填列一張董事長願任同意書；

　　或董事(獨立董事)、監察人、董事長合併填列於同一張願任同意書，並分別由其本人親自簽名。

二、股份有限公司之董事，依公司法第 8 條第 1 項規定為公司之負責人；依同條第 2 項規定，監察人在執行職務範圍內，亦為公司

　　之負責人。

三、依公司法第 23 條規定，公司負責人應忠實執行業務並盡善良管理人之注意義務，如有違反致公司受有損害者，負損害賠償責

　　任。對於公司業務之執行，如有違反法令致他人受有損害時，對他人應與公司負連帶賠償之責。

四、依稅捐稽徵法第 24 條規定，公司負責人欠繳應納稅額達一定金額，得由司法機關或財政部函請內政部入出境管理局限制其出

　　境；如有隱匿或移轉財產、逃避稅捐執行之跡象者，稅捐稽徵機關得聲請法院就其財產實施假扣押，並免提供擔保。

五、本願任同意書可自行印製，惟備註文字應同時具備。

▶附件十七

建 物 同 意 書

本人＿＿＿＿＿＿所有座落於＿＿＿＿＿＿＿＿＿＿＿＿之房屋，

同意＿＿＿＿＿＿＿＿＿登記為所在地。恐口說無憑，特立

此書為憑，如有虛偽不實，願負法律上責任。

立同意書人：　　　（簽名或蓋章）身分

證字號：住址：

民國　年　月　日

▶附件十八

發起人名冊

編號	發起人姓名或名稱	身分證統一編號或法人統一編號	住址	股數	股款(新臺幣)	備註

公司印章

▶ **附件十九**

（公司印章）	（代表公司負責人印章）	**股份有限公司設立登記表**

公司預查編號	
※公司統一編號	
公司聯絡電話（ ）	
僑外投資事業 是 否	公開發行 是 否
陸資 是 否	預定開業日期＿＿＿＿＿＿

印章請用油性印泥蓋章，並勿超出框格。

一、 公 司 名 稱	股份有限公司
二、（郵遞區號）公司所在地（含鄉鎮市區村里）	（ ）
三、 代表公司負責人	四、每股金額（阿拉伯數字） 元
五、 資本總額（阿拉伯數字）	元
六、 實收資本總額（阿拉伯數字）	元
七、 股 份 總 數	股 八、已發行股份總數 1.普通股 股 2.特別股 股
九、董事人數任期 （含獨立董事 人）	人自 年 月 日至 年 月 日
十、□監察人人數任期 或 □審計委員會	人自 年 月 日至 年 月 日
	本公司設置審計委員會由全體獨立董事組成替代監察人
十一、公司章程訂定日期	年 月 日

※核准登記日期文號		※檔號	

公務記載蓋章欄

（一）申請表一式二份，於核辦後一份存核辦單位，一份送還申請公司收執。
（二）為配合電腦作業，請打字或電腦以黑色列印填寫清楚，數字部份請採用阿拉伯數字，並請勿折疊、挖補、浮貼或塗改。
（三）※各欄如公司統一編號、核准登記日期文號、檔號等，申請人請勿填寫。
（四）違反公司法代作資金導致公司資本不實，公司負責人最高可處五年以下有期徒刑。
（五）為配合郵政作業，請於所在地加填郵遞區號。
（六）第十欄位請依公司章程內容，於「監察人人數任期」前註記■，並填寫人數任期；或於「審計委員會」前註記■，監察人之人數任期免填。

股份有限公司設立登記表

註:1.欄位不足請自行複製,未使用之欄位可自行刪除,若本頁不足使用,請複製全頁後自行增減欄位。
2.有、無續頁,請於頁尾勾選一項,並請勿刪除。

十二、股本明細	資產增加	1. 現金	元
(股本若為3、4、5之併購者,請加填第十三欄)		2. 現金以外財產	元
	併購	3. 合併新設	元
		4. 分割新設	元
		5. 股份轉換	元
			元

十三、被併購公司資料明細

併購種類	併購基準日	被併購公司	
		統一編號	公司名稱
	年　月　日		
	年　月　日		

所 營 事 業		
編號	代　碼	營 業 項 目 說 明

有續頁請打 ∨ ☐

無續頁請打 ∨ ☐

公務記載蓋章欄

董 事、監 察 人 名 單

編號	職　　稱	姓名(或法人名稱)	身分證號(或法人統一編號)	持有股份(股)
	(郵遞區號)	住 所 或 居 所 (或 法 人 所 在 地)		
	(　)			
	(　)			
	(　)			
	(　)			

經 理 人 名 單

編號	姓　　　名	身 分 證 統 一 編 號	到職日期(年月日)
	(郵遞區號)	住　　所　　或　　居　　所	
	(　)		
	(　)		

所 代 表 法 人

編號	董監事編號	所 代 表 法 人 名 稱	法 人 統 一 編 號
	(郵遞區號)	法　　人　　所	在　　　地
	～		
	(　)		
	～		
	(　)		
	～		
	(　)		

有續頁請打 ∨ ☐

無續頁請打 ∨ ☐

公務記載蓋章欄

▶附件二十

營業人設立（變更）登記申請書

	統一編號								
	稅籍編號								

申請日期：＿＿＿＿＿＿＿＿＿＿

申 請 事 項	設立	負責人變更	名稱變更	所在地變更	營業項目變更	組織變更	增資變更	減資變更	扣繳單位變更為營業人	其 他
	01	02	03	04	05	06	07	08	34	00

營 業 人 名 稱		

<table>
<tr><td rowspan="8">營
業
人
基
本
資
料</td><td>負 責 人
姓 名</td><td colspan="3"></td><td colspan="2">身分證
統一編號</td><td colspan="3"></td></tr>
<tr><td>營業（稅籍）登記
地 址</td><td>郵遞區號
（　　）</td><td>縣市</td><td>鄉鎮市區</td><td>村里</td><td colspan="4">路街巷弄號樓室</td></tr>
<tr><td>聯絡電話</td><td></td><td colspan="2">分機</td><td colspan="2">傳真</td><td colspan="3"></td></tr>
<tr><td rowspan="3">資本額</td><td colspan="4">佰億 拾億 億 仟萬 佰萬 拾萬 萬 仟 佰 拾 元</td><td colspan="2">限股份有限公司填載</td><td colspan="3">佰億 拾億 億 仟萬 佰萬 拾萬 萬 仟 佰 拾 元</td></tr>
<tr><td colspan="4"></td><td colspan="2">登記資本額</td><td colspan="3"></td></tr>
<tr><td colspan="4"></td><td colspan="2">實收資本額</td><td colspan="3"></td></tr>
<tr><td>組織種類</td><td>1
股份有限公司</td><td>2
有限公司</td><td>3
無限公司</td><td>4
兩合公司</td><td>7
外國公司分公司</td><td>9
分公司</td><td>5
合夥</td><td>6
獨資</td><td>0
其他</td></tr>
</table>

<table>
<tr><td rowspan="7">營業項目變更時，請填寫所有的營業項目</td><td colspan="2">代碼</td><td colspan="2">營業項目說明</td></tr>
<tr><td></td><td rowspan="3">主營項目</td><td colspan="2"></td></tr>
<tr><td></td><td colspan="2"></td></tr>
<tr><td></td><td colspan="2"></td></tr>
<tr><td></td><td rowspan="3">其他項目</td><td colspan="2"></td></tr>
<tr><td></td><td colspan="2"></td></tr>
<tr><td></td><td colspan="2"></td></tr>
</table>

電子郵件帳號 （E-Mail）		行動電話號碼 －

網拍業者必填欄	網域名稱/網址	
	會員帳號	
	房屋有無堆貨	□有，面積約　　　平方公尺。（通報地方稅單位）□無。

公司或商業登記核准日期	年　月　日	公司或商業登記核准文號	第　　　　號
開業日期		年　月　日	

註1：為配合電腦作業，請以打字或電腦列印填寫清楚，數字部分請採用阿拉伯數字，並請勿折疊、挖補、浮貼或塗改。

註2：變更營業人營業（稅籍）登記地址（或營業項目）需同時填寫營業人營業（稅籍）登記地址及營業項目。

營業人設立（變更）登記申請書　　　　　　　第2頁

營業人名稱：		
變更前營業（稅籍）登記地址		
本公司（總機構）名稱		

| 本公司（總機構）所在地址 | | 本公司（總機構）統一編號 | | | | | | | |

| 負責人戶籍地址 | | 負責人出生日期 | 年 | 月 | 日 |

合夥組織必填欄位	關係人 / 登記事項	姓名	出生年月日	身分證（法人）統一編號	出資種類	數額（元）
		住　　所　　或　　居　　所				
	負責人					
	合夥人					
	合夥人					
	經理人					
	法定代理人					

外國事業、機關、團體、組織在中華民國境內固定營業場所之代理人（無代理人者，免填）	姓名	出生年月日	身分證統一編號	聯絡電話	戶籍所在地

營業（稅籍）登記地址	縣市	鄉鎮市區	村里別	流水號（棟號戶號）
房屋稅籍編號管理代號				

營業人蓋章	負責人蓋章

公務記載蓋章欄	流水號

（背面）

▶附件二十一

財政部北區國稅局　營業人銷售額與稅額申報書（401）
（一般稅額計算——專營應稅營業人使用）

第一聯：申報聯 營業人持向稽徵機關申報

統一編號		
營業人名稱		
稅籍編號		
負責人姓名		營業地址

所屬年月份：　　　年　　　月　　　金額單位　新臺幣　元

使用發票份數：　　　0　份

項目	區分	銷售額	稅額	零稅率銷售額
三聯式發票、電子計算機發票	應稅	1　0	2　0	
收銀機發票（三聯式）		5　0	6　0	
二聯式發票、收銀機發票（二聯式）收據		9　0	10　0	
免用發票		13　0	14　0	
減：退回及折讓		17　0	18　0	
合計①		21①　0	22②　0	3（非經海關出口應附證明文件者）0
銷售額總計①+③		25①　0		7

銷售額總計（⑦　0　元）內含銷售固定資產（27　0　元）

項目	區分	金額	稅額
統一發票扣抵聯（包括電子計算機發票）	進貨及費用	28　0	29　0
	固定資產	30　0	31　0
三聯式收銀機發票扣抵聯	進貨及費用	32　0	33　0
	固定資產	34　0	35　0
載有稅額之其他憑證（包括二聯式收銀機發票）	進貨及費用	36　0	37　0
	固定資產	38　0	39　0
海關代徵營業稅繳納證扣抵聯	進貨及費用	78　0	79　0
	固定資產	80　0	81　0
減：退出、折讓及海關退稅	進貨及費用	40　0	41　0
	固定資產	42　0	43　0
合計	進貨及費用	44　0	45⑨　0
	固定資產	46　0	47⑩　0
進項總金額（包括不得扣抵）	進貨及費用	48　0	
	固定資產	49　0	

進口免稅貨物	73
購買國外勞務	74

代號	項目	稅額
1	本期（月）銷項稅額合計 ②	101
7	得扣抵進項稅額合計 ⑨+⑩	107
8	上期（月）累積留抵稅額	108
10	小計（7+8）	110
11	本期（月）應實繳稅額（1-10）	111
12	本期（月）申報留抵稅額（10-1）	112
13	得退稅限額合計 ③×5%+⑩	113
14	本期（月）累積留抵稅額 ⑫-⑬	114
15	本期（月）累積留抵稅額（12-14）	115

本期（月）應退稅額處理方式　□利用存款帳戶劃撥　□領取退稅支票

本期（月）應退稅額　82　0　元

申報單位蓋章處（統一發票專用章）

附 1. 統一發票明細表　　份
　 2. 進項憑證　　　　　冊　　份
　 3. 海關代徵營業稅繳納證　　份
　 4. 退回（出）及折讓證明單及海關退還溢繳營業稅申報聯　　份
　 5. 營業稅繳款書申報聯　　份
　 6. 零稅率銷售額清單　　0　份

核收機關及人員蓋章處

申報日期：　　年　　月　　日
申報人（自行申報／委任申報）

姓名　陳秀美

核收日期：　　年　　月　　日

電話　（03）4317255

發錄文（字）號
（097）桃記土登字第158號

註記欄
核　准　接　月　申　報
總機構彙總繳納
總機構彙總報繳各單位分別申報

說明：
一、本申報書適用專營應稅及零稅率銷售之營業人填用。
二、如營業人申報當期（月）之銷售包括有免稅、特種稅額計算銷售額者，請改用（403）申報書申報。

B

索引表

英文

C

參考文獻

1. 丘周剛、吳世庸、胡廷禎、高文彬、劉敏熙、魏鸞瑩，人力資源管理，新文京，2007.9.初版。

2. 呂佩憶譯，創業前，先想清楚這5件事，遠流，2010.1.。

3. 周泰華、杜富燕，零售管理概論，華泰，2007初版。

4. 周瑛琪、陳春富、顏如妙、陳意文，創業管理，普林斯頓，2013.1.初版。

5. 林子修、游子昂、林詮紹、陳穎修，商圈經營與管理，新文京，2015.1.初版二刷。

6. 林俊宏，透過工作分析合理配置組織人員，104人資學院專刊，2009.2.。

7. 林建煌，行銷管理，智勝文化，2002.9.二版。

8. 林建睿、林慧君，網路行銷，博碩文化，2011.12.初版。

9. 林雅燕，新興募資方式─群眾募資行為之初探，經濟研究，14期。

10. 胡政源，品牌管理─品牌經營理論與實務，新文京，2010.2.二版。

11. 胡政源，人力資源管理─理論與實務，大揚，2004.7.。

12. 郁義鴻、李志能、Robert D. Hisrich，創業管理，五南，2010.3.初版五刷。

13. 陳文生、洪嘉鴻，Web 2.0最新應用發展趨勢之探討，科技發展政策報導，第1期，第45至58頁，2007.1.。

14. 陳宏政譯，店鋪的管理與診斷，書泉，1999初版。

15. 陳怡伶，《食尚玩家》：1個節目4團隊，PK玩出高收視，Cheer雜誌，130期，2011.7.。

16. 陳明惠，創業管理，華泰文化，2012.1.初版二刷。

17. 陳振遠、田文彬、朱國光、林財印、林靜香、孫思源、陳彥銘、趙沛、薛兆亨、蘇永盛、蘇國瑋，創新與創業，華泰文化，2013.3.初版。

18. 陳振遠、孫思源、龍仕璋、蘇國瑋、蘇永盛、楊景傅、賴麗華、田文彬、廖欽福、林財印、鄭莞鈴、呂振雄、王朝仕、王明杰，創業管理，新陸，2014.9.初版。

19. 創市際月刊報告書，台灣社群媒體網站使用概況，2013.7.。

20. 經濟部，2014年中小企業白皮書，經濟部中小企業處，2014.9.。

21. 經濟部，創業教戰手冊總則篇，經濟部中小企處，2009.12.。

22. 鄭雅穗、盧以銓，創業管理，普林斯頓，2009.6.初版。

23. 魯明德，解析專利資訊，全華圖書，2014.3.四版。

24. 魯明德，數位內容智慧財產權，全華圖書，2015.1.二版。

25. 盧希鵬，網路行銷—連結經濟下的社交網路數位革命，雙葉書廊，2013.9.二版。

26. 洪富美，透過工作分析建立工作說明書與工作規範—以J公司為例，國立中山大學人力資源管理研究所碩士在職專班碩士論文，97.7.。

27. 紀怡安，微型創業者的創業資源、工作壓力與堅毅人格、社會支持對工作倦怠之相關研究，國立台灣師範大學教育心裡與輔導學系碩士論文，2012.6.。

28. 張思齊，創業行為與創業意願之認知比較，國立中山大學企業管理學系碩士論文，98.1.。

29. 曹百薇，商圈行銷知識地圖之建構，中國文化大學新聞暨傳播學院新聞系碩士論文，100.1.。

30. 陳加樺，金融創新成功因素之研究—以台灣群眾募資平台FlyingV為例，東吳大學會計學系碩士論文，103.6.。

31. 陳碧俞，連鎖寢具業加盟主評選模式之建構與應用，元培科學技術學院經營管理研究所碩士論文，94.6.。

32. 黃鵬達，選址作業模式之研究—以連鎖早餐店為例，國立台北大學企業管理學系碩士論文，100.6.。

33. 廖千慧，零售連鎖業店址選擇因素之研究：以連鎖超級市場為例，中國科技大學建築研究所碩士論文，95.6.。

34. 趙亦珍，女性創業家性別角色與創業行為之研究，國立中山大學人力資源管理研究所碩士論文。

35. 劉興檀，結合商業模式與供應鏈管理—以網路商業平台為例，國立清華大學科技管理學院經營管理碩士在職專班碩士論文，103.6.。

36. 賴秋如，創業家與創業歷程之研究—以5家文創產業為例，南華大學出版與文化事業管理研究所碩士論文，100.6.。

37. 謝懷德，台灣地區自動櫃員機區位選擇因素之研究，國立交通大學科技管理研究所碩士論文。

38. 魏政維，廣播電台產業環境及競爭力研究，國立台北科技大學工業工程與管理EMBA班碩士論文，103.6.。

39. 龔士惟，連鎖藥局展店策略研究，朝陽科技大學管理系碩士論文，100.6.。

40. 白象文化—印書小鋪，http://www.elephantwhite.com.tw/ps/ <Access 2015/2/21>

41. 印客邦，http://www.inknet.com.tw/ <Access 2015/2/21>

42. 有點黏又不會太黏—便利貼的特殊黏劑，http://www.judyyoga.com/325.html <Access 2015/2/12>

43. 投資台灣入口網，http://investtaiwan.nat.gov.tw/cht/show.jsp?ID=60 <Access 2015/6/20>

44. 李華隆，商圈店址評估與開店策略，http://doc.mbalib.com/view/0cccc147bc2ae3c5b140500c125e3e2a.html <Access 2015/4/30>

45. 便利商店經營管理實務，經濟部商業司，http://220.181.112.102/view/f426430d52ea551810a6873e.html <Access 2015/4/30>

46. 施俊宇，《當創意變成生意》群眾募資正夯！一分鐘讓你了解各地募資平台的有趣差異，http://www.motive.com.tw/?p=8389，<Access 2015/4/7>

47. 商圈銷售促進作業指導機能，http://cc.cust.edu.tw/~lliao/Tradearea.doc <Access 2015/4/30>

48. 張永生，台灣青年創業趨勢與需求探討，http://mymkc.com/articles/contents.aspx?ArticleID=21942 <Access 2015/2/9>

49. 楊家彥，微型及個人事業發展趨勢及課題，http://idac.tier.org.tw/DFiles/20131029112223.pdf <Access 2015/2/4>

50. 賣不出去？租的總行！「吉維納」靠著洗碗出頭天，http://www.1111boss.com.tw/news/inpageU.asp?id=1840 <Access 2015/2/12>

51. 盧昭燕，兩千黑貓軍司機就是業務員，http://www.cw.com.tw/article/article.action?id=5001335 <Access 2015/2/12>

52. 羅之盈，黑貓宅急便瞄準，個人配送市場，http://www.bnext.com.tw/article/view/id/24831 <Access 2015/2/12>

53. 財團法人台灣網路資訊中心，2018台灣網路報告，2018.12.。

54. 什麼是自媒體？自媒體具體是什麼？https://www.zhihu.com/question/19837690 <Access 2020/5/22>

55. 自媒體是什麼？6種經營平台賺錢、行銷方式 https://learningisf.com <Access 2020/5/22>

56. 吳柏羲，自媒體產業鏈漸成熟 內容專業化成發展焦點，https://www.iii. org.tw/focus/FocusDtl. Aspx?f_type=1&f_sqno=b3juQcBLxXMvii%2BMdAu7jw .__&fm_sqno=12 <Access 2020/5/22>

57. 經濟部，2019中小企業白皮書，2019.12.。

58. 合興火車站—愛情火車站，https://smi1014.pixnet.net/blog/post/462798653 <Access 2020/5/23>

59. Tim O What Is Web 2.0: Design Patterns and Business Models for the Next Generation of Software'Reilly, http://www.oreilly.com/pub/a/web2/archive/what-is-web-20.html?page=1 <Access 2015/5/27> 34-38.

60. Aaker, D. A., Building Strong Brand, Free Press,1996.

61. Ardichvili, A., Cardozo, R. and Ray, S.，"A Theory of Entrepreneurial Opportunity Identification and Development"，Journal of Business Venturing, Vol. 18, pp105-123.

62. Ardichvili, A., Cardozo, R. and Ray, S.，"A Theory of Entrepreneurial Opportunity Identification and Development"，Journal of Business Venturing, Vol. 18, pp105-123.

63. Dick, A. and Basu, K.，"Customer loyalty: towards an integrated framework"，Journal of the Academy of Marketing Science, 22, 1994.

64. Errington, A. and Courtney, P., The role of small towns in rural development: a preliminary investigation of some rural-urban linkages,1999.8.

65. Finnegan, Gerry, International Labor Organization(ILO)Management Development and entrepreneurship for Women — Gender Equality, 2000

66. Huff, D. L. (1964). "Defining and estimating a trading area". Journal of Marketing.28,

67. IMD World Competitiveness Yearbook 2014, IMD World Competitiveness Center, 2014.5.

68. Kamm, J.B., and Nurick, A. J., "The Stages of Team Venture Formation: a Decision-making Model", Entrepreneurship Theory and Practice, 17(2), pp17-27.

69. Kamm, J.B., Shuman, J. C., Seeger, J. A., and Nurick, A. J., "Entrepreneurial Teams in New Venture Creation: a Research Agenda", Entrepreneurship Theory and Practice, 14(4), pp7-17.

70. Katzenbach J.R. and Smith, "The Discipline of Teams", Harvard Business Review, 1993 3-4, pp111-120.

71. Kogut, B. and Zander, U., "Knowledge of the Firm, Combinative Capabilities, and the Replication of Technology", Organization Science, Vol. 3, pp.383-397.

72. Levy Michael & Barton A. Weitz. (1995), Retailing Management, Rechaard D. Irwin.

73. Park, Jaworski and MacInnis, "Strategic Brand Concept-Image Management", Journal of Marketing, 1986.

74. Reynolds, P. D., Carter, N. M., Gartner, W. B. and Greene, P. G., "The Prevalence of Nascent Entrepreneurs in the United States: Evidence from the Panel Study of Entrepreneurial Dynamics", Small Business Economics, 23(4), pp263-284.

75. Teece, D. J. Pisano, G. and Shune, A., "Dynamic Capabilities and Strategic Management", Strategic Management Journal, Vol. 18(7), pp.509-533.

76. Uncles, M., "Do you or your customer need a loyalty scheme?", Journal of Targeting, Management and Analysis,2(4),1994.

得　分

創業管理—微型創業與營運實務
學後評量
CH01 創業整體評估

班級：＿＿＿＿＿＿＿＿

學號：＿＿＿＿＿＿＿＿

姓名：＿＿＿＿＿＿＿＿

一、選擇題

(　　) 1. 下列何者不是微型企業的特性　(A)負責人要身兼數職　(B)組織完整　(C)以內需市場為主。

(　　) 2. 微型企業面臨什麼困境　(A)人力資源不足　(B)資金充足　(C)以上皆是。

(　　) 3. 下列何者為創業者投入創業的原因　(A)轉換軌道　(B)時間太多　(C)資金推力。

(　　) 4. 哪一種行業會面對最終消費者，提供他們所需的商品或服務　(A)零售業　(B)批發業　(C)製造業。

(　　) 5. 餐飲業是一種　(A)製造業　(B)服務業　(C)批發業。

二、討論題

1. 未來如果您要自行創業，會以哪個行業做為創業的標的？請說明原因。

得　分

創業管理─微型創業與營運實務
學後評量
CH02 選擇商業模式

班級：＿＿＿＿＿＿＿＿

學號：＿＿＿＿＿＿＿＿

姓名：＿＿＿＿＿＿＿＿

一、選擇題

(　　) 1. 何者為創業的外在驅力　(A)產業市場的改變　(B)不一致的狀況　(C)程序改變。

(　　) 2. 何者不是彼得杜拉克所說的創業機會　(A)意外事件　(B)程序需要　(C)消費者需求。

(　　) 3. 何者不是波特所謂的五力分析的五力之一　(A)購買者的議價能力　(B)市場的購買力　(C)替代品的威脅。

(　　) 4. SWOT分析中，用來評估企業外部的是　(A)優勢　(B)機會　(C)產業。

(　　) 5. 全球景氣低迷是屬於　(A)劣勢　(B)威脅　(C)機會。

二、討論題

1. 請針對您所要創業的事業，畫出其商業模式圖。

得　分

創業管理—微型創業與營運實務
學後評量
CH03 撰寫營運計畫書

班級：＿＿＿＿＿＿＿＿
學號：＿＿＿＿＿＿＿＿
姓名：＿＿＿＿＿＿＿＿

一、選擇題

(　　) 1. 創業團隊必須具備哪些特徵　(A)專業能力　(B)長期承諾　(C)以上皆是。

(　　) 2. 做市場分析時，我們所用的資料是　(A)初級資料　(B)次級資料　(C)以上皆可。

(　　) 3. 從廠商的角度擬訂行銷計畫，其內容應包括　(A)價格　(B)成本　(C)便利。

(　　) 4. 以下何者不屬於變動成本　(A)水電費　(B)裝潢費　(C)工讀生薪資。

(　　) 5. 小強開了一間早餐店，每月的固定成本為12萬元，銷貨成本約40%，則其每月的損益平衡點為　(A)4.8萬元　(B)30萬　(C)20萬。

二、討論題

1. 請為自己的創業擬訂一份營運計畫書。

得　分

創業管理—微型創業與營運實務

學後評量

CH04 組織創業團隊

班級：＿＿＿＿＿＿＿＿

學號：＿＿＿＿＿＿＿＿

姓名：＿＿＿＿＿＿＿＿

一、選擇題

(　　) 1. 為了解決產品不良率過高，我們可以組成何種團隊來解決　(A)管理性團隊　(B)跨功能團隊　(C)以上皆可。

(　　) 2. 下列何者是群體的特性　(A)講求個人工作成果　(B)輪流擔任領導者　(C)具特殊目的。

(　　) 3. 創業團隊必須具備　(A)學習力　(B)知識整合力　(C)以上皆是。

(　　) 4. 下列何者不是創業團隊的組成要素　(A)計畫　(B)資金　(C)目標。

(　　) 5. 企業在哪個階段需要建立專業分工的管理制度　(A)成長階段　(B)成熟階段　(C)擴充階段。

二、討論題

1. 陳老師是位陶土藝術家，所創作的貓頭鷹頗富盛名，如果她要建立一個團隊行銷她的作品，請您幫她規劃所需的團隊成員。

參考網站：http://www.ycart.com.tw/fengxi/front/bin/home.phtml

得　分

全華圖書（版權所有，翻印必究）

創業管理—微型創業與營運實務

學後評量

CH05 工商登記與稅務

班級：_____

學號：_____

姓名：_____

一、選擇題

（　）1. 成立行號所適用的法律為　(A)商業登記法　(B)公司法　(C)以上皆是。

（　）2. 小潘要成立一個工作室，資本額在多少錢以下可以不用提出資金證明　(A)10萬元　(B)25萬元　(C)50萬元。

（　）3. 以下哪種組織型態，經營者要負無限責任　(A)有限公司　(B)股份有限公司　(C)企業社。

（　）4. 以下哪種情況不需辦理營業登記　(A)管顧公司　(B)診所　(C)小吃店。

（　）5. 以下何種情形其營業稅為零稅率　(A)外銷貨物　(B)農產品　(C)醫療。

二、討論題

1. 余姐開了一家3C店，今天賣了一個手機，售價為10,000元，請問發票上的銷售額及稅額各是多少？

得　分

創業管理—微型創業與營運實務
學後評量
CH06 人力資源管理

班級：＿＿＿＿＿＿＿＿

學號：＿＿＿＿＿＿＿＿

姓名：＿＿＿＿＿＿＿＿

一、選擇題

(　) 1. 常用的工作分析法有　(A)面談法　(B)問卷法　(C)以上皆是。

(　) 2. 當員工對自己的工作非常熟悉時，我們可以用哪種方法來做工作分析
(A)面談法　(B)觀察法　(C)工作日誌法。

(　) 3. 企業成長後，會面臨的人員管理問題有　(A)員工職能不符需求　(B)工作
職責定義不清　(C)以上皆是。

(　) 4. 企業從事工作分析可以達到哪些效益　(A)減少成本　(B)增加工作附加價
值　(C)以上皆是。

(　) 5. 企業如何可以減少效益低的工作　(A)合併同質性工作　(B)運用派遣人力
(C)以上皆是。

二、討論題

1. 董哥要開一家便利商店，正憂心不知怎麼找店長，請您幫他寫一個便利商店店長
的工作說明書。

得 分 **全華圖書**（版權所有，翻印必究）
創業管理—微型創業與營運實務
學後評量
CH07 創業的資金需求

班級：＿＿＿＿＿＿＿
學號：＿＿＿＿＿＿＿
姓名：＿＿＿＿＿＿＿

一、選擇題

( ) 1. 下列何者為創業時的一次性支出 (A)辦公室設備 (B)顧問費 (C)薪資。

( ) 2. 登錄創櫃板對企業有何好處 (A)免辦理公開發行 (B)可免費輔導 (C)以上皆是。

( ) 3. 以下何種創業方式，初期所需的資金較少 (A)便利商店 (B)早餐店 (C)3C產品。

( ) 4. 規劃營運週轉金時，可以不考量 (A)變動成本 (B)固定成本 (C)二者均需考量。

( ) 5. 預估創業所需的資金需求時，不需考量 (A)一次性支出 (B)營運週轉金 (C)股本。

二、討論題

1. 小強想開一家小吃店，預估成立時的一次性支出為800,000萬元，每月的固定成本200,000萬、變動成本300,000萬，現金流量缺口150,000萬元，請問他需準備的創業資金需求要多少？

得　分

創業管理—微型創業與營運實務
學後評量
CH08 政府資源的運用

班級：＿＿＿＿＿＿＿＿

學號：＿＿＿＿＿＿＿＿

姓名：＿＿＿＿＿＿＿＿

一、選擇題

(　) 1. 小美今年剛從大學畢業，她想自己創業，她可以辦理　(A)青年創業及啟動金貸款　(B)微型創業鳳凰貸款　(C)二者都可以申請。

(　) 2. 李老師今年剛從某大學退休，他想發揮所學自己創業，他可以辦理(A)青年創業及啟動金貸款　(B)微型創業鳳凰貸款　(C)二者都可以申請。

(　) 3. 以下哪個產業不能申請文化創意產業優惠貸款　(A)工藝　(B)出版　(C)以上都可以。

(　) 4. 以下何者不是協助傳統產業技術開發計畫補助的類別　(A)產品行銷(B)產品開發　(C)產品設計。

(　) 5. 以下何者不是中小企業即時技術輔導計畫輔導標的　(A)市場行銷　(B)研發　(C)生產。

二、討論題

1. 小華家住中壢，今年剛從大學畢業，想回家協助雙親經營糕點生意，並打算創立自有品牌經營，請問在他的創業過程中可以尋求政府哪些資源的協助？

得　分

全華圖書（版權所有，翻印必究）
創業管理─微型創業與營運實務
學後評量
CH09 創業的財務規劃

班級：＿＿＿＿＿＿＿＿

學號：＿＿＿＿＿＿＿＿

姓名：＿＿＿＿＿＿＿＿

一、選擇題

（　　）1. 下列何種財務報表可以表現企業一段營業期間的經營成效　(A)損益表 (B)資產負債表　(C)以上皆是。

（　　）2. 小潘開了一家小吃店，為營運需要，買了一個新的冰箱，並把原來的冰箱賣給小強，則小潘賣冰箱的收入應記在　(A)銷貨收入　(B)營業外收入 (C)以上皆可。

（　　）3. 小藍開店生產法式軟糖，每天買進做為原料的水果應列為　(A)固定成本 (B)變動成本　(C)以上皆可。

（　　）4. 小潘開了一家電器行，為營運需要，買了一個新的冰箱，小強來店把這個冰箱買走，則小潘賣冰箱的收入應記在　(A)銷貨收入　(B)營業外收入 (C)以上皆可。

二、討論題

1. 楊爸在夜市買雪花冰，每碗50元，成本20元，每月的固定成本為300,000元，則楊爸每月營業額要多少才能達到損益平衡，這個營業額要賣多少碗？

得　分	

創業管理—微型創業與營運實務
學後評量
CH10 商圈立地評估

班級：＿＿＿＿＿＿＿＿

學號：＿＿＿＿＿＿＿＿

姓名：＿＿＿＿＿＿＿＿

一、選擇題

(　　) 1. 能包含2成顧客的商圈是　(A)主要商圈　(B)次要商圈　(C)邊緣商圈。

(　　) 2. 下列商圈分類何者是依人潮聚集力分類　(A)百貨商圈　(B)住宅區　(C)副都市中心。

(　　) 3. 影響商圈發展的因素有　(A)人口數　(B)成本　(C)以上皆是。

(　　) 4. 立地考量因素有　(A)居住者的便利性　(B)人車動線　(C)以上皆是。

(　　) 5. 下列何者不會造成商圈改變　(A)消費者收入增加　(B)交通因素　(C)外來人口增加。

二、討論題

1. 在辦公大樓旁有5個店面，如圖所示，在這樣的商圈內適合開什麼樣的店？如果想開早餐店，您會選擇哪個店面？

得　分

創業管理─微型創業與營運實務
學後評量
CH11 企業網站經營

班級：＿＿＿＿＿＿＿＿

學號：＿＿＿＿＿＿＿＿

姓名：＿＿＿＿＿＿＿＿

討論題

1. 請建立一個自己的blog，並為它取一個短網址。

2. 請用Google為自己的公司建立一個形象網站，並為它建立QR Code。

得　分

創業管理—微型創業與營運實務

學後評量

CH12 網路行銷

班級：_____

學號：_____

姓名：_____

一、選擇題

(　　) 1. 下列何者為網路行銷的4P　(A)明確定位　(B)慎選市場　(C)以上皆是。

(　　) 2. 下列何者為行銷的4C　(A)定價　(B)社群　(C)市場。

(　　) 3. 網際網路對行銷造成哪些改變　(A)市場空間　(B)資訊空間　(C)以上皆是。

二、討論題

1. 你想以加盟的方式創業，為了了解市場，請在Google Trend上查詢7-11、全家、萊爾富、OK這4家便利商店在去年1年中出現的頻率。

得　分

創業管理─微型創業與營運實務
學後評量
CH13 創意保護

班級：＿＿＿＿＿＿＿＿

學號：＿＿＿＿＿＿＿＿

姓名：＿＿＿＿＿＿＿＿

一、選擇題

（　　）1. 小潘設計了一個省電的風扇，可以利用哪種方式保護　(A)發明專利
(B)著作權　(C)以上皆可。

（　　）2. 小強設計了一個行動購物的APP，可以用哪種方式保護　(A)方法專利
(B)新型專利　(C)以上皆可。

（　　）3. 以下何者是可以申請商標的類型　(A)文字　(B)聲音　(C)以上皆是。

（　　）4. 小明開了間餐廳，研發出一種具特色的滷味，可以用什麼方式保護您的配
方　(A)新型專利　(B)營業秘密　(C)以上皆可。

（　　）5. 小華開了一個工作室，接受委託幫客戶設計網頁，在使用照片及音樂
時，應注意　(A)著作權　(B)專利　(C)營業秘密。

二、討論題

1. 小吳大學畢業後在西子灣開一家夕陽西下咖啡廳，提供不同口味的咖啡及點
心，在智慧財產權上，他可能具備哪些標的？各用什麼方式來保護為宜？

得　分		
	全華圖書（版權所有，翻印必究）	班級：＿＿＿＿＿＿＿＿
	創業管理─微型創業與營運實務	學號：＿＿＿＿＿＿＿
	學後評量	姓名：＿＿＿＿＿＿＿
	CH14 品牌經營	

一、選擇題

（　　）1. 企業建構品牌的策略有　(A)自創品牌　(B)品牌授權　(C)以上皆是。

（　　）2. 下列何者不屬於品牌形象　(A)聯想　(B)功能性　(C)以上皆是。

（　　）3. 滿足消費者內部需求是屬於品牌聯想的　(A)功能性　(B)象徵性　(C)經驗性。

（　　）4. 下列何者不是品牌聯想的層次　(A)產品　(B)功能　(C)體驗。

（　　）5. 影響品牌忠誠度的因素有　(A)消費者特性　(B)產品特性　(C)以上皆是。

二、討論題

1. 阿明回鄉開了1個農場，為了銷售農產品，成立一個平台結合附近青年農民共同行銷，他想建立一個共同銷售的平台，你要如何建立你的品牌定位？

參考網站：https://www.facebook.com/happyfarmer66

歡迎加入 全華會員

● 會員獨享

會員享購書折扣、紅利積點、生日禮金、不定期優惠活動…等。

● 如何加入會員

掃 QRcode 或填妥讀者回函卡直接傳真 (02) 2262-0900 或寄回，將由專人協助登入會員資料，待收到 E-MAIL 通知後即可成為會員。

如何購買 全華書籍

1. 網路購書

全華網路書店「http://www.opentech.com.tw」，加入會員購書更便利，並享有紅利積點回饋等各式優惠。

2. 實體門市

歡迎至全華門市（新北市土城區忠義路 21 號）或各大書局選購。

3. 來電訂購

(1) 訂購專線：(02) 2262-5666 轉 321-324

(2) 傳真專線：(02) 6637-3696

(3) 郵局劃撥（帳號：0100836-1　戶名：全華圖書股份有限公司）

※ 購書未滿 990 元者，酌收運費 80 元。

OpenTech.com.tw 全華網路書店

全華網路書店 www.opentech.com.tw
E-mail: service@chwa.com.tw

※ 本會員制如有變更則以最新修訂制度為準，造成不便請見諒。

讀者回函卡

掃 QRcode 線上填寫 ▶▶▶

姓名：＿＿＿＿＿＿＿　　　生日：西元　　　　年　　　月　　　日　性別：□男 □女

電話：（　　　）＿＿＿＿＿＿＿　　手機：＿＿＿＿＿＿＿＿＿＿＿

e-mail：（必填）＿＿＿＿＿＿＿＿＿＿＿＿

註：數字零，請用 ⊘ 表示，數字 1 與英文 L 請另註明並書寫端正，謝謝。

通訊處：□□□□□

學歷：□高中・職　□專科　□大學　□碩士　□博士

職業：□工程師　□教師　□學生　□軍・公　□其他

學校／公司：＿＿＿＿＿＿＿　科系／部門：＿＿＿＿＿＿＿

· 需求書類：

□A. 電子 □B. 電機 □C. 資訊 □D. 機械 □E. 汽車 □F. 工管 □G. 土木 □H. 化工 □I. 設計
□J. 商管 □K. 日文 □L. 美容 □M. 休閒 □N. 餐飲 □O. 其他

· 本次購買圖書為：＿＿＿＿＿＿＿＿　書號：＿＿＿＿＿＿＿

· 您對本書的評價：

封面設計：□非常滿意　□滿意　□尚可　□需改善，請說明＿＿＿＿＿＿＿
內容表達：□非常滿意　□滿意　□尚可　□需改善，請說明＿＿＿＿＿＿＿
版面編排：□非常滿意　□滿意　□尚可　□需改善，請說明＿＿＿＿＿＿＿
印刷品質：□非常滿意　□滿意　□尚可　□需改善，請說明＿＿＿＿＿＿＿
書籍定價：□非常滿意　□滿意　□尚可　□需改善，請說明＿＿＿＿＿＿＿
整體評價：請說明＿＿＿＿＿＿＿＿＿＿＿＿

· 您在何處購買本書？

□書局　□網路書店　□書展　□團購　□其他

· 您購買本書的原因？（可複選）

□個人需要　□公司採購　□親友推薦　□老師指定用書　□其他

· 您希望全華以何種方式提供出版訊息及特惠活動？

□電子報　□DM　□廣告（媒體名稱＿＿＿＿＿＿＿）

· 您是否上過全華網路書店？（www.opentech.com.tw）

□是　□否　您的建議＿＿＿＿＿＿＿

· 您希望全華出版哪方面書籍？＿＿＿＿＿＿＿

· 您希望全華加強哪些服務？＿＿＿＿＿＿＿

感謝您提供寶貴意見，全華將秉持服務的熱忱，出版更多好書，以饗讀者。

填寫日期：　　　／　　　／

2020.09 修訂

親愛的讀者：

感謝您對全華圖書的支持與愛護，雖然我們很慎重的處理每一本書，但恐仍有疏漏之處，若您發現本書有任何錯誤，請填寫於勘誤表內寄回，我們將於再版時修正，您的批評與指教是我們進步的原動力，謝謝！

全華圖書　敬上

勘誤表

書　號		書　名		作　者
頁　數	行　數	錯誤或不當之詞句		建議修改之詞句

我有話要說：（其它之批評與建議，如封面、編排、內容、印刷品質等‧‧‧）